中经教育

环境保护税系列教材

吉林师范大学教材出版基金资助

大气污染
与应税污染物监测

主　编◎滕洪辉
副主编◎汤　茜　朴明月　刘　伟

AIR POLLUTION
AND MONITORING OF TAXABLE POLLUTANTS

中国经济出版社
CHINA ECONOMIC PUBLISHING HOUSE
·北京·

图书在版编目（CIP）数据

大气污染与应税污染物监测 / 滕洪辉主编 . --北京：中国经济出版社，2022. 7

ISBN 978-7-5136-6954-2

Ⅰ. ①大… Ⅱ. ①滕… Ⅲ. ①空气污染-环境税-研究②空气污染-环境监测-研究 Ⅳ. ①X51

中国版本图书馆 CIP 数据核字（2022）第 099494 号

组稿编辑　崔姜薇
责任编辑　焦晓云
责任印制　马小宾
封面设计　任燕飞

出版发行　中国经济出版社
印 刷 者　北京柏力行彩印有限公司
经 销 者　各地新华书店
开　　本　787mm×1092mm　1/16
印　　张　14. 75
字　　数　305 千字
版　　次　2022 年 7 月第 1 版
印　　次　2022 年 7 月第 1 次
定　　价　68. 00 元
广告经营许可证　京西工商广字第 8179 号

中国经济出版社 **网址** www. economyph. com **社址** 北京市东城区安定门外大街 58 号 **邮编** 100011
本版图书如存在印装质量问题，请与本社销售中心联系调换（联系电话：010-57512564）

见此图标微信扫码
扫码获取本书配套学习资料

前言
PREFACE

随着《中华人民共和国环境保护税法》的颁布，环境保护税作为一个新的税种被提出来并实施。环境保护税主要是为了提升我国在环境保护方面的国家调控力量，充分发挥环境保护的经济杠杆作用，规范各级各类企业、地方政府环境保护收费行为，进一步强化政府在生态环境保护方面的职能，增强政府对企业排污行为和污染治理的调节作用。通过几年的实施，取得了明显成效，但也出现了一些问题。环境保护税采用环保技术手段核定征收额度，与其他税种通过公司财务信息反映征收情况有着明显区别。因此，环境保护税是一个带有行业技术性特点的税种，其申报、征收和监管等工作都需要具备环境保护相关专业知识的人员。目前，我国各类各级院校还没有相关人才培养计划，虽然部分高校开设了相关课程，但是缺少综合性、通用性强的教材，即既适合环境保护相关专业又适合税务、财务相关专业学生使用的教材。我们在前期工作的基础上，组织吉林师范大学环境保护和财务税收方面的专业教师，中翰格瑞（大连）环保技术有限公司从事环境保护税申报、核定征收服务的行业专家，共同编写了环境保护税系列教材。《大气污染与应税污染物监测》是环境保护税系列教材之一，主要介绍大气污染与治理工艺，废气排放标准和污染当量核算，应税污染物监测方法、原理与技术要求等，这些是大气环境科学与环境经济学交叉产生的分支学科——环境保护税学的重要理论和实务支撑。

环境保护税学是环境科学与税收学、财政学和管理学等学科交叉融合的一个新兴分支学科。它采用经济和技术融合的研究方法，主要研究环境污染物排放量、税收征收标准及它们之间的相关性与系统性，以及如何科学、合理、有效地利用税收手段调控污染物排放并推动污染物治理技术创新等。

20 世纪，英国经济学家庇古最先提出“环境保护税”的概念，认为应该针对污水、废气、噪声和废弃物等突出的“显性污染”进行强制征税，目的是逐渐减少运用直接干预手段，越来越多地采用经济措施等综合手段来保护生态环境。荷兰是最早开展环境保护税研究的国家之一，制定并实施了燃料税、噪声税、水污染税等，推动了环境保护税在其他发达国家的研究和实施。

我国的环境保护税是从排污费衍生而来的，其研究历史可以追溯到20世纪80年代。在改革开放之初，为了控制粗放型经济带来的环境污染问题，我国首次提出开展排放污染物收费制度研究的构想。1979年颁布实施的《中华人民共和国环境保护法（试行）》将排污收费制度以法律条文的形式正式确定下来。该法中规定的收费原则为，超过国家标准排放污染物需要按照污染物排放浓度和数量收取排污费。1982年，国务院正式颁布《征收排污费暂行办法》，该办法也成为环境保护税缴费的基本原则。随着研究的深入和经济社会环境的变化，排污收费制度不断完善。2003年，国务院颁布实施了新的排污费收费制度《排污费征收使用管理条例》，确定了按照排污总量收费的办法，覆盖了废气、废水、废渣、噪声和放射性五大领域，收费项目增至113项。这也是环境保护税的雏形。排污费的实施对防治环境污染发挥了重要作用，但是与环境保护税相比，其在强制性和执法力上还存在明显不足。因此，相关学者提出排污费改税的建议，得到国务院相关部委的重视。2007年，国务院组织专家研究开征环境保护税的具体政策措施，环境保护税研究进入快速发展期。2013年党的十八大之后，环境保护费改税被列入《中共中央关于全面深化改革若干重大问题的决定》，环境保护税研究进入税法制定期。2016年，全国人大常委会正式批准《中华人民共和国环境保护税法》，环境保护税立法研究告一段落。随后开展了环境保护税实施办法研究，出台了一系列配套制度和政策，初步形成了具有中国特色的环境保护税学的知识体系。

环境保护税学、环境工程学、环境管理学等所有环境科学的分支学科，都需要在了解、掌握环境质量现状和变化趋势的基础上，开展各项研究或管理工作。环境保护税的征收与审核更是需要环境监测的数据支撑。环境监测作为环境科学的一个重要分支学科，也是一门理论与实践并重的应用学科，涉及水、大气、土壤等环境质量监测，废水、废气、固体废弃物、噪声、热污染、放射性污染监测等污染源监测等多方面多因子。其中，废气中应税污染物监测是环境监测的一项重要内容，我国环境保护部门及相关机构对每种应税污染物都制定了多种监测方法，相对成熟稳定的监测方法被确定为标准方法进行推广。本书主要对列入国家标准的应税污染物监测方法进行介绍，通过对方法原理、适用范围、主要步骤和注意事项等的阐述，帮助学生和相关技术人员根据工作实际合理选择和运用监测方法，以提升监测数据的准确性。

本书编写分工如下：汤茜编写第一、二章，滕洪辉编写第三章，朴明月、刘伟编写第四、五章，全书由主编滕洪辉统稿审校。此外，孙玉伟、王艺璇、陈钰琦、张静、张萌也参与了部分章节的资料收集和整理工作。

在本书编写过程中，我们得到了吉林师范大学和中翰格瑞（大连）环保技术有限公司相关领导的关心和指导，吉林师范大学教材出版基金的资助，在此表示衷心的感谢；在本书出版过程中，我们得到了中国经济出版社焦晓云编辑给与的建议和支持，在此表示诚挚的谢意。

限于学识和文字水平，错误在所难免，请读者批评指正。

编　者

2022 年 5 月 22 日

目录

CONTENTS

第一章 大气污染与控制技术

第二章 废气排放标准及应税污染物

第三章 大气污染物的监测

第四章 固体废物的监测

第五章 噪声污染及其监测

第一章 大气污染与控制技术

第一节　大气污染基本知识

一、大气污染的定义

按照国际标准化组织（International Organization for Standardization，ISO）的定义，大气污染通常是指由于人类活动或自然过程引起某些物质进入大气，达到足够的浓度，停留足够的时间，并因此危害了人类的舒适、健康和福利或环境的现象。这个定义指明了大气污染是由人类活动和自然过程造成的，而且明确了造成大气污染的必要条件，即污染物在大气中要达到足够的浓度和停留足够的时间。一般来说，自然环境具有一定的物理、化学和生物机能，进入大气的污染物在一定时间后可自行消除，但如果污染物的浓度超过了其自净能力所能承受的限度，就会导致大气环境质量的恶化，从而影响人类的生活和生产。

二、大气污染物的种类

大气污染物即引起大气污染的物质，是指由于人类活动或自然过程排入大气的、会对人和环境产生有害影响的物质。大气污染物的种类很多，按其存在状态可分为颗粒污染物和气态污染物，按污染物产生机理又可分为一次污染物和二次污染物。在大气污染控制中，受到普遍重视的一次污染物主要有颗粒物、含硫化合物、含氮化合物、碳氧化合物和气态有机物等，二次污染物主要有硫酸烟雾、光化学烟雾及化学反应生成的转化产物等。这里主要介绍颗粒污染物和气态污染物。

1. 颗粒污染物

从大气污染控制的角度来看，颗粒污染物按其大小可分为粉尘和烟尘两种。粉尘是指悬浮于空气中的小固体颗粒，通常由固体物质的破碎、研磨和输送等机械过程或土壤、岩石风化等自然过程产生，形状不规则，粒径为1～200μm。烟尘是指物质燃烧、熔融、冷凝等过程形成的固体或液体颗粒，粒径为 0.01~1μm。

根据《环境空气质量标准》（GB3095—2012），颗粒污染物按照粒径大小，可分为总悬浮颗粒（TSP）、可吸入颗粒（PM 10）和细粒子（PM 2.5）。总悬浮颗粒物是指能悬浮在空气中，空气动力学当量直径小于等于 100μm 的颗粒；可吸入颗粒是指悬浮在空气中，空气动力学当量直径小于等于 10μm 的颗粒；细粒子是指悬浮在空气中，空气动力学当量直径小于等于 2.5μm 的颗粒。

2. 气态污染物

气态污染物是指常温常压下以分子状态存在的污染物，包括气体和蒸气。它的种类很多，总体上可以分为含硫化合物、含氮化合物、碳氧化物、有机化合物和卤素化合物五大类，见表 1-1。

表 1-1　气态污染物的分类及特点

污染物	一次污染物	二次污染物	特点
含硫化合物	SO_2、H_2S	SO_3、H_2SO_4、硫酸盐	SO_2是目前大气污染物中数量较大、影响范围较广的一种气态污染物
含氮化合物	NO、NH_3	NO_2、HNO_3、硝酸盐	NO_2是 NO 的进一步氧化产物，NO_2参与空气中的光化学反应时，会形成光化学烟雾
碳氧化物	CO、CO_2	无	CO 和 CO_2是气态污染物中发生量最大的一类污染物，CO_2因能产生“温室效应”而受到广泛关注
有机化合物	C1~C10 化合物	细粒子、O_3	当大气中的非甲烷总烃超过一定浓度时，除直接对人体健康有害外，在一定条件下经日光照射还能产生光化学烟雾
卤素化合物	HF、HCl	无	分为离子型和共价型两类，大多数共价型卤素化合物易挥发

第二节　大气污染控制技术

我国大气污染防治工作始于 20 世纪 70 年代，大体分为四个阶段：第一阶段为起步阶段（1970—1990 年），大气污染防治控制的主要污染源为工业点源，污染物以悬浮颗粒物为主，采取的防治措施主要有排放浓度控制、消烟除尘、工业点源治理及属地管理；第二阶段（1990—2000 年）的主要污染源为燃煤和工业生产，产生的污染物以SO_2和悬浮颗粒物为主，在酸雨控制区和 SO_2污染控制区实行 SO_2排放总量控制；第三阶段（2000—2010 年），我国大气污染控制取得重大进展，大气污染以煤烟尘、酸雨、PM10和光化学污染为主，这一阶段不仅对燃煤、工业、扬尘污染提出了控制要求，同时将机动车的污染控制纳入了议程，将 SO_2、NO_x、PM10列为主要控制对象；第四阶段（2010 年以后），以环境标准优化产业升级，继续严格制定了各个行业的污染物排放限值。

一、颗粒污染物

颗粒污染物属于非均相混合物，一般采用物理方法进行分离净化，其分离净化依据是气体分子与固态（或液态）粒子在物理性质上的差异。根据施加外力的性质，可将除尘器分为机械力除尘、电除尘、过滤式除尘和湿式除尘。

1. 机械力除尘器

机械力除尘器是依靠重力、惯性力、离心力等将尘粒从气流中去除的装置，包括重力沉降室、惯性除尘器和旋风除尘器。机械力除尘器适用于含尘浓度高和颗粒粒径较大的气流，广泛应用于除尘要求不高的场合或高效除尘装置的前置预除尘。

2. 电除尘器

电除尘器是利用静电力实现颗粒（固体或液体粒子）与气流分离的一种除尘装置。电除尘器的适用范围很广，对粒径分散度、颗粒浓度、气流温度、湿度等都有较好的适应性，但电除尘设备较大，一次性投资大，而且对设备的制造、安装和维护操作的技术要求比较严格，对颗粒的比电阻比较敏感，一般要求比电阻为 $10^4 \sim 10^{10}\Omega \cdot cm$。

3. 过滤式除尘器

过滤式除尘器是通过过滤材料分离含尘气体中尘粒的一种装置。过滤式除尘器主要有两类：一类是以滤布、滤纸作为过滤介质的表面除尘器；另一类是以松散的多孔滤料作为过滤介质的深层除尘器。

4. 湿式除尘器

湿式除尘器能使含尘气体与液体充分接触，其中的颗粒物由气相转为液相，从而达到分离净化的目的。湿式除尘器结构简单，净化效率高，可有效将 $0.1 \sim 20\mu m$ 的液滴和固态粒子从气流中除去，还能脱除部分气态污染物，适合高温高湿气体除尘，但除尘后存在洗涤水处理和设备腐蚀等问题。

二、VOCs 污染控制

挥发性有机物（Volatile Organic Compounds，VOCs）污染控制措施主要有两类：一类是以改进工艺和设备、防止泄漏为主的预防性措施，如溶剂替换、清洁工艺等，可从排放源头削减 VOCs；另一类是以末端治理为主的控制性措施，即 VOCs 废气净化。

VOCs 废气组分复杂，浓度范围大，其净化工艺主要有膜分离、冷凝、吸收、吸附、催化燃烧、热力燃烧、生物氧化，以及上述工艺的组合。这里简单介绍几种主要的工艺。

1. 膜分离法

废气中各组分分子量大小、荷电、化学性质等不同，膜分离法是以固体膜或液体膜作为渗透介质，通过膜能力的不同，将各组分分离，从而达到脱除有害物质或回收有价值物质的目的。气体分离膜材料种类繁多，按其材料的性质划分，主要有高分子膜材料、无机及金属膜材料和复合膜材料三大类。高分子膜材料的主要代表有聚酰亚胺（PI）、乙酸纤维素（CA）、聚二甲基硅氧烷（PDMS）、聚砜（PS）和聚碳酸酯（PC）等；无机及金属膜材料的主要代表有金属膜、陶瓷膜、玻璃膜和沸石膜等；复合膜材料是将纳米级无机材料添加到高分子膜材料中，制备兼具有机、无机气体分离膜优点的高性能材料。气体膜分离净化工艺流程如图 1-1 所示。经过除尘、除油等预处理的有机气体经压缩机加压后进入冷凝器分离，然后通过膜分离器进行气相分离，稀相为净化后的气体，可进一步处理或直接排放，浓相则回到加压设备的进气口与入口气流一起进一步处理。

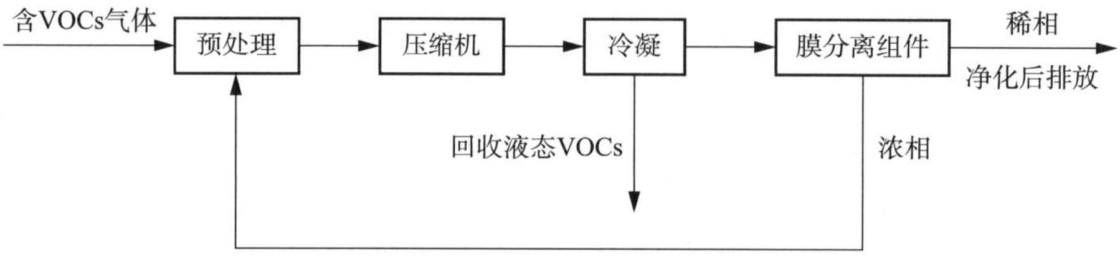

图 1-1　气体膜分离净化工艺流程

2. 热氧化法

对于有毒、有害、无须回收的 VOCs，热氧化是一种较彻底的处理方法。根据燃烧温度的不同，热氧化法可分为热力燃烧、蓄热燃烧和催化氧化三种。

3. 吸附法

吸附法是指含 VOCs 的气态混合物与多孔性固体接触，利用固体表面存在的未平衡的分子吸引力或化学键力，把混合气体中的 VOCs 组分吸附在固体表面，从而使气流得到净化。

4. 生物法

生物法净化 VOCs 是利用微生物的代谢活动，将废气中的有机组分降解或者转化为简单的无机物（CO_2 和 H_2O）及细胞质等物质，实现 VOCs 组分的彻底净化。废气生物净化工艺有生物过滤、生物滴滤和生物洗涤三种。生物过滤和生物滴滤是指废气通过由填料介质构成的固定床层，被附着生长于填料表面的微生物吸附吸收，进而被生物降解。两者的区别在于，生物滴滤工艺采用连续喷淋的方式给填料层提供所需的营养和水分，而生物过滤工艺采用预增湿的方式在 VOCs 废气进入填料塔前提供营养和水分。生物洗涤是指废气被水溶液吸收剂吸收，其中的气相污染物转移到液相，经含有营养物质和微生物的好氧生物系统处理，污染物被生物降解。

三、含硫气态污染物控制

含硫气态污染物有 H_2S、SO_2、SO_3 和有机硫化物等，其控制包括原料脱硫、工艺过程固硫和排放气体脱硫三个方面。

硫氧化物中的SO_2是大气污染物中数量较大、影响范围较广的一种气态污染物，它的来源很广，绝大部分工业企业都可能产生，主要来自化石燃烧过程，以及硫化物矿石的焙烧、冶炼等热过程。火力发电厂、有色金属冶炼厂、硫酸厂、炼油厂以及所有烧煤或油的工业炉窑等都会排放SO_2烟气。

1. 高浓度SO_2资源化

高浓度SO_2主要来自冶炼厂、硫酸厂和造纸厂等工业排放，其浓度通常为2%~40%。工业上通常采用二级催化转化+吸收工艺制备硫酸，工艺流程如图1-2所示。来自锅炉或炉窑的富含SO_2的尾气经过除尘和脱水预处理进入多层催化反应床，在V_2O_5的催化作用下，SO_2转化为SO_3，再进入填充床吸附塔内用水吸收制成硫酸。单级制酸工艺可以将98%左右的SO_2转化为硫酸，而采用二级制酸工艺可将SO_2的转化率提高至99.7%，从而减少SO_2的排放。

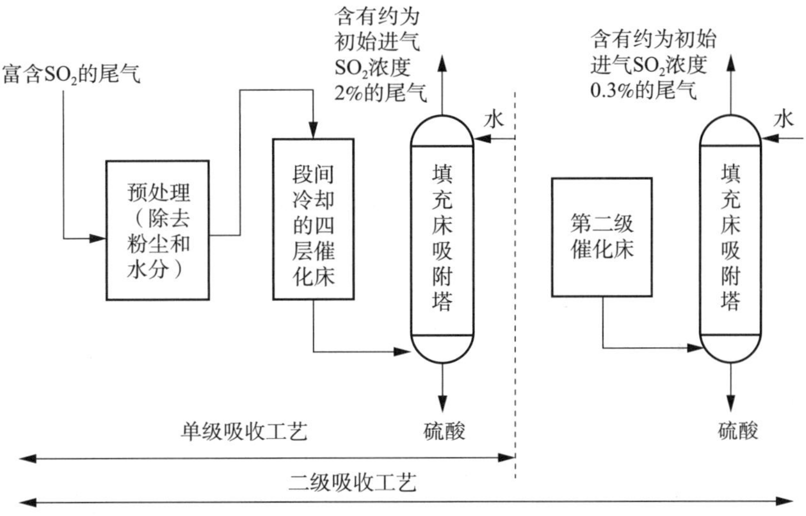

图1-2 制备硫酸（二级催化转化+吸收）工艺流程

2. 低浓度SO_2排放控制

烟气脱硫技术主要分为三类：湿法烟气脱硫、半干法烟气脱硫和干法烟气脱硫。石灰石/石膏湿法烟气脱硫在烟气脱硫行业中占据主要份额，其次是半干法烟气脱硫和干法烟气脱硫。

石灰石/石灰湿法烟气脱硫工艺流程如图1-3所示。锅炉烟气经除尘、冷却后送入吸收塔，吸收塔内用配制好的石灰石或石灰浆液洗涤含SO_2的烟气，洗涤净化的烟气经除雾和再热后排放。吸收塔内排出的吸收液流入循环槽，加入新鲜的石灰石或者石灰浆液进行再生。

喷雾干燥法烟气脱硫技术是一种半干法脱硫工艺，目前市场份额仅次于湿式钙法烟气脱硫技术，其工艺流程如图1-4所示，主要包括吸收剂制备、吸收和干燥、粉末捕集和粉末处置四个过程。吸收剂溶液或浆液可采用石灰石在现场制备，120~160℃的锅炉烟气从喷雾干燥塔顶部送入，同时通过安装于顶部的高速旋转的喷嘴将制备好的石灰乳射成直径小于 100μm 的雾滴。雾滴与烟气接触后，与烟气中的 SO_2发生化学反应，同时与其进行热交换，迅速将大部分水分蒸发，形成含水较少，含亚硫酸钙、硫酸钙、飞灰和未反应氧化钙的固体废物。固体废物在喷雾干燥塔中沉积下来，由底部排出，细小的脱硫灰颗粒随烟气从干燥器下部排出进入袋式除尘器中。

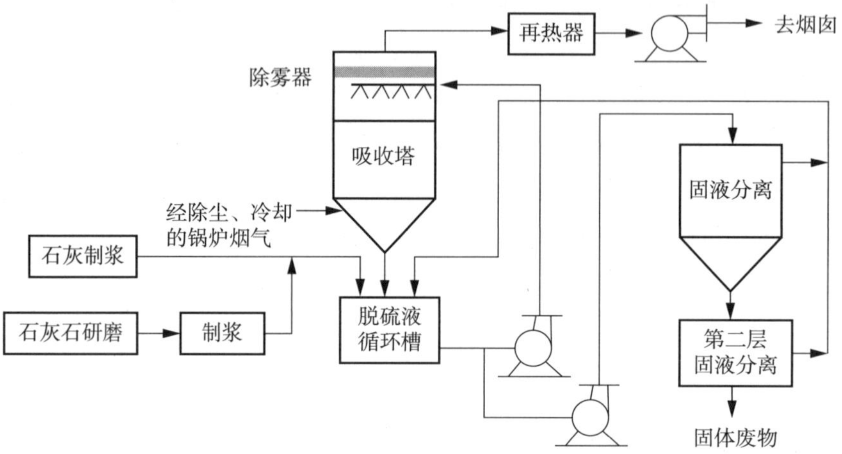

图 1-3　石灰石/石灰湿法烟气脱硫工艺流程

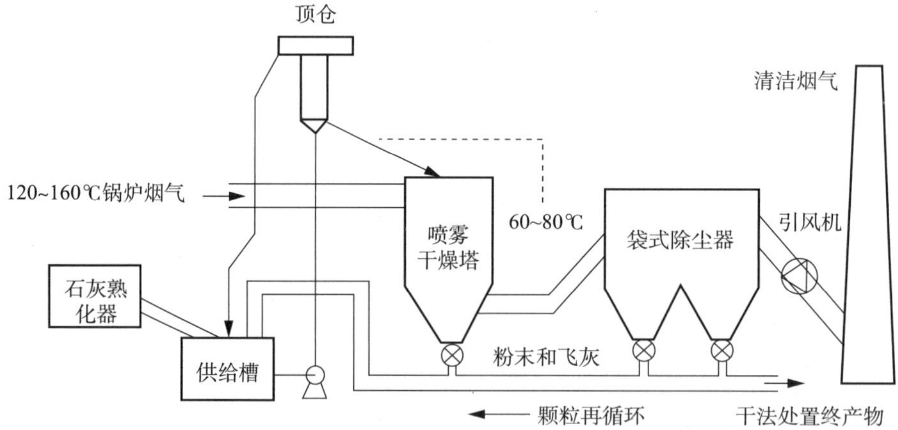

图 1-4　喷雾干燥法烟气脱硫工艺流程

芬兰 IVO 公司开发的 LIFAC（Linestone Injection into the Furnace and Activation of Calcium）工艺是干法烟气脱硫工艺的代表，其流程如图 1-5 所示。首先，将作为固硫剂的石灰石粉料喷入锅炉炉膛，$CaCO_3$受热分解为 CaO 和 CO_2，热解后生成的 CaO 随烟气流动，与其中的 SO_2反应脱除一部分 SO_2；其次，生成的 $CaSO_4$和未反应的 CaO 与飞灰一起，随烟气进入锅炉后部的活化反应器；最后，在活化反应器中，通过喷水雾增湿，一部分尚未反应的 CaO 转变成具有较高反应活性的 $Ca(OH)_2$，继续与烟气中的

SO_2反应，完成脱硫的全过程。

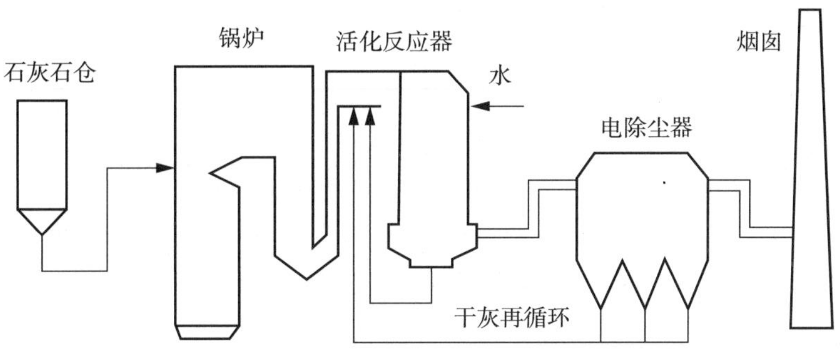

图 1-5 LIFAC 工艺流程

四、含氮气态污染物控制

氮氧化物是生成O_3的重要前体物之一，也是形成区域细粒子污染和灰霾的重要因子。从全球范围来看，空气中的 NO_x 主要来自天然源和人为源。控制 NO_x 排放的技术措施可以分为两大类：一类是源头控制，通过各种技术手段控制燃烧过程中 NO_x 的生成反应；另一类是尾部控制，即把已经生成的 NO_x 通过某种手段还原成 N_2，从而降低 NO_x 的排放量。

低 NO_x 燃烧技术一直是应用最广泛的技术，即便为满足排放标准的要求不得不使用尾气净化装置，仍需采用它来降低净化装置入口的 NO_x 浓度，以达到节省费用的目的。目前，工业上采用的低 NO_x 燃烧技术包括低氧燃烧、烟气循环燃烧、分段燃烧和浓淡燃烧技术等。低氧燃烧技术采用低空气过剩系数（1.17~1.20）运行，不仅可以降低 NO_x，还可以减少锅炉的排烟热损失；烟气循环燃烧是将燃烧产生的部分烟气冷却后，再循环送回燃烧区，起到降低氧浓度和燃烧区温度的作用，以达到减少 NO_x 生成量的目的；分段燃烧是将空气总需要量的 85%~95%与燃料一起供到燃烧器，第一段燃烧的烟气温度较低，NO_x 生成量很小，在燃烧装置的尾端，通入剩余的空气，使第一阶段的不完全燃烧产物 CO 和 CH 完全燃尽；浓淡燃烧技术通过交替使用燃料稀薄燃烧的燃烧器和燃料过浓燃烧的燃烧器，有效降低 NO_x 的生成。

除通过改进燃烧技术控制 NO_x 排放外，有时还要对烟气进行处理，以进一步降低 NO_x 的排放量，通常称为烟气脱硝。目前，有两类商业化的烟气脱硝技术，分别为选择性催化还原和选择性非催化还原。选择性催化还原法脱硝（SCR）主要以氨为还原剂，通常催化剂安装在单独的反应器内，反应器位于省煤器之后或空气预热器之前，将还原剂 NH_3从催化反应器的上游注入含 NO_x 的烟气，在含有催化剂的反应器内，NO_x 被还原为 N_2和水。选择性非催化还原法脱硝（SNCR）将尿素或氨基化合物注入烟气作为还原剂，将 NO_x 还原为 N_2，因反应温度较高（930-1090℃），还原剂通常注进炉膛或者紧靠炉膛出口的烟道。

习题

1. 列举大气中主要的气态污染物及其来源。

2. 气溶胶状态污染物按粒径、来源和物理属性可分为哪几类？它们各有什么特点？

3. 简述目前存在的全球性大气污染问题及其对环境的影响。

4. 从一次污染物和二次污染物的角度，分析 NO_x 排放可能对环境造成的影响。

5. 硫酸型烟雾和光化学烟雾形成的气象条件有哪些不同？

6. 电除尘器的主要优点有哪些？简述电除尘器的主要工作原理。

7. 与干式除尘装置相比，湿式除尘器有哪些优缺点？

8. 分析 VOCs 控制工艺，从技术、经济等方面比较各工艺的优劣，并给出各工艺的使用条件和适用范围。

9. 比较氮氧化物和硫氧化物在形成和排放控制方面的异同。

10. 干法烟气脱硫相对于湿法烟气脱硫有哪些优越性？

第二章 废气排放标准及应税污染物

见此图标 微信扫码
扫码获取本书配套学习资料

随着大气污染治理逐步深入，生态环境部出台了一系列大气污染物排放标准。除了《大气污染物综合排放标准》（GB16297—1996）外，共计出台了 44 个行业大气污染物排放标准，结合《中华人民共和国环境保护税法》中规定的应税大气污染物，现将每个行业的应税污染物列于表 2-1 中。

表 2-1　不同行业排放大气污染物标准及应税污染物

序号	行业类型	标准名称	应税污染物
1	铸造工业	《铸造工业大气污染物排放标准》（GB 39726—2020）	一般性粉尘（颗粒物）、二氧化硫、氮氧化物、苯、甲苯、二甲苯、苯乙烯、铅及其化合物
2	电池工业	《电池工业污染物排放标准》（GB 30484—2013）	一般性粉尘（颗粒物）、氮氧化物、沥青烟、氯化氢、氯气、硫酸雾、氟化物、铅及其化合物、镉及其化合物、镍及其化合物、汞及其化合物
3	船舶工业	《船舶工业污染物排放标准》（GB 4286—84）	一般性粉尘（颗粒物）、苯、甲苯、二甲苯
4	农药制造工业	《农药制造工业大气污染物排放标准》（GB 39727—2020）	氯气、氯化氢、氰化氢、氟化氢、氨、硫化氢、二氧化硫、氮氧化物、光气、丙烯腈、苯、甲醛、酚类、氯苯类、一般性粉尘（颗粒物）、甲苯、二甲苯、苯乙烯
5	涂料、油墨及胶粘剂工业	《涂料、油墨及胶粘剂工业大气污染物排放标准》（GB 37824—2019）	一般性粉尘（颗粒物）、苯、甲醛、甲苯、二甲苯、苯乙烯
6	烧碱、聚氯乙烯工业	《烧碱、聚氯乙烯工业污染物排放标准》（GB 15581—2016）	一般性粉尘（颗粒物）、二氧化硫、氮氧化物、氯气、氯化氢、氯乙烯、汞及其化合物
7	无机化学工业	《无机化学工业污染物排放标准》（GB 31573—2015）	一般性粉尘（颗粒物）、二氧化硫、氮氧化物、氯气、氨、氯化氢、氟化物、氰化氢、硫化氢、硫酸雾、铬酸雾、铅及其化合物、镉及其化合物、镍及其化合物、锡及其化合物、汞及其化合物

续表

序号	行业类型	标准名称	应税污染物
8	石油化学工业	《石油化学工业污染物排放标准》（GB 31571—2015）	一般性粉尘（颗粒物）、二氧化硫、氮氧化物、氯气、氯化氢、氯乙烯、苯、甲苯、二甲苯、氯苯类、苯乙烯、硝基苯、甲醇、甲醛、乙醛、丙烯醛、丙烯腈、酚类、苯胺类、光气、氰化氢、苯并（a）芘
9	石油炼制工业	《石油炼制工业污染物排放标准》（GB 31570—2015）	一般性粉尘（颗粒物）、二氧化硫、氮氧化物、氯化氢、硫酸雾、镍及其化合物、沥青烟、苯并（a）芘、苯、甲苯、二甲苯
10	合成树脂工业	《合成树脂工业污染物排放标准》（GB 31572—2015）	一般性粉尘（颗粒物）、二氧化硫、苯乙烯、丙烯腈、酚类、甲醛、乙醛、氨、氯化氢、光气、硫化氢、苯、甲苯、氯苯类
11	炼焦化学工业	《炼焦化学工业污染物排放标准》（GB 16171—2012）	一般性粉尘（颗粒物）、二氧化硫、苯并（a）芘、氰化氢、苯、酚类、氮氧化物、氨、硫化氢
12	硫酸工业	《硫酸工业污染物排放标准》（GB 26132—2010）	一般性粉尘（颗粒物）、二氧化硫、硫酸雾
13	硝酸工业	《硝酸工业污染物排放标准》（GB 26131—2010）	氮氧化物
14	橡胶制品工业	《橡胶制品工业大气污染物排放标准》（GB 27632—2011）	一般性粉尘（颗粒物）、氨、甲苯及二甲苯
15	轧钢工业	《轧钢工业大气污染物排放标准》（GB 28665—2012）	一般性粉尘（颗粒物）、二氧化硫、氮氧化物、氯化氢、硫酸雾、铬酸雾、氟化物、苯、甲苯、二甲苯
16	炼钢工业	《炼钢工业大气污染物排放标准》（GB 28664—2012）	一般性粉尘（颗粒物）、氟化物
17	炼铁工业	《炼铁工业大气污染物排放标准》（GB 28663—2012）	一般性粉尘（颗粒物）、二氧化硫、氮氧化物
18	钢铁烧结、球团工业	《钢铁烧结、球团工业大气污染物排放标准》（GB 28662—2012）	一般性粉尘（颗粒物）、二氧化硫、氮氧化物、氟化物
19	再生铜、铝、铅、锌工业	《再生铜、铝、铅、锌工业污染物排放标准》（GB 31574—2015）	一般性粉尘（颗粒物）、二氧化硫、氮氧化物、氯化氢、氟化物、硫酸雾、铅及其化合物、镉及其化合物、锡及其化合物
20	铁合金工业	《铁合金工业污染物排放标准》（GB 28666—2012）	一般性粉尘（颗粒物）
21	钒工业	《钒工业污染物排放标准》（GB 26452—2011）	一般性粉尘（颗粒物）、二氧化硫、氯化氢、硫酸雾、氯气、铅及其化合物
22	镁、钛工业	《镁、钛工业污染物排放标准》（GB 25468—2010）	一般性粉尘（颗粒物）、二氧化硫、氯气、氯化氢
23	铅、锌工业	《铅、锌工业污染物排放标准》（GB 25466—2010）	一般性粉尘（颗粒物）、二氧化硫、硫酸雾、铅及其化合物、汞及其化合物
24	铝工业	《铝工业污染物排放标准》（GB 25465—2010）	一般性粉尘（颗粒物）、二氧化硫、氟化物、沥青烟

续表

序号	行业类型	标准名称	应税污染物
25	水泥工业	《水泥工业大气污染物排放标准》（GB 4915—2013）	一般性粉尘（颗粒物）、二氧化硫、氮氧化物、氟化物、氨、汞及其化合物
26	砖瓦工业	《砖瓦工业大气污染物排放标准》（GB 29620—2013）	一般性粉尘（颗粒物）、二氧化硫、氮氧化物、氟化物
27	电子玻璃工业	《电子玻璃工业大气污染物排放标准》（GB 29495—2013）	一般性粉尘（颗粒物）、二氧化硫、氯化氢、氟化物、铅及其化合物、氮氧化物
28	平板玻璃工业	《平板玻璃工业大气污染物排放标准》（GB 26453—2011）	一般性粉尘（颗粒物）、二氧化硫、氮氧化物、氯化氢、氟化物、锡及其化合物
29	陶瓷工业	《陶瓷工业污染物排放标准》（GB 25464—2010）	一般性粉尘（颗粒物）、二氧化硫、氮氧化物、铅及其化合物、镉及其化合物、镍及其化合物、氟化物、氯化物
30	锡、锑、汞工业	《锡、锑、汞工业污染物排放标准》（GB 30770—2014）	一般性粉尘（颗粒物）、二氧化硫、氮氧化物、硫酸雾、氟化物、铅及其化合物、镉及其化合物、锡及其化合物、汞及其化合物
31	煤炭工业	《煤炭工业污染物排放标准》（GB 20426—2006）	一般性粉尘（颗粒物）、二氧化硫
32	陆上石油天然气开采工业	《陆上石油天然气开采工业大气污染物排放标准》（GB 39728—2020）	二氧化硫
33	铁矿采选工业	《铁矿采选工业污染物排放标准》（GB 28661—2012）	一般性粉尘（颗粒物）
34	稀土工业	《稀土工业污染物排放标准》（GB 26451—2011）	一般性粉尘（颗粒物）、二氧化硫、硫酸雾、氟化物、氯气、氯化氢
35	铜、镍、钴工业	《铜、镍、钴工业污染物排放标准》（GB 25467—2010）	二氧化硫、一般性粉尘（颗粒物）、硫酸雾、氯气、氯化氢、镍及其化合物、铅及其化合物、氟化物、汞及其化合物
36	制药工业	《制药工业大气污染物排放标准》（GB 37823—2019）	一般性粉尘（颗粒物）、苯、甲醛、光气、氯气、氰化氢、氯化氢、氨、硫化氢、甲苯、二甲苯、苯乙烯
37	锅炉	《锅炉大气污染物排放标准》（GB 13271—2014）	一般性粉尘（颗粒物）、二氧化硫、氮氧化物、汞及其化合物
38	火葬场	《火葬场大气污染物排放标准》（GB 13801—2015）	烟尘、二氧化硫、氮氧化物、一氧化碳、氯化氢、汞及其化合物
39	火电厂	《火电厂大气污染物排放标准》（GB 13223—2011）	烟尘、二氧化硫、氮氧化物、汞及其化合物
40	工业炉窑	《工业炉窑大气污染物排放标准》（GB 9078—1996）	一般性粉尘（颗粒物）、二氧化硫、氟化物、铅及其化合物、汞及其化合物、铍及其化合物、沥青烟
41	其他行业（恶臭污染物排放标准）	《恶臭污染物排放标准》（GB 14554—93）	硫化氢、甲硫醇、甲硫醚、二硫化碳、二甲二硫、苯乙烯、氨、三甲胺

续表

序号	行业类型	标准名称	应税污染物
42	其他行业（大气污染物综合排放标准）	《大气污染物综合排放标准》（GB 16297—1996）	一般性粉尘（颗粒物）、二氧化硫、氮氧化物、氯气、氯化氢、氟化物、氰化氢、硫化氢、硫酸雾、铬酸雾、苯、甲苯、二甲苯、酚类、甲醇、甲醛、乙醛、丙烯腈、丙烯醛、氯苯类、铅及其化合物、苯胺类、苯并（a）芘、镉及其化合物、镍及其化合物、锡及其化合物、铍及其化合物、光气、沥青烟、氯乙烯、石棉尘、硝基苯
43	合成革与人造革工业	《合成革与人造革工业污染物排放标准》（GB 21902—2008）	苯、甲苯、二甲苯、一般性粉尘（颗粒物）
44	电镀工业	《电镀污染物排放标准》（GB 21900—2008）	氯化氢、铬酸雾、硫酸雾、氮氧化物、氰化氢、氟化物
45	味精工业	《味精工业污染物排放标准》（GB 19431—2004）	硫化氢

第一节　装备制造业废气排放标准及应税污染物

一、铸造工业废气排放标准及应税污染物

铸造工业是指生产各种金属铸件的制造业。作为全球经济建设中的基础产业，铸造工业对世界经济的发展及应用领域的繁荣发挥着重要作用。中国是世界铸造大国之一，涉及汽车、机床、电力、泵阀、市政、矿山冶金、重型机械等多个行业。

（一）铸造工业废气

在《2017年国民经济行业分类》（GB/T 4754—2017）中，铸造工业归属于金属制品业，可分为黑色金属铸造（C3391）和有色金属铸造（C3392）。黑色金属铸造是指铸铁件、铸钢件等各种成品、半成品的制造；有色金属铸造是指有色金属及其合金铸件等各种成品、半成品的制造。铸造生产工艺有很多种，不同工艺又由不同的生产工序构成，其中金属熔炼、炉前处理、浇注、清理和后处理是各种不同铸造工艺共有的工序。铸造生产主要工序及其产生的大气污染物如下：

- 金属熔炼。金属熔炼是指通过加热使金属炉料转变为熔融状态，并调整到铸件所需成分的过程。根据熔炼设备的不同，该工序产生的大气污染物种类各异，主要有粉尘、SO_2、NO_x 和金属蒸汽等。
- 造型。造型是指用铸造材料及模样等工艺装备制造铸型的过程。根据铸型使用材料的不同，可将其分为砂型、熔模、消失模（含V法造型）、金属型等多种铸型。该工艺产生的大气污染物种类不同，主要有粉尘、VOCs、烟尘或尘雾（主要成分是硅氧化物）。
- 制芯。制芯是将芯砂制成符合芯盒形状砂芯的过程。按固化方式不同，制芯的方

法有两种，分别是热芯盒法和冷芯盒法。该工艺产生的大气污染物主要是粉尘和 VOCs。

• 浇注。浇注是指将熔融金属从浇包注入铸型的过程。由于浇注温度较高，会产生大量的高温粉尘，同时铸型中会产生苯、甲苯、酚、甲醛和多环芳烃等有机物污染物。

• 落砂。落砂是指用手工或机械方法使铸件与型（芯）砂分离的过程。铸件冷却后进行落砂，将铸件与砂型分离，其后还要进行喷丸、抛丸、切割浇冒口、打磨等清理工序。在这些工序中，大气污染物排放均以粉尘为主，产生的粉尘量较大。

• 砂处理及废砂再生。砂处理是指根据工艺要求对造型用砂进行配料和混制的过程；废砂再生是指用焙烧、风吹、水洗或机械等方式处理废砂，使其性能达到能代替新砂的过程。该工序的主要大气污染物为粉尘。

• 铸件热处理。铸件热处理是采用热处理工艺使铸件获得需要的力学性能或达到使用要求的过程。热处理一般采用电热式。电热式基本没有污染物产生，但采用燃气加热炉时会有粉尘、NO_x 和 SO_2产生。

• 表面涂装。表面涂装是指为保护或装饰加工对象，在加工对象表面覆以涂料膜层的过程。该工序会排放苯、甲苯、二甲苯等 VOCs 和酸雾、碱雾。

（二）大气污染物排放标准的制定与实施

为贯彻《中华人民共和国环境保护法》《中华人民共和国大气污染防治法》，防治环境污染，改善环境质量，促进铸造工业技术进步和可持续发展，生态环境部大气环境司、法规与标准司组织辽宁省环境科学研究院、中国铸造协会、沈阳铸造研究有限公司、中国环境科学研究院共同制定了我国首个铸造工业大气污染物排放标准。2020 年11 月 26 日，生态环境部正式批准，标准名称为《铸造工业大气污染物排放标准》（GB 39726—2020）。2020 年 12 月 8 日，生态环境部联合国家市场监督管理总局正式发布该标准，新建企业自 2021 年 1 月 1 日起实施，现有企业自 2023 年 7 月 1 日起实施，不再执行《工业炉窑大气污染物排放标准》（GB 9078—1996）和《大气污染物综合排放标准》（GB 16297—1996）中的相关规定。

（三）废气排放标准及应税污染物

1. 适用范围

《铸造工业大气污染物排放标准》（GB 39726—2020）规定了铸造工业大气污染物排放控制、监测和监督管理要求等。该标准适用于现有铸造工业企业或生产设施的大气污染物排放管理，以及铸造工业建设项目的环境影响评价、环境保护设施设计、竣工环境保护验收、排污许可证核发及其投产后的大气污染物排放管理。

2. 应税大气污染物排放控制要求

《铸造工业大气污染物排放标准》规定了铸造工业企业及其生产设施排入大气中的 12 种污染物监测项目，其中一般性粉尘（颗粒物）、二氧化硫、氮氧化物、苯、甲苯、二甲苯、苯乙烯、铅及其化合物为《中华人民共和国环境保护税法》中规定的应税污染物，其排放限值及污染当量值见表 2-2。

表 2-2 铸造工业应税污染物排放限值及污染当量值

污染物	排放限值（mg/m^3）											污染物排放监控位置	污染当量值（kg）
	金属熔炼（化）			造型	落砂、清理	制芯	浇注	砂处理、废砂再生	铸件热处理	表面涂装	其他生产工序或设备、设施		
	冲天炉	燃气炉①	电弧炉、感应电炉、精炼炉等其他熔炼（化）炉；保温炉②	自硬砂及干砂等造型设备④	落砂机④、抛（喷）丸机等清理设备	加砂、制芯设备	浇注区	砂处理及废砂再生设备④	热处理设备⑥	表面涂装设备（线）			
一般性粉尘（颗粒物）	40	30	30	30	30	30	30	30	30	30	30	车间或生产设施排气筒	4
二氧化硫	200	100	—	—	—	—	—	150⑤	100	—	—		0.95
氮氧化物	300	400	—	—	—	—	—	300⑤	300	—	—		0.95
铅及其化合物	—	—	2③	—	—	—	—	—	—	—	—		0.02
苯	—	—	—	—	—	—	—	—	—	1	—		0.05
甲苯	—	—	—	—	—	—	—	—	—	60	—		0.18
二甲苯	—	—	—	—	—	—	—	—	—	60	—		0.27
苯乙烯	—	—	—	—	—	—	—	—	—	60	—		25

注：①燃气冲天炉适用于燃气炉，混合燃料冲天炉适用于冲天炉；②适用于黑色金属铸造；③适用于铅基及铅青铜合金铸造熔炼；④适用于砂型铸造、消失模铸造、V 法铸造、熔模精密铸造、壳型铸造；⑤适用于热法再生焙烧炉；⑥适用于除电炉外的其他热处理设备。

冲天炉及燃气炉的大气污染物实测排放浓度，应按式（2-1）换算为基准含氧量状态下的大气污染物基准排放浓度，并以此作为达标判定依据。

$$C_{基}=C_{实}\times\frac{21-O_{基}}{21-O_{实}} \tag{2-1}$$

式中：$C_{基}$——大气污染物基准排放浓度，mg/m^3；

$C_{实}$——大气污染物实测排放浓度，mg/m^3；

$O_{基}$——干烟气基准含氧量，%；

$O_{实}$——干烟气实测含氧量，%。

3. 污染物采集与监测要求

排气筒中大气污染物的采集按照 GB/T 16157—1996、HJ/T 397—2007、HJ 732—

2014、HJ 75—2017 及《固定污染源废气中非甲烷总烃排放连续监测技术指南（试行）》的规定执行。对于排放强度呈周期性波动的污染源，污染物排放监测时段应涵盖其排放强度较大的时段。企业边界大气污染物的监测采样按 HJ/T 55—2000 的规定执行。

企业应按照《环境监测管理办法》和 HJ 819—2017 等有关法律、规定，建立企业监测制度，制订监测方案，对大气污染物排放状况开展自行监测，保存原始监测记录，并公布监测结果。企业安装大气污染物排放自动监控设备，按《污染源自动监控管理办法》等有关法律、规定执行。企业应按照环境监测管理规定和技术规范的要求，设计、建设、维护永久性采样口、采样测试平台和排污口标志。大气污染物监测应在规定的监控位置进行，有废气处理设施的，应在处理设施后进行监测。

（四）应税大气污染物污染当量核算

大气污染物的污染当量数，以该污染物的排放量除以该污染物的污染当量值计算。每种应税大气污染物的具体污染当量值见表 2-2。每一排放口或者没有排放口的应税大气污染物，按照污染当量数从大到小排序，对前三项污染物征收环境保护税。

二、电池工业废气排放标准及应税污染物

电池工业是指采用正极活性材料、负极活性材料，配合电介质，以密封式结构制成的，具有一定公称电压和额定容量的化学电源，以及将太阳辐射能直接转换成电能的太阳电池的制造业。

（一）电池工业废气

电池制造业在我国既是传统产业，又是新能源产业的重要组成部分，与新能源汽车、可再生能源、现代电子信息、新材料、装备制造等战略性新兴产业关联紧密。电池生产企业产生的废气主要有电池各生产工序产生的粉尘、硫酸雾，包装工序产生的有机废气，以及燃煤或燃油锅炉产生的二氧化硫、氮氧化物、烟尘等废气。

（二）大气污染物排放标准的制定与实施

为贯彻《中华人民共和国环境保护法》《中华人民共和国大气污染防治法》《中华人民共和国水污染防治法》《中华人民共和国海洋环境保护法》等法律法规，保护环境，防治污染，促进电池工业生产工艺和污染治理技术的进步，环境保护部科技标准司组织中国轻工业清洁生产中心、轻工业化学电源研究所、环境保护部环境标准研究所共同制定了《电池工业污染物排放标准》（GB 30484—2013）。环境保护部于 2013 年 12 月 16 日批准该标准，电池工业新建企业自 2014 年 3 月 1 日起，现有企业自 2014 年 7 月 1 日起，大气污染物排放控制按此标准的规定执行，不再执行《大气污染物综合排放标准》（GB 16297—1996）中的相关规定。

（三）排放标准及应税污染物

1. 适用范围

《电池工业污染物排放标准》（GB 30484—2013）规定了电池①工业企业大气污染物排放限值、监测和监控要求，以及标准的实施与监督等。该标准适用于电池工业企业或生产设施的大气污染物排放管理，电池工业企业建设项目的环境影响评价、环境保护设施设计、竣工环境保护验收及其投产后的大气污染物排放管理，以及法律允许的污染物排放行为。新设立污染源的选址和特殊保护区域内现有污染源的管理，按照《中华人民共和国大气污染防治法》《中华人民共和国水污染防治法》《中华人民共和国海洋环境保护法》《中华人民共和国固体废物污染环境防治法》《中华人民共和国环境影响评价法》等法律法规的相关规定执行。

2. 应税大气污染物排放控制要求

《电池工业污染物排放标准》（GB 30484—2013）规定了电池工业污染物净化设施排放口的 12 种污染物监测项目，其中一般性粉尘（颗粒物）、氮氧化物、沥青烟、氯化氢、氯气、硫酸雾、氟化物、铅及其化合物、镉及其化合物、镍及其化合物、汞及其化合物为《中华人民共和国环境保护税法》中规定的应税污染物，其排放限值及污染当量值见表 2-3。

表 2-3　电池工业应税污染物排放限值及污染当量值

污染物	排放限值（mg/m^3）					污染物排放监控位置	污染当量值（kg）
	锌锰/锌银/锌空气电池	铅蓄电池	镉镍/氢镍电池	锂离子/锂电池	太阳电池①		
硫酸雾	—	5	—	—	—	车间或生产设施排气筒	0.6
铅及其化合物	—	0.5	—	—	—		0.02
汞及其化合物	0.01	—	—	—	—		0.0001
镉及其化合物	—	—	0.2	—	—		0.03
镍及其化合物	—	—	1.5	—	—		0.13
沥青烟	10	—	—	—	—		0.19
氟化物	—	—	—	—	3.0		0.87
氯化氢	—	—	—	—	5.0		10.75
氯气	—	—	—	—	5.0		0.34
氮氧化物	—	—	—	—	30		0.95
一般性粉尘（颗粒物）	30	30	30	30	30		4

注：①晶体硅太阳电池监控氟化物、氯化氢、氯气、氮氧化物和颗粒物，其他类型太阳电池只监控颗粒物。

3. 污染物采集与监测要求

排气筒中大气污染物的监测采样按 GB/T 16157—1996、HJ/T 397—2007 及

① 包括锌锰电池（糊式电池、纸板电池、叠层电池、碱性锌锰电池）、锌空气电池、锌银电池、铅蓄电池、镉镍电池、氢镍电池、锂离子电池、锂电池、太阳电池。

HJ 75—2017的规定执行。企业应按照有关法律和《环境监测管理办法》等规定，建立企业监测制度，制订监测方案，对污染物排放状况及其对周边环境质量的影响开展自行监测，保存原始监测记录，并公布监测结果。企业安装污染物排放自动监控设备，按有关法律和《污染源自动监控管理办法》的规定执行。企业应按照环境监测管理规定和技术规范的要求，设计、建设、维护永久性采样口、采样测试平台和排污口标志。对企业排放废气的采样，应根据监测污染物的种类，在规定的污染物排放监控位置进行，有废水、废气处理设施的，应在处理设施后进行监控。

（四）应税大气污染物污染当量核算

大气污染物的污染当量数，以该污染物的排放量除以该污染物的污染当量值计算。每种应税大气污染物的具体污染当量值见表 2-3。每一排放口或者没有排放口的应税大气污染物，按照污染当量数从大到小排序，对前三项污染物征收环境保护税。

三、船舶工业废气排放标准及应税污染物

（一）船舶工业废气

船舶工业包括船舶制造、船舶修理、船舶拆解、船舶配套设备制造等行业。在船舶制造业中，钢质船舶制造是主体，其他的金属或非金属船舶制造占比很小。钢质船舶制造的主要原料是钢材和船用涂料，产生的主要污染物是除锈粉尘和涂装有机废气；钢质船舶的修理及改装产生的主要污染物与前者相同；船舶拆解产生的主要污染物是固体废弃物。

（二）大气污染物排放标准的制定与实施

为贯彻《中华人民共和国环境保护法（试行）》，防治船舶工业废水、废气对环境的污染，1984 年 5 月 18 日，中华人民共和国城乡建设环境保护部正式发布《船舶工业污染物排放标准》（GB 4286—84），并于 1985 年 3 月 1 日起实施。

（三）废气排放标准及应税污染物

1. 适用范围

《船舶工业污染物排放标准》（GB 4286—84）适用于全国船舶工业的船厂、造机厂、仪表厂、武备厂等。船舶工业大气污染物排放标准分为二级：第一级是指所有新建、改建、扩建的企业，自该标准实施之日起立即执行；第二级是指所有现有企业，自该标准实施之日起立即执行。

2. 应税大气污染物排放控制要求

《船舶工业污染物排放标准》（GB 4286—84）规定了船舶工业企业及其生产设施排入大气中的 4 种污染物监测项目，即一般性粉尘（颗粒物）、苯、甲苯和二甲苯，均为《中华人民共和国环境保护税法》中规定的应税污染物，其应税污染物排放限值及污染当量值见表 2-4。

表 2-4 船舶工业应税污染物排放限值及污染当量值

污染物	污染物排放监控位置	最高容许排放浓度		最高容许排放量		污染当量值（kg）
一般性粉尘（颗粒物）	船用钢材预处理喷、抛丸除锈装置出口	第一级：150mg/m^3		第一级：0. 05～0. 10 kg/m^2		4
		第二级：200mg/m^3		第一级：0. 10～0. 20 kg/m^2		
苯	船用钢材及船体分段防锈底漆喷涂车间排放口	排气口高度：15 m	第一级：200mg/m^3	排气口高度：15 m	第一级：1g/m^2	0. 05
			第二级：2000mg/m^3		第二级：10g/m^2	
		排气口高度：25 m	第一级：300mg/m^3	排气口高度：25 m	第一级：2g/m^2	
			第二级：3000mg/m^3		第二级：20g/m^2	
		排气口高度：35 m	第一级：400mg/m^3	排气口高度：35 m	第一级：3g/m^2	
			第二级：4000mg/m^3		第二级：30g/m^2	
甲苯		排气口高度：15 m	第一级：500mg/m^3	排气口高度：15 m	第一级：3g/m^2	0. 18
			第二级：5000mg/m^3		第二级：25g/m^2	
		排气口高度：25 m	第一级：700mg/m^3	排气口高度：25 m	第一级：5g/m^2	
			第二级：7000mg/m^3		第二级：50g/m^2	
		排气口高度：35 m	第一级：1000mg/m^3	排气口高度：35 m	第一级：7g/m^2	
			第二级：10000mg/m^3		第二级：75g/m^2	
二甲苯		排气口高度：15 m	第一级：400mg/m^3	排气口高度：15 m	第一级：2g/m^2	0. 27
			第二级：4000mg/m^3		第二级：20g/m^2	
		排气口高度：25 m	第一级：600mg/m^3	排气口高度：25 m	第一级：4g/m^2	
			第二级：6000mg/m^3		第二级：35g/m^2	
		排气口高度：35 m	第一级：800mg/m^3	排气口高度：35 m	第一级：6g/m^2	
			第二级：8000mg/m^3		第二级：65g/m^2	

3. 污染物采集与监测要求

污染物采集与监测，依据《船舶工业污染物监测分析方法》进行。

（四）应税大气污染物污染当量核算

大气污染物的污染当量数，以该污染物的排放量除以该污染物的污染当量值计算。每种应税大气污染物的具体污染当量值见表 2-4。每一排放口或者没有排放口的应税大气污染物，按照污染当量数从大到小排序，对前三项污染物征收环境保护税。

第二节 石化行业废气排放标准及应税污染物

一、农药制造工业废气排放标准及应税污染物

经过长期的快速发展，我国已成为全球最大的农药生产国和出口国，可生产农药

原药500多种，常年生产300多种，正式登记的农药制剂产品达3万多个。农药工业是重要的VOCs排放行业，生产工序长，使用原料种类多，原料用量大，产品产率低，污染物排放量大、成分复杂且多为有毒有害物质。

（一）农药制造工业废气

农药制造工业包括化学农药制造、生物化学农药及微生物农药制造。农药制造过程包括农药中间体制造、原药制造、制剂加工与复配。农药制造工业产生的废气主要有工艺废气、发酵尾气和无组织排放废气三种。

- 工艺废气。农药生产过程中排放的废气包括备料、反应、发酵、精制、溶剂回收、分离、干燥等工艺排气，以及真空泵等辅助设备排气等。
- 发酵尾气。具体包括：用发酵法生产生物化学农药及微生物农药时，从微生物发酵罐中排出的含生物代谢物质的废气，以及发酵罐清洗、消毒过程中向外排放的含污染物的蒸气。
- 无组织排放废气。指大气污染物不经过排气筒的无规则排放，包括开放式作业场所逸散，以及通过缝隙、通风口、敞开门窗和类似开口（孔）的排放等。

（二）大气污染物排放标准的制定与实施

为贯彻《中华人民共和国环境保护法》《中华人民共和国大气污染防治法》，防治环境污染，改善环境质量，促进农药制造工业技术进步和可持续发展，生态环境部大气环境司、法规与标准司组织北京全华环保技术标准研究中心、中国农药工业协会、沈阳化工研究院有限公司、天津市生态环境科学研究院共同制定了我国首个农药制造工业大气污染物排放标准。2020年11月26日，生态环境部正式批准，标准名称为《农药制造工业大气污染物排放标准》（GB 39727—2020）。2020年12月8日，生态环境部联合国家市场监督管理总局正式发布该标准，新建企业自2021年1月1日起实施，现有企业自2023年1月1日起实施，不再执行《大气污染物综合排放标准》（GB 16297—1996）中的相关规定。

（三）排放标准及应税污染物

1. 适用范围

《农药制造工业大气污染物排放标准》（GB 39727—2020）规定了农药制造工业大气污染物排放控制、监测和监督管理等。该标准适用于现有农药制造工业企业或生产设施的大气污染物排放管理，农药制造工业建设项目的环境影响评价、环境保护设施设计、竣工环境保护验收、排污许可证核发及其投产后的大气污染物排放管理，以及农药中间体企业及其生产设施和农药研发机构及其实验设施的大气污染物排放管理。

2. 应税大气污染物排放控制要求

农药制造工业企业及其生产设施排入大气中的20种污染物中，氯气、氯化氢、氰化氢、氟化氢、氨、硫化氢、二氧化硫、氮氧化物、光气、丙烯腈、苯、甲醛、酚类、氯苯类、一般性粉尘（颗粒物）、甲苯、二甲苯、苯乙烯为《中华人民共和国环境保护税法》中规定的应税污染物，其排放限值及污染当量值见表 2-5。

表 2-5　农药制造工业应税污染物排放限值及污染当量值

污染物	排放限值（mg/m^3）			污染物排放监控位置	污染当量值（kg）
	化学原药制造、农药中间体制造和农药研发机构工艺废气	发酵尾气及其他农药制造工艺废气	废气处理设施废气		
一般性粉尘（颗粒物）	30（20①）	30（20①）	—	车间或生产设施排气筒	4
氰化氢	1.9	—	—		0.005
氯气	5	—	—		0.34
氟化氢	5	—	—		0.87
氯化氢	30	—	—		10.75
氨	30	—	30		9.09
硫化氢	—	—	5		0.29
光气	1	—	—		0.04
丙烯腈	5	—	—		0.22
苯	4	—	—		0.05
甲苯	60	—	—		0.18
二甲苯	60	—	—		0.27
苯乙烯	60	—	—		25
甲醛	5	—	—		0.09
酚类	20	—	—		0.35
氯苯类	50	—	—		0.72
二氧化硫	200			燃烧装置排气筒	0.95
氮氧化物	200				0.95

注：①适用于原药尘。

进入 VOCs 燃烧（焚烧、氧化）装置的废气需要补充空气进行燃烧、氧化反应的，排气筒中实测大气污染物排放浓度应按式（2-1）换算为基准含氧量为 3%的大气污染物基准排放浓度。利用锅炉、工业炉窑或固体废物焚烧炉焚烧处理有机废气的，烟气基准含氧量按其排放标准规定执行。

3. 污染物采集与监测要求

排气筒中大气污染物的监测采样按 GB/T 16157—1996、HJ/T 397—2007、HJ 732—2014、HJ 75—2017 及《固定污染源废气中非甲烷总烃排放连续监测技术指南（试行）》的规定执行。对于发酵尾气、储罐呼吸排气等排放强度呈周期性波动的污染源，污染物排放监测时段应涵盖其排放强度大的时段。企业边界大气污染物的监测采样按

HJ/T 55—2000 的规定执行。

企业应按照有关法律、《环境监测管理办法》和 HJ 987—2018 等的规定，建立企业监测制度，制订监测方案，对大气污染物排放状况开展自行监测，保存原始监测记录，并公布监测结果。企业安装大气污染物排放自动监控设备，按有关法律和《污染源自动监控管理办法》等规定执行。企业应按照环境监测管理规定和技术规范的要求，设计、建设、维护永久性采样口、采样测试平台和排污口标志。大气污染物监测应在规定的监控位置进行，有废气处理设施的，应在处理设施后进行监测。

（四）应税大气污染物污染当量核算

大气污染物的污染当量数，以该污染物的排放量除以该污染物的污染当量值计算。每种应税大气污染物的具体污染当量值见表 2-5。每一排放口或者没有排放口的应税大气污染物，按照污染当量数从大到小排序，对前三项污染物征收环境保护税。

二、涂料、油墨及胶粘剂工业废气排放标准及应税污染物

涂料是一种多功能的有机化工高分子材料，主要的分类方法有两种：一是以涂料产品的用途为主线，辅以主要成膜物质的分类方法。按照该方法，涂料产品分为建筑涂料、工业涂料和通用涂料及辅助材料。二是除了建筑涂料外，以涂料产品的主要成膜物质为主线，适当辅以产品主要用途的分类方法。按照该方法，涂料产品分为油脂漆类、天然树脂漆、酚醛树脂漆、沥青漆、氨基树脂漆、硝基漆、过氧化乙烯树脂漆、烯类树脂类、丙烯酸树脂漆、聚酯树脂漆、环氧树脂漆、聚氨酯树脂漆、元素有机漆、橡胶漆以及其他成膜物质漆。

（一）涂料、油墨及胶粘剂工业废气

涂料、油墨及胶粘剂工业是指 GB/T 4754—2017 中规定的涂料制造工业（C2641）、油墨及类似产品制造工业（C2642）以及胶粘剂制造工业。涂料制造是指在天然树脂或合成树脂中加入颜料、溶剂和辅助材料，经加工后制成覆盖材料的生产活动，包括涂料及其稀释剂、脱漆剂等辅助材料的制备环节。油墨及类似产品由颜料、连接料（植物油、矿物油、树脂、溶剂）和填充料经过混合、研磨调制而成，可用于印刷、计算机打印和复印机用墨等生产活动。胶粘剂制造是指以黏料为主剂，配合各种固化剂、增塑剂、填料、溶剂、防腐剂、稳定剂和偶联剂等助剂制备胶粘剂（也称黏合剂）的生产活动。虽然在绿色化工理念下，水性涂料、粉末涂料、水性油墨、水基型胶粘剂和热熔型胶粘剂等成为国际发展的重点，但溶剂型涂料、溶剂型油墨、溶剂型胶粘剂和反应性胶粘剂等仍然无法替代。溶剂型涂料和油墨由于使用了大量溶剂，是 VOCs 的重要来源。

（二）大气污染物排放标准的制定与实施

为贯彻《中华人民共和国环境保护法》《中华人民共和国大气污染防治法》，防治环境污染，改善环境质量，促进涂料、油墨及胶粘剂工业的技术进步和可持续发展，生态环境部大气环境司、法规与标准司组织华东理工大学、中国涂料工业协会、上海市环境监测中心、中国日用化工协会油墨分会、中国环境科学研究院和上海市化工环境保护监测站等单位共同制定了我国首个涂料、油墨及胶粘剂工业大气污染物排放标准。2019 年 4 月 16 日，生态环境部正式批准，标准名称为《涂料、油墨及胶粘剂工业大气污染物排放标准》（GB 37824—2019）。2019 年 5 月 24 日，生态环境部联合国家市场监督管理总局正式发布该标准，新建企业自 2019 年 7 月 1 日起实施，现有企业自 2020 年 7 月 1 日起实施，不再执行《大气污染物综合排放标准》（GB 16297—1996）中的相关规定。

（三）排放标准及应税污染物

1. 适用范围

《涂料、油墨及胶粘剂工业大气污染物排放标准》（GB 37824—2019）规定了涂料、油墨及胶粘剂工业大气污染物排放控制、监测和监督管理等。该标准适用于现有涂料、油墨及胶粘剂工业企业或生产设施的大气污染物排放管理，以及涂料、油墨及胶粘剂工业建设项目的环境影响评价、环境保护设施设计、竣工环境保护验收、排污许可证核发及其投产后的大气污染物排放管理。涂料、油墨及胶粘剂工业企业中合成树脂生产及改性的生产装置执行 GB 31572—2015 的相关规定。

2. 应税大气污染物排放控制要求

《涂料、油墨及胶粘剂工业大气污染物排放标准》（GB 37824—2019）规定了涂料、油墨及胶粘剂工业企业及其生产设施排入大气中的 15 种污染物监测项目，其中一般性粉尘（颗粒物）、苯、甲醛、甲苯、二甲苯、苯乙烯为《中华人民共和国环境保护税法》中规定的应税污染物，其排放限值及污染当量值见表 2-6。

表 2-6　涂料、油墨及胶粘剂工业应税污染物排放限值及污染当量值

污染物	排放限值（mg/m^3）		污染物排放监控位置	污染当量值（kg）
	涂料制造、油墨及类似产品制造	胶粘剂制造		
一般性粉尘（颗粒物）	30	30	车间或生产设施排气筒	4
苯	1	1		0.05
甲苯	60	60		0.18
二甲苯	60	60		0.27
苯乙烯	60	60		25
甲醛	—	5		0.09

进入VOCs燃烧（焚烧、氧化）装置的废气需要补充空气进行燃烧、氧化反应的，排气筒中实测大气污染物排放浓度，应按式（2-1）换算为基准含氧量为3%的大气污染物基准排放浓度。利用锅炉、工业炉窑或固体废物焚烧炉焚烧处理有机废气的，烟气基准含氧量按其排放标准规定执行。

3. 污染物采集与监测要求

排气筒中大气污染物的监测采样方法按GB/T 16157—1996、HJ/T 397—2007和HJ 732—2014的规定执行。对于储罐呼吸排气等排放强度呈周期性波动的污染源，污染物排放监测时段应涵盖其排放强度大的时段。企业边界大气污染物的监测采样按HJ/T 55—2000的规定执行。

企业应按照有关法律、《环境监测管理办法》和HJ 819—2017等的规定，建立监测制度，制订监测方案，对大气污染物排放状况开展自行监测，保存原始监测记录，并公布监测结果。安装大气污染物排放自动监控设备，按有关法律和《污染源自动监控管理办法》等规定执行。企业应按照环境监测管理规定和技术规范的要求，设计、建设、维护永久性采样口、采样监测平台和排污口标志。大气污染物监测应在规定的监控位置进行，有废气处理设施的，应在处理设施后进行监测。

（四）应税大气污染物污染当量核算

大气污染物的污染当量数，以该污染物的排放量除以该污染物的污染当量值计算。每种应税大气污染物的具体污染当量值见表2-6。每一排放口或者没有排放口的应税大气污染物，按照污染当量数从大到小排序，对前三项污染物征收环境保护税。

三、烧碱、聚氯乙烯工业废气排放标准及应税污染物

烧碱工业是指以氯化钠为原料，采用离子交换膜等电解法生产液碱、固碱和氯氢处理的工业。聚氯乙烯工业是指采用乙炔法生产聚氯乙烯或乙烯氧氯化法生产工艺中以聚氯乙烯单体生产聚氯乙烯的工艺过程。

（一）烧碱、聚氯乙烯工业废气

随着烧碱和聚氯乙烯企业规模的不断扩大，我国逐渐成为氯碱第一生产大国，生产能力居世界首位。烧碱、聚氯乙烯工业属高能耗、高污染、高风险产业，其中在我国占据主导地位的乙炔法聚氯乙烯工业属重点污染治理行业。该行业排放汞、氯乙烯、氯化氢、氯气、二噁英等有毒有害污染物，这些废气如果得不到有效处理，将会导致严重的环境和生态问题。

（二）大气污染物排放标准的制定与实施

为贯彻《中华人民共和国环境保护法》《中华人民共和国大气污染防治法》，保护环境，防治污染，促进烧碱、聚氯乙烯工业生产工艺和污染治理技术的进步，环境保护部科技标准司组织中国环境科学研究院、青岛科技大学和中国氯碱工业协会对1995年发布

的《烧碱、聚氯乙烯工业水污染物排放标准》（GB 15581—95）进行了第一次修订。新标准名称为《烧碱、聚氯乙烯工业污染物排放标准》（GB 15581—2016），环境保护部于2016年5月11日批准。2016年8月22日，环境保护部联合国家质量监督检验检疫总局正式发布该标准，新建企业自2016年9月1日起实施，现有企业自2018年7月1日起实施。

（三）排放标准及应税污染物

1. 适用范围

《烧碱、聚氯乙烯工业污染物排放标准》（GB 15581—2016）规定了烧碱、聚氯乙烯工业企业大气污染物的排放限值、监测和监控要求，以及标准的实施与监督等。该标准适用于现有烧碱、聚氯乙烯工业企业大气污染物排放管理，烧碱、聚氯乙烯工业企业建设项目的环境影响评价、环境保护设施设计、竣工环境保护验收及其投产后的大气污染物排放管理，以及电解氯化钾生产氢氧化钾过程中的大气污染物排放管理。

2. 应税大气污染物排放控制要求

《烧碱、聚氯乙烯工业污染物排放标准》（GB 15581—2016）规定了烧碱企业、聚氯乙烯企业及其生产设施排入大气中的11种污染物监测项目，其中一般性粉尘（颗粒物）、二氧化硫、氮氧化物、氯气、氯化氢、氯乙烯、汞及其化合物为《中华人民共和国环境保护税法》中规定的应税污染物，其排放限值及污染当量值见表2-7。

表2-7　烧碱、聚氯乙烯工业应税污染物排放限值及污染当量值

污染物	控制污染源		排放限值（mg/m^3）	污染物排放监控位置	污染当量值（kg）
	企业类型	污染源			
一般性粉尘（颗粒物）	烧碱企业、聚氯乙烯企业	聚氯乙烯干燥	80	污染物净化设施排放口	4
		电石破碎	60		
		其他	30		
二氧化硫	烧碱企业、聚氯乙烯企业	固碱炉、焚烧炉	100		0.95
氮氧化物	烧碱企业、聚氯乙烯企业	固碱炉、焚烧炉	200		0.95
氯气	烧碱企业	电解、氯氢处理	5		0.34
氯化氢	烧碱企业、聚氯乙烯企业	氯化氢合成、氯乙烯合成、焚烧炉	20		10.75
汞及其化合物	乙炔法聚乙烯企业	氯乙烯合成、焚烧炉	0.010		0.0001
氯乙烯	聚氯乙烯企业	氯乙烯合成、聚氯乙烯制备和干燥	10		0.55

非焚烧类废气排放口以实测浓度判定是否达标。燃烧和焚烧类废气排放口实测大气污染物排放浓度需按式（2-1）折算为基准氧含量排放浓度，并与排放限值比较判定排放是否达标。固体燃料燃烧的基准氧含量为6%，液体和气体燃料燃烧的基准氧含量为3%。

3. 污染物采集与监测要求

排气筒中大气污染物的监测采样方法按 GB/T 16157—1996、HJ/T 397—2007、HJ/T 373—2007、HJ 732—2014 或 HJ 75—2017、HJ 76—2017 的规定执行。企业边界大气污染物的监测采样按 HJ/T 55—2000 的规定执行。

企业应按照有关法律和《环境监测管理办法》等的规定，建立企业监测制度，制订监测方案，对污染物排放状况及其对周边环境质量的影响开展自行监测，保存原始监测记录，并公布监测结果。企业安装污染物排放自动监控设备，按有关法律和《污染源自动监控管理办法》等规定执行。企业应按照环境监测管理规定和技术规范的要求，设计、建设、维护永久性采样口、采样测试平台和排污口标志。

（四）应税大气污染物污染当量核算

大气污染物的污染当量数，以该污染物的排放量除以该污染物的污染当量值计算。每种应税大气污染物的具体污染当量值见表 2-7。每一排放口或者没有排放口的应税大气污染物，按照污染当量数从大到小排序，对前三项污染物征收环境保护税。

四、无机化学工业废气排放标准及应税污染物

无机化学工业是指以天然资源和工业副产物为原料生产无机酸、碱、盐、氧化物、氢氧化物、过氧化物及单质化工产品的工业。无机化学工业是重要的基础原料、材料工业，是国民经济发展和人民生活水平提高不可缺失的部分。我国是无机化学工业生产、消费和进出口大国，产能、产量居世界首位，但该行业在支撑国民经济快速发展的同时，也带来了严重的环境污染。

（一）无机化学工业废气

无机化工行业跨度大，产品种类多，一些大宗产品多以矿物为原料，产排污量大、污染物种类多。考虑到无机化学工业生产过程中的原辅材料、生产工艺、产品特征、污染物特性以及污染物治理技术等，可将无机化学工业分为涉重金属无机化合物工业、无机氰化合物工业、硫化合物和硫酸盐工业、卤素及其化合物工业、硼化合物及硼酸盐工业、硅化合物及硅酸盐工业、钙化合物和钙盐工业、镁化合物及镁盐工业、过氧化物工业及金属钾（钠）工业等。无机化学工业废气的主要来源有以下四个：①在原料处理、混配、研磨、进出炉窑、焙烧和输送等过程中产生的含工业粉尘的废气；②在焙烧和干燥工段，炉窑产生的含二氧化硫、颗粒物等的废气；③产品生产过程中的粉碎、包装工段产生的含颗粒物的工艺废气；④浸取或萃取过程中产生的各种酸雾（如硫酸雾、盐酸雾等）、氨气和有机气体等。

（二）大气污染物排放标准的制定与实施

为贯彻《中华人民共和国环境保护法》《中华人民共和国大气污染防治法》，保护环境，防治污染，促进无机化学工业生产工艺和污染治理技术的进步，环境保护部科

技标准司组织中国无机盐工业协会、环境保护部环境标准研究所、昆明理工大学、环境保护部华南环境科学研究所、重庆市环境科学研究院和济南市环境保护科学研究院等多家单位共同制定了我国首个无机化学工业大气污染物排放标准。2015 年 4 月 3 日，环境保护部正式批准，标准名称为《无机化学工业污染物排放标准》（GB 31573—2015）。2015 年 4 月 16 日，环境保护部联合国家质量监督检验检疫总局正式发布该标准，新建企业自 2015 年 7 月 1 日起实施，现有企业自 2017 年 7 月 1 日起实施，不再执行《大气污染物综合排放标准》（GB 16297—1996）和《工业炉窑大气污染物排放标准》（GB 9078—1996）中的相关规定。

（三）排放标准及应税污染物

1. 适用范围

《无机化学工业污染物排放标准》（GB 31573—2015）规定了无机酸、碱、盐、氧化物、氢氧化物、过氧化物及单质工业企业大气污染物的排放限值、监测和监督管理要求等。该标准适用于无机酸、碱、盐、氧化物、氢氧化物、过氧化物及单质工业企业大气污染物排放管理，以及无机酸、碱、盐、氧化物、氢氧化物、过氧化物及单质工业企业建设项目的环境影响评价、环境保护设施设计、竣工环境保护验收及其投产后的大气污染物排放管理。

2. 应税大气污染物排放控制要求

《无机化学工业污染物排放标准》（GB 31573—2015）规定了无机化学工业车间或生产设施排放口的 25 种污染物监测项目，其中一般性粉尘（颗粒物）、二氧化硫、氮氧化物、氯气、氨、氯化氢、氟化物、氰化氢、硫化氢、硫酸雾、铬酸雾、铅及其化合物、镉及其化合物、镍及其化合物、锡及其化合物、汞及其化合物为《中华人民共和国环境保护税法》中规定的应税污染物，其排放限值及污染当量值见表 2-8。

表 2-8 无机化学工业应税污染物排放限值及污染当量值

污染物	控制污染源	排放限值（mg/m^3）	污染物排放监控位置	污染当量值（kg）
一般性粉尘（颗粒物）	所有	30	染物净化设施排放口	4
氮氧化物	所有	200		0.95
二氧化硫	硫化合物及硫酸盐工业、重金属无机化合物工业	400		0.95
	其他	100		
硫化氢	除无机氰化合物工业、卤素及其化合物工业外	10		0.29

续表

污染物	控制污染源	排放限值（mg/m³）	污染物排放监控位置	污染当量值（kg）
氯气	无机氯化合物及氯酸盐工业	8	污染物净化设施排放口	0.34
	其他（硫化合物及硫酸盐工业、无机氰化合物工业除外）	5		
氯化氢	无机氯化合物及氯酸盐工业	20		10.75
	其他（硫化合物及硫酸盐工业、无机氰化合物工业除外）	10		
氰化氢	除硫化物及硫酸盐工业、卤素及其化合物工业外	0.3		0.005
氨	除重金属无机化合物工业、卤素及其化合物工业外	20		9.09
硫酸雾	硫化合物及硫酸盐工业，涉钡、锶重金属无机化合物工业	20		0.6
氟化物（以F计）	涉钴、锆重金属无机化合物工业	3		0.87
	无机氟化合物工业	6		
铬酸雾	铬及其化合物工业	0.07		0.0007
铅及其化合物（以铅计）	涉铅重金属无机化合物工业	2		0.02
	其他	0.1		
汞及其化合物（以汞计）	所有	0.01		0.0001
镉及其化合物（以镉计）	所有	0.5		0.03
锡及其化合物（以锡计）	涉锡重金属无机化合物工业	4		0.27
镍及其化合物（以镍计）	涉镍重金属无机化合物工业	4		0.13

对炉窑排放大气污染物的监测，应同时对排气中氧含量进行监测，实测大气污染物排放浓度按式（2-1）换算为基准含氧量状态下的基准排放浓度，其他车间或生产设施排放浓度按实测浓度计算。

3. 污染物采集与监测要求

固定污染源采样点的设置与采样方法等按 GB/T 16157—1996、HJ/T 397—2007、HJ/T 373—2007 或 HJ 75—2017、HJ 76—2017 的规定执行。企业边界大气污染物的监测采样按 HJ/T 55—2000 的规定执行。

企业应按照有关法律和《环境监测管理办法》等规定，建立企业监测制度，制订监测方案，对污染物排放状况及其对周边环境质量的影响开展自行监测，保存原始监测记录，并公布监测结果。企业安装污染物排放自动监控设备，按有关法律和《污染源自动监控管理办法》等规定执行。企业应按照环境监测管理规定和技术规范的要求，设计、建设、维护永久性采样口、采样测试平台和排污口标志。

（四）应税大气污染物污染当量核算

大气污染物的污染当量数，以该污染物的排放量除以该污染物的污染当量值计算。每种应税大气污染物的具体污染当量值见表2-8。每一排放口或者没有排放口的应税大气污染物，按照污染当量数从大到小排序，对前三项污染物征收环境保护税。

五、石油化学工业废气排放标准及应税污染物

石油化学工业是指以石油和天然气为原料，生产石油产品和石油化工产品的加工工业。石油包括各种燃料油（汽油、煤油、柴油等）、润滑油以及液化石油气、石油焦碳、石蜡、沥青等。有机废气主要包括烷烃、烯烃、环烷烃、醇、芳香烃、醚酮、醛、酚、酯、卤代烃、卤化物、硫醇等，是环境大气的主要污染源，但是石油化工在能源、材料、农业以及人们的衣食住行各个方面都有贡献，因此人类的生活离不开石化产品。

（一）石油化学工业废气

石油化学工业是工业废气生产排放量最大的行业，且成分复杂、种类繁多，也是废气污染治理最为困难的。石油化学工业废气主要包括有机化合物、含硫化合物、含氮化合物等。含硫的组分主要包括 SO_2 和 H_2S；含氮的主要包括 NO 和 NO_x。这些废气会对我们的生态环境以及身体健康造成严重的危害。

（二）大气污染物排放标准的制定与实施

为贯彻《中华人民共和国环境保护法》《中华人民共和国大气污染防治法》等法律法规，保护环境，防治污染，促进石油化学工业的技术进步和可持续发展，环境保护部科技标准司组织抚顺石油化工研究院和中国环境科学研究院共同制定了我国首个石油化学工业大气污染物排放标准。2015 年 4 月 3 日，环境保护部正式批准，标准名称为《石油化学工业污染物排放标准》（GB 31571—2015）。2015 年 4 月 16 日，环境保护部联合国家质量监督检验检疫总局正式发布该标准，新建企业自 2015 年 7 月 1 日起实施，现有企业自 2017 年 7 月 1 日起实施，不再执行《大气污染物综合排放标准》（GB 16297—1996）和《工业炉窑大气污染物排放标准》（GB 9078—1996）中的相关规定。

（三）排放标准及应税污染物

1. 适用范围

《石油化学工业污染物排放标准》（GB 31571—2015）规定了石油化学工业企业及其生产设施的大气污染物排放限值、监测和监督管理要求等。该标准适用于现有石油化学工业企业或生产设施的大气污染物排放管理，以及石油化学工业建设项目的环境影响评价、环境保护设施设计、竣工环境保护验收及其投产后的大气污染物排放管理。适用于法律允许的污染物排放行为，新设立污染源的选址和特殊保护区域内现有污染源的管理，按照《中华人民共和国大气污染防治法》和《中华人民共和国环境影响评

价法》等法律、法规和规章的相关规定执行。

2. 应税大气污染物排放控制要求

《石油化学工业污染物排放标准》（GB 31571—2015）规定了石油化学工业车间或生产设施排放口的72种大气污染物监测项目，其中一般性粉尘（颗粒物）、二氧化硫、氮氧化物、氯气、氯化氢、氯乙烯、苯、甲苯、二甲苯、氯苯类、苯乙烯、硝基苯、甲醇、甲醛、乙醛、丙烯醛、丙烯腈、酚类、苯胺类、光气、氰化氢、苯并（a）芘为《中华人民共和国环境保护税法》中规定的应税污染物，其排放限值及污染当量值见表2-9。

表2-9 石油化学工业应税污染物排放限值及污染当量值

污染物	排放限值［mg/m^3，苯并（a）芘除外］				污染物排放监控位置	污染当量值（kg）
	工艺加热炉	有机废气排放口				
		废水处理有机废气收集处理装置	含卤代烃有机废气①	其他有机废气①		
一般性粉尘（颗粒物）	20	—	—	—	车间或生产设施排气筒	4
二氧化硫	100	—	—	—		0.95
氮氧化物	150 180②	—	—	—		0.95
氯气	—	—	5.0	—		0.34
氯化氢	—	—	30	—		10.75
氯乙烯	1					0.55
苯	4					0.05
甲苯	15					0.18
二甲苯	20					0.27
氯苯类	50					0.72
苯乙烯	50					25
硝基苯	16					0.17
甲醇	50					0.67
甲醛	5					0.09
乙醛	50					0.45
丙烯醛	3					0.06
丙烯腈	0.5					0.22
酚类	20					0.35
苯胺类	20					0.21
光气	0.5					0.04
氰化氢	1.9					0.005
苯并（a）芘	0.3μg/m^3					0.000002

注：①有机废气中若含有颗粒物、二氧化硫或氮氧化物，执行工艺加热炉相应污染物控制要求；②炉膛温度≥850℃的工艺加热炉执行该限值。

非焚烧类有机废气排放口以实测浓度判定排放是否达标，焚烧类有机废气排放口、工艺加热炉的实测大气污染物排放浓度需按式（2-1）换算成基准含氧量为3%的大气污染物基准排放浓度。

3. *污染物采集与监测要求*

排气筒大气污染物的监测采样按 GB/T 16157—1996、HJ/T 397—2007、HJ 732—2014、HJ/T 373—2007 或 HJ 75—2017、HJ 76—2017 的规定执行。企业边界大气污染物的监测采样按 HJ/T 55—2000 的规定执行。

企业应按照有关法律和《环境监测管理办法》等规定，建立企业监测制度，制订监测方案，对污染物排放状况及其对周边环境质量的影响开展自行监测，保存原始监测记录，并公布监测结果。企业安装污染物排放自动监控设备，按有关法律和《污染源自动监控管理办法》等规定执行。企业应按照环境监测管理规定和技术规范的要求，设计、建设、维护永久性采样口、采样测试平台和排污口标志。

（四）应税大气污染物污染当量核算

大气污染物的污染当量数，以该污染物的排放量除以该污染物的污染当量值计算。每种应税大气污染物的具体污染当量值见表 2-9。每一排放口或者没有排放口的应税大气污染物，按照污染当量数从大到小排序，对前三项污染物征收环境保护税。

六、石油炼制工业废气排放标准及应税污染物

石油炼制工业是指以原油、重油等为原料，生产汽油馏分、柴油馏分、燃料油、润滑油、石油蜡、石油沥青和石油化工原料等的工业。

（一）石油炼制工业废气

石油炼制工业排放废气种类很多，主要有燃料燃烧废气、催化裂化催化剂再生废气、硫黄回收废气、工艺废气、污水集输及处理系统废气、原油及油品传输、接驳废气等。这些废气按其排放方式主要分为两类，一类是有组织排放源，另一类是无组织排放源。有组织排放源主要是指经常性、固定排放源，如加热炉、锅炉燃烧废气、催化再生烟气、焦化放空气、氧化沥青尾气、硫黄回收尾气和焚烧炉烟气等；无组织排放源主要指间断较难控制的排放源，如装卸油操作、油品储存过程中的挥发、设备管道阀门泄漏、敞口储存的物料、废渣、废液的挥发和装卸催化剂粉尘污染等。大气污染物主要有硫氧化物、氮氧化物、颗粒物、CO_2和 VOCs 等。

（二）大气污染物排放标准的制定与实施

为贯彻《中华人民共和国环境保护法》《中华人民共和国大气污染防治法》等法律法规，保护环境，防治污染，促进石油炼制工业的技术进步和可持续发展，环境保护部科技标准司组织抚顺石油化工研究院和中国环境科学研究院共同制定了我国首个石油炼制工业大气污染物排放标准。2015 年 4 月 3 日，环境保护部正式批准，标准名

称为《石油炼制工业污染物排放标准》（GB 31570—2015）。2015 年 4 月 16 日，环境保护部联合国家质量监督检验检疫总局正式发布该标准，新建企业自 2015 年 7 月 1 日起实施，现有企业自 2017 年 7 月 1 日起实施，不再执行《大气污染物综合排放标准》（GB 16297—1996）和《工业炉窑大气污染物排放标准》（GB 9078—1996）中的相关规定。

（三）排放标准及应税污染物

1. 适用范围

《石油炼制工业污染物排放标准》（GB 31570—2015）规定了石油炼制工业企业及其生产设施的大气污染物排放限值、监测和监督管理要求等。该标准适用于现有石油炼制工业企业或生产设施的大气污染物排放管理，以及石油炼制工业建设项目的环境影响评价、环境保护设施设计、竣工环境保护验收及其投产后的大气污染物排放管理。适用于法律允许的污染物排放行为，新设立污染源的选址和特殊保护区域内现有污染源的管理，按照《中华人民共和国大气污染防治法》和《中华人民共和国环境影响评价法》等法律、法规和规章的相关规定执行。

2. 应税大气污染物排放控制要求

《石油炼制工业污染物排放标准》（GB 31570—2015）规定了石油炼制工业车间或生产设施排放口的 12 种大气污染物监测项目，其中一般性粉尘（颗粒物）、二氧化硫、氮氧化物、氯化氢、硫酸雾、镍及其化合物、沥青烟、苯并（a）芘、苯、甲苯、二甲苯为《中华人民共和国环境保护税法》中规定的应税污染物，其排放限值及污染当量值见表 2-10。

表 2-10 石油炼制工业应税污染物排放限值及污染当量值

污染物	排放限值（mg/m^3）							污染物排放监控位置	污染当量值（kg）
	工艺加热炉		催化裂化催化剂再生烟气①	重整催化剂再生烟气	酸性气回收装置	氧化沥青装置	废水处理有机废气收集处理装置		
一般性粉尘（颗粒物）	20	50	—	—	—	—	—	车间或生产设施排气筒	4
二氧化硫	100	100	—	400	—	—	—		0.95
氮氧化物	150 180②	200	—	—	—	—	—		0.95
氯化氢	—	—	30	—	—	—	—		10.75
硫酸雾	—	—	—	30③	—	—	—		0.6
镍及其化合物	—	0.5	—	—	—	—	—		0.13

续表

污染物	排放限值（mg/m³）							污染物排放监控位置	污染当量值（kg）
	工艺加热炉		催化裂化催化剂再生烟气①	重整催化剂再生烟气	酸性气回收装置	氧化沥青装置	废水处理有机废气收集处理装置		
沥青烟	—	—	—	—	20	—	—	车间或生产设施排气筒	0.19
苯并（a）芘	—	—	—	—	0.0003	—	—		2×10^{-6}
苯	—	—	—	—	—	4	—		0.05
甲苯	—	—	—	—	—	15	—		0.18
二甲苯	—	—	—	—	—	20	—		0.27

注：①催化裂化余热锅炉吹灰时，再生烟气污染物浓度最大值不应超过表中限值的2倍，且每次持续时间不应大于1小时；②炉膛温度≥850℃的工艺加热炉执行该限值；③酸性气体回收装置生产硫酸时执行该限值。

非焚烧类有机废气排放口以实测浓度判定排放是否达标，焚烧类有机废气排放口、工艺加热炉、催化剂再生烟气和酸性气回收装置的实测大气污染物排放浓度，需按式（2-1）换算成基准含氧量为3%的大气污染物基准排放浓度。

3. 污染物采集与监测要求

排气筒大气污染物的监测采样按 GB/T 16157—1996、HJ/T 397—2007、HJ 732—2014、HJ/T 373—2007 或 HJ 75—2017、HJ 76—2017 的规定执行。企业边界大气污染物的监测采样按 HJ/T 55—2000 的规定执行。

企业应按照有关法律和《环境监测管理办法》等规定，建立企业监测制度，制订监测方案，对污染物排放状况及其对周边环境质量的影响开展自行监测，保存原始监测记录，并公布监测结果。企业安装污染物排放自动监控设备的要求，按有关法律和《污染源自动监控管理办法》等规定执行。企业应按照环境监测管理规定和技术规范的要求，设计、建设、维护永久性采样口、采样测试平台和排污口标志。

（四）应税大气污染物污染当量核算

大气污染物的污染当量数，以该污染物的排放量除以该污染物的污染当量值计算。每种应税大气污染物的具体污染当量值见表2-10。每一排放口或者没有排放口的应税大气污染物，按照污染当量数从大到小排序，对前三项污染物征收环境保护税。

七、合成树脂工业废气排放标准及应税污染物

合成树脂工业是指以单体（低分子化合物）为主要原料，采用聚合反应结合成大分子的方式生产合成树脂，或者以普通合成树脂为原料，采用改性等方法生产新的合成树脂产品的工业，以及以合成树脂为原料，采用混合、共混、改性等工艺，通过挤

出、注射、压制、压延、发泡等方法生产合成树脂制品的工业，或者以废合成树脂为原料，通过再生的方法生产新的合成树脂或合成树脂制品的工业。

（一）合成树脂工业废气

合成树脂工业属化工范畴，其废气的主要污染物是挥发性有机物，多种有毒有害化学物质（如光气、氯乙烯、苯乙烯、环氧氯丙烷、氯苯、甲醛等），以及苯乙烯、丙烯酸酯类等有异味的物质。合成树脂生产废气的排放环节主要有：原料投加及投料孔密闭性不好会导致原料投加过程中发生逸漏；聚合反应过程中未参与反应的原料和有机溶剂以废气形式排出；产品及中间产品卸放时，因密闭性不好或卸放过程自动化水平不高导致产品及中间产品发生逸漏；原料和有机溶剂储存过程中发生泄漏，以及原料和溶剂储罐发生大、小呼吸排气等。

（二）大气污染物排放标准的制定与实施

为贯彻《中华人民共和国环境保护法》《中华人民共和国大气污染防治法》等法律法规，保护环境，防治污染，促进合成树脂工业的技术进步和可持续发展，环境保护部科技标准司组织中国石油和化工勘察设计协会环境保护设计专业委员会、中国天辰工程有限公司和中蓝连海设计研究院共同制定了我国首个合成树脂工业大气污染物排放标准。2015 年 4 月 3 日，环境保护部正式批准，标准名称为《合成树脂工业污染物排放标准》（GB 31572—2015）。2015 年 4 月 16 日，环境保护部联合国家质量监督检验检疫总局正式发布该标准，新建企业自 2015 年 7 月 1 日起实施，现有企业自 2017 年 7 月 1 日起实施，不再执行《大气污染物综合排放标准》（GB 16297—1996）中的相关规定。

（三）排放标准及应税污染物

1. 适用范围

《合成树脂工业污染物排放标准》（GB 31572—2015）规定了合成树脂工业企业及其生产设施（包括合成树脂加工和废合成树脂回收再加工企业及其生产设施）的大气污染物排放限值、监测和监督管理要求等。该标准适用于现有合成树脂工业企业或生产设施的大气污染物排放管理，以及合成树脂工业建设项目的环境影响评价、环境保护设施设计、竣工环境保护验收及其投产后的大气污染物排放管理。

2. 应税大气污染物排放控制要求

《合成树脂工业污染物排放标准》（GB 31572—2015）规定了合成树脂工业大气污染物的 30 种大气污染物监测项目，其中一般性粉尘（颗粒物）、二氧化硫、苯乙烯、丙烯腈、酚类、甲醛、乙醛、氨、氯化氢、光气、硫化氢、苯、甲苯、氯苯类为《中华人民共和国环境保护税法》中规定的应税污染物，其排放限值及污染当量值见表 2-11。

表 2-11　合成树脂工业应税污染物排放限值及污染当量值

污染物	适合的合成树脂类型	排放限值（mg/m^3）	污染物排放监控位置	污染当量值（kg）
一般性粉尘（颗粒物）	所有合成树脂	30	车间或生产设施排气筒	4
苯乙烯	聚苯乙烯树脂、ABS 树脂、不饱和聚酯树脂	50		25
丙烯腈	ABS 树脂	0.5		0.22
酚类	酚醛树脂、环氧树脂、聚碳酸酯树脂、聚醚醚酮树脂	20		0.35
甲醛	酚醛树脂、氨基树脂、聚甲醛树脂	5		0.09
乙醛	热塑性聚酯树脂	50		0.45
氨	氨基树脂、聚酰胺树脂、聚酰亚胺树脂	30		9.09
氯化氢	有机硅树脂	30		10.75
光气	光气法聚碳酸酯树脂	0.5		0.04
二氧化硫	聚砜树脂、聚醚砜树脂、聚醚醚酮树脂	100		0.95
硫化氢	聚苯硫醚树脂	5		0.29
苯	聚甲醛树脂	4		0.05
甲苯	聚苯乙烯树脂、ABS 树脂、环氧树脂、有机硅树脂、聚砜树脂	15		0.18
氯苯类	聚碳酸酯树脂、聚苯硫醚树脂	50		0.72

非焚烧类有机废气排放口以实测浓度判定排放是否达标，焚烧类有机废气排放口的实测大气污染物排放浓度需按式（2-1）换算成基准含氧量为3%的大气污染物基准排放浓度。

3. 污染物采集与监测要求

排气筒大气污染物的监测采样按 GB/T 16157—1996、HJ/T 397—2007、HJ 732—2014、HJ/T 373—2007 或 HJ 75—2017、HJ 76—2017 的规定执行。企业边界大气污染物的监测采样按 HJ/T 55—2000 的规定执行。

企业应按照有关法律和《环境监测管理办法》等规定，建立企业监测制度，制订监测方案，对污染物排放状况及其对周边环境质量的影响开展自行监测，保存原始监测记录，并公布监测结果。企业安装污染物排放自动监控设备，按有关法律和《污染源自动监控管理办法》等规定执行。企业应按照环境监测管理规定和技术规范的要求，设计、建设、维护永久性采样口、采样测试平台和排污口标志。

（四）应税大气污染物污染当量核算

大气污染物的污染当量数，以该污染物的排放量除以该污染物的污染当量值计算。每种应税大气污染物的具体污染当量值见表 2-11。每一排放口或者没有排放口的应税大气污染物，按照污染当量数从大到小排序，对前三项污染物征收环境保护税。

八、炼焦化学工业废气排放标准及应税污染物

炼焦化学工业是指炼焦煤按生产工艺和产品要求配比后，装入隔绝空气的密闭炼焦炉内，经高、中、低温干馏转化为焦炭、焦炉煤气和化学产品的工艺过程。炼焦炉型包括常规机焦炉、热回收焦炉、半焦（兰炭）炭化炉三种。

（一）炼焦化学工业废气

炼焦化学工业生产过程中产生的废气主要包括焦炉烟囱废气、干熄焦废气、装煤废气、推焦废气，以及物料储存、输送过程中产生的无组织废气、管道阀门跑冒滴漏挥发气体、废水处理设施恶臭气体等。这些废气的排放带来了一些生态环境问题：一是挥发性有机物产污量较大，如处理不当，会对区域大气环境造成显著影响；二是部分污染物为有毒有害物质，如苯、苯并（a）芘、多环芳烃等，会对人体产生较大危害；三是部分污染物具有恶臭气味，如硫化氢、氨等，会影响企业周围人们的生活。

（二）大气污染物排放标准的制定与实施

为贯彻《中华人民共和国环境保护法》《中华人民共和国水污染防治法》《中华人民共和国大气污染防治法》《中华人民共和国海洋环境保护法》《国务院关于落实科学发展观 加强环境保护的决定》等法律、法规和《国务院关于编制全国主体功能区规划的意见》，环境保护部科技标准司组织山西省环境保护厅、山西省环境科学研究院、山西省环境监测中心站和山西省环境监控中心对《炼焦炉大气污染物排放标准》（GB16171—1996）进行了第一次修订。环境保护部于 2012 年 6 月 15 日正式批准，并于 2012 年 6 月 27 日联合国家质量监督检验检疫总局正式发布新标准《炼焦化学工业污染物排放标准》（GB 16171—2012），新建企业自 2012 年 10 月 1 日起实施，现有企业自 2015 年 1 月 1 日起实施。

（三）废气排放标准及应税污染物

1. 适用范围

《炼焦化学工业污染物排放标准》（GB 16171—2012）规定了炼焦化学工业企业大气污染物排放限值、监测和监控要求，以及标准实施与监督等。该标准适用于现有和新建焦炉生产过程中备煤、炼焦、煤气净化、炼焦化学产品回收和热能利用等工序大气污染物的排放管理，以及炼焦化学工业企业建设项目的环境影响评价、环境保护设施设计、竣工环境保护验收及其投产后的大气污染物的排放管理。

2. 应税大气污染物排放控制要求

《炼焦化学工业污染物排放标准》（GB 16171—2012）规定了炼焦化学工业企业及其生产设施排入大气中的 10 种污染物监测项目，其中一般性粉尘（颗粒物）、二氧化硫、苯并（a）芘、氰化氢、苯、酚类、氮氧化物、氨、硫化氢为《中华人民共和国环境保护税法》中规定的应税污染物，其排放限值及污染当量值见表 2-12。

表 2-12　炼焦化学工业应税污染物排放限值及污染当量值

<table>
<tr><th>污染物</th><th>污染物排放环节</th><th>排放限值
[mg/m^3，苯并（a）芘除外]</th><th>污染物排放监控位置</th><th>污染当量值（kg）</th></tr>
<tr><td rowspan="7">一般性粉尘（颗粒物）</td><td>精煤破碎、焦炭破碎、筛分及转运</td><td>30</td><td rowspan="24">车间或生产设施排气筒</td><td rowspan="6">4</td></tr>
<tr><td>装煤</td><td>50</td></tr>
<tr><td>推焦</td><td>50</td></tr>
<tr><td>焦炉烟囱</td><td>30</td></tr>
<tr><td>干法熄焦</td><td>50</td></tr>
<tr><td>粗苯管式炉、半焦烘干和氨分解炉等燃用焦炉煤气的设施</td><td>30</td></tr>
<tr><td>硫铵结晶干燥</td><td>80</td><td rowspan="6">0.95</td></tr>
<tr><td rowspan="5">二氧化硫</td><td>装煤</td><td>100</td></tr>
<tr><td>推焦</td><td>50</td></tr>
<tr><td>焦炉烟囱</td><td>50①
100②</td></tr>
<tr><td>干法熄灭</td><td>100</td></tr>
<tr><td>粗苯管式炉、半焦烘干和氨分解炉等燃用焦炉煤气的设施</td><td>50</td></tr>
<tr><td rowspan="2">苯并（a）芘</td><td>装煤</td><td>0.3 μg/m^3</td><td rowspan="2">0.000002</td></tr>
<tr><td>冷鼓、库区焦油各类贮槽</td><td>0.3 μg/m^3</td></tr>
<tr><td>氰化氢</td><td>冷鼓、库区焦油各类贮槽</td><td>1.0</td><td>0.005</td></tr>
<tr><td>苯</td><td>苯贮槽</td><td>6</td><td>0.05</td></tr>
<tr><td>酚类</td><td>冷鼓、库区焦油各类贮槽</td><td>80</td><td>0.35</td></tr>
<tr><td rowspan="2">氮氧化物</td><td>焦炉烟囱</td><td>500①
200②</td><td rowspan="2">0.95</td></tr>
<tr><td>粗苯管式炉、半焦烘干和氨分解炉等燃用焦炉煤气的设施</td><td>200</td></tr>
<tr><td rowspan="3">氨</td><td>冷鼓、库区焦油各类贮槽</td><td>30</td><td rowspan="3">9.09</td></tr>
<tr><td>脱硫再生塔</td><td>30</td></tr>
<tr><td>硫铵结晶干燥</td><td>30</td></tr>
<tr><td rowspan="2">硫化氢</td><td>冷鼓、库区焦油各类贮槽</td><td>3.0</td><td rowspan="2">0.29</td></tr>
<tr><td>脱硫再生塔</td><td>3.0</td></tr>
</table>

注：①机焦、半焦炉；②热回收焦炉。

3. 污染物采集与监测要求

采样点的设置与采样方法按 GB/T 16157—1996 的规定执行。在有敏感建筑物方位、必要的情况下，具体按 HJ/T55—2000 的规定进行监测。

企业须按照有关法律和《环境监测管理办法》的规定，对排污状况进行监测，并保存原始监测记录。企业安装污染物排放自动监控设备，按有关法律和《污染源自动监控管理办法》的规定执行。企业排放废气的采样，应根据监测污染物的种类，在规定的污染物排放监控位置进行，有废气处理设施的，应在处理设施后进行监控。企业应按国家有关污染源监测技术规范的要求设置采样口，在污染物排放监控位置，需设置永久性排污口标志。

（四）应税大气污染物污染当量核算

大气污染物的污染当量数，以该污染物的排放量除以该污染物的污染当量值计算。每种应税大气污染物的具体污染当量值见表 2-12。每一排放口或者没有排放口的应税大气污染物，按照污染当量数从大到小排序，对前三项污染物征收环境保护税。

九、硫酸工业废气排放标准及应税污染物

硫酸工业是指以硫磺、硫铁矿和石膏为原料制取二氧化硫炉气，经二氧化硫转化和三氧化硫吸收制得硫酸产品的工业企业或生产设施。

（一）硫酸工业废气

硫酸工业废气主要来源于吸收塔顶部或经过进一步脱硫后由排气筒连续排放的尾气，主要为二氧化硫和硫酸雾。它们排放到空气中，不仅会危害环境空气质量，而且会对人体的生命健康造成极大的威胁。

（二）大气污染物排放标准的制定与实施

为贯彻《中华人民共和国环境保护法》《中华人民共和国大气污染防治法》《国务院关于落实科学发展观 加强环境保护的决定》等法律、法规和《国务院关于编制全国主体功能区规划的意见》，保护环境，防治污染，促进硫酸工业生产工艺和污染治理技术的进步，环境保护部科技标准司组织青岛科技大学、环境保护部环境标准研究所、中国硫酸工业协会、南化集团研究院共同制定了我国首个硫酸工业污染物排放标准。2010 年 9 月 10 日，环境保护部正式批准，标准名称为《硫酸工业污染物排放标准》（GB 26132—2010）。2010 年 12 月 30 日，环境保护部联合国家质量监督检验检疫总局正式发布该标准，新建企业自 2011 年 3 月 1 日起实施，现有企业自 2013 年 10 月 1 日起实施。

（三）废气排放标准及应税污染物

1. 适用范围

《硫酸工业污染物排放标准》（GB 26132—2010）规定了硫酸工业企业或生产设施大气污染物的排放限值、监测和监控要求，以及标准的实施与监督等。该标准适用于现有硫酸工业企业大气污染物排放管理，以及对硫酸工业企业建设项目的环境影响评价、环境保护设施设计、竣工环境保护验收及其投产后的大气污染物排放管理。

2. 应税大气污染物排放控制要求

《硫酸工业污染物排放标准》(GB 26132—2010)规定了硫酸工业企业及其生产设施排入大气中的3种污染物监测项目，即一般性粉尘（颗粒物）、二氧化硫、硫酸雾，这三种污染物均为《中华人民共和国环境保护税法》中规定的应税污染物，其排放限值及污染当量值见表2-13。

表2-13 硫酸工业应税污染物排放限值及污染当量值

序号	污染物	排放限值（mg/m^3）	污染物排放监控位置	污染当量值（kg）
1	一般性粉尘（颗粒物）	50	破碎、干燥及排渣等工序排放口	4
2	二氧化硫	400	硫酸工业尾气排放口	0.95
3	硫酸雾	30		0.6

3. 污染物采集与监测要求

采样点的设置与采样方法按GB/T 16157—1996、HJ 76—2017、HJ/T 397—2007、HJ/T 55—2000的规定执行。企业需按照有关法律和《环境监测管理办法》的规定，对排污状况进行监测，并保存原始监测记录。企业安装污染物排放自动监控设备，按有关法律和《污染源自动监控管理办法》的规定执行。企业排放废气的采样，应根据监测污染物的种类，在规定的污染物排放监控位置进行，有废气处理设施的，应在处理设施后进行监控。在污染物排放监控位置，须设置永久性排污口标志。

（四）应税大气污染物污染当量核算

大气污染物的污染当量数，以该污染物的排放量除以该污染物的污染当量值计算。每种应税大气污染物的具体污染当量值见表2-13。每一排放口或者没有排放口的应税大气污染物，按照污染当量数从大到小排序，对前三项污染物征收环境保护税。

十、硝酸工业废气排放标准及应税污染物

硝酸工业是指由氨和空气（或纯氧）在催化剂作用下制备成氧化氮气体，经水吸收制成硝酸或经碱液吸收生成硝酸盐产品的工业企业或生产设施。硝酸包括稀硝酸和浓硝酸。硝酸盐指硝酸钠、亚硝酸钠以及其他以氨和空气（或纯氧）为原料采用氨氧化法生产的盐类。

（一）硝酸工业废气

硝酸工业废气主要来源于吸收塔顶部或经进一步脱硝后由排气筒连续排放的尾气，其主要污染物为一氧化氮和二氧化氮。它们排放到空气中，不仅会危害环境空气质量，而且会对人体的生命健康造成极大的威胁。

（二）大气污染物排放标准的制定与实施

为贯彻《中华人民共和国环境保护法》《中华人民共和国大气污染防治法》《国务

院关于落实科学发展观 加强环境保护的决定》等法律、法规和《国务院关于编制全国主体功能区规划的意见》，保护环境，防治污染，促进硝酸工业生产工艺和污染治理技术的进步，环境保护部科技标准司组织青岛科技大学、环境保护部环境标准研究所、山东省化工规划设计院、天脊煤化工集团股份有限公司共同制定了我国首个硝酸工业污染物排放标准。2010 年 9 月 10 日，环境保护部正式批准，标准名称为《硝酸工业污染物排放标准》（GB 26131—2010）。2010 年 12 月 30 日，环境保护部联合国家质量监督检验检疫总局正式发布该标准，新建企业自 2011 年 3 月 1 日起实施、现有企业自 2013 年 4 月 1 日起实施。

（三）废气排放标准及应税污染物

1. 适用范围

《硝酸工业污染物排放标准》（GB 26131—2010）规定了硝酸工业企业或生产设施大气污染物的排放限值、监测和监控要求，以及标准的实施与监督等。该标准适用于现有硝酸工业企业大气污染物排放管理，对硝酸工业企业建设项目的环境影响评价、环境保护设施设计、竣工环境保护验收及其投产后的大气污染物排放管理，以及以氨和空气（或纯氧）为原料采用氨氧化法生产硝酸和硝酸盐的企业。

2. 应税大气污染物排放控制要求

《硝酸工业污染物排放标准》（GB 26131—2010）规定的硝酸工业企业及其生产设施排入大气中的污染物监测项目氮氧化物为《中华人民共和国环境保护税法》中规定的应税污染物，其排放限值及污染当量值见表 2-14。

表 2-14 硝酸工业应税污染物排放限值及污染当量值

污染物	排放限值（mg/m^3）	污染物排放监控位置	污染当量值（kg）
氮氧化物	300	车间或生产设施排气筒	0.95

3. 污染物采集与监测要求

采样点的设置与采样方法按 GB/T 16157—1996、HJ 76—2017、HJ/T 397—2007、HJ/T 55—2000 的规定执行。企业应按有关法律和《环境监测管理办法》的规定，对排污状况进行监测，并保存原始监测记录。企业安装污染物排放自动监控设备，按有关法律和《污染源自动监控管理办法》的规定执行。企业排放废气的采样，应根据监测污染物的种类，在规定的污染物排放监控位置进行，有废气处理设施的，应在处理设施后进行监控。在污染物排放监控位置，需设置永久性排污口标志。

（四）应税大气污染物污染当量核算

大气污染物的污染当量数，以该污染物的排放量除以该污染物的污染当量值计算。每种应税大气污染物的具体污染当量值见表 2-14。每一排放口或者没有排放口的应税大气污染物，按照污染当量数从大到小排序，对前三项污染物征收环境保护税。

十一、橡胶制品工业废气排放标准及应税污染物

橡胶制品工业是指以生胶（天然胶、合成胶、再生胶等）为主要原料、各种配合剂为辅料，经炼胶、压延、压出、成型、硫化等工序，制造各类产品的工业，主要包括轮胎、摩托车胎、自行车胎、胶管、胶带、胶鞋、乳胶制品以及其他橡胶制品的生产企业，但不包含轮胎翻新及再生胶生产企业。

（一）橡胶制品工业废气

在橡胶工业生产中，生胶等原材料在炼胶、压延、硫化等工序的高温塑炼和加工过程中，容易产生有害物质。同时，原材料中沸点较低的有机物质也能被释放出来，从而发生一系列化学反应，产生大量的烟气。橡胶工业废气的主要成分是硫化物和具有挥发性的有机化合物，其成分的具体组成和含量多变复杂。

（二）大气污染物排放标准的制定与实施

为贯彻《中华人民共和国环境保护法》《中华人民共和国大气污染防治法》《国务院关于落实科学发展观 加强环境保护的决定》等法律、法规和《国务院关于编制全国主体功能区规划的意见》，保护环境，防治污染，促进橡胶制品工业生产工艺和污染治理技术的进步，环境保护部科技标准司组织天津市环境保护科学研究院、环境保护部环境标准研究所、天津市橡胶工业研究所共同制定了我国首个橡胶制品工业污染物排放标准。2011 年 9 月 21 日，环境保护部正式批准，标准名称为《橡胶制品工业污染物排放标准》（GB 27632—2011）。2011 年 10 月 27 日，环境保护部联合国家质量监督检验检疫总局正式发布该标准，新建企业自 2012 年 1 月 1 日起实施，现有企业自 2014 年 1 月 1 日起实施。

（三）废气排放标准及应税污染物

1. 适用范围

《橡胶制品工业大气污染物排放标准》（GB 27632—2011）规定了橡胶制品工业企业或生产设施大气污染物的排放限值、监测和监控要求，以及标准实施与监督等。该标准适用于现有橡胶制品生产企业或生产设施的大气污染物排放管理，以及橡胶制品工业企业建设项目的环境影响评价、环境保护设施设计、竣工环境保护验收及其投产后的大气污染物排放管理。

2. 应税大气污染物排放控制要求

《橡胶制品工业大气污染物排放标准》（GB 27632—2011）规定了橡胶制品工业企业及其生产设施排入大气中的 4 种污染物监测项目，即一般性粉尘（颗粒物）、氨、甲苯及二甲苯，均为《中华人民共和国环境保护税法》中规定的应税污染物，其排放限值及污染当量值见表 2-15。

表 2-15　橡胶制品工业应税污染物排放限值及污染当量值

污染物	污染物排放环节	排放限值（mg/m^3）	污染物排放监控位置	污染当量值（kg）
一般性粉尘（颗粒物）	轮胎企业及其他制品企业炼胶装置	12	车间或生产设施排气筒	4
	乳胶制品企业后硫化装置	12		
氨	乳胶制品企业浸渍、配料工艺装置	10		9.09
甲苯及二甲苯合计	轮胎企业及其他制品企业 胶浆制备、浸浆、胶浆喷涂和涂胶装置	15		0.45

3. 污染物采集与监测要求

排气筒颗粒物的监测采样按 GB/T 16157—1996 的规定执行；颗粒物无组织排放的监测按 HJ/T 55—2000 的规定执行。

相关企业应按照有关法律和《环境监测管理办法》的规定，对排污状况进行监测，并保存原始监测记录。企业安装污染物排放自动监控设备，按有关法律和《污染源自动监控管理办法》的规定执行。企业排放废气的采样，应根据监测污染物的种类，在规定的污染物排放监控位置进行，有废气处理设施的，应在处理设施后进行监控。企业应按国家有关污染源监测技术规范的要求设置采样口，在污染物排放监控位置，需设置永久性排污口标志。

（四）应税大气污染物污染当量核算

大气污染物的污染当量数，以该污染物的排放量除以该污染物的污染当量值计算。每种应税大气污染物的具体污染当量值见表 2-15。每一排放口或者没有排放口的应税大气污染物，按照污染当量数从大到小排序，对前三项污染物征收环境保护税。

第三节　冶金行业废气排放标准及应税污染物

一、轧钢工业废气排放标准及应税污染物

轧钢工业是指钢坯料经过加热通过热轧或将钢板通过冷轧轧制成所需要的成品钢材的过程。在《轧钢工业大气污染物排放标准》（GB28665—2012）中，轧钢工业也包括在钢材表面涂镀金属或非金属的涂、镀层钢材的加工过程。

（一）轧钢工业废气

随着国家对大气污染物排放标准和环境卫生标准的提高，公众环境保护意识及对能源消耗问题认识的增强，以及轧钢工艺的变化和设备运转速度的提高，如何解决轧钢环境污染问题日益被更多人所关注。轧钢产品多种多样，伴随不同处理工艺会产生造成环境污染的有害废气，如二氧化硫、氮氧化物、氯化氢、硫酸雾、苯等。这些废

气既会对人体健康造成伤害，又会对设备和产品质量造成不良影响。这些废气如得不到有效处理，将产生严重的环境和生态问题。

（二）大气污染物排放标准的制定与实施

为贯彻《中华人民共和国环境保护法》《中华人民共和国大气污染防治法》《中华人民共和国海洋环境保护法》《国务院关于落实科学发展观 加强环境保护的决定》等法规和《国务院关于编制全国主体功能区规划的意见》，保护环境，防治污染，促进轧钢工业生产工艺和污染治理技术的进步，环境保护部科技标准司组织宝山钢铁股份有限公司、环境保护部环境标准研究所共同制定了《轧钢工业大气污染物排放标准》（GB 28665—2012）。环境保护部于 2012 年 6 月 15 日批准，环境保护部联合国家质量监督检验检疫总局于 2012 年 6 月 27 日正式发布，企业自 2012 年 10 月 1 日起实施。

（三）排放标准及应税污染物

1. 适用范围

《轧钢工业大气污染物排放标准》（GB 28665—2012）规定了轧钢生产企业或生产设施的大气污染物排放限值、监测和监控要求，以及标准的实施与监督等。该标准适用于现有轧钢生产企业或生产设施大气污染物排放管理，轧钢工业建设项目的环境影响评价、环境保护设施设计、竣工环境保护验收及其投产后的大气污染物排放管理；也适用于法律允许的污染物排放行为；新设立的污染源选址和特殊保护区域内现有污染源的管理，按照《中华人民共和国大气污染防治法》《中华人民共和国水污染防治法》《中华人民共和国海洋环境保护法》《中华人民共和国固体废物污染环境防治法》《中华人民共和国环境影响评价法》等法规的相关规定执行。

2. 应税大气污染物排放控制要求

《轧钢工业大气污染物排放标准》（GB 28665—2012）规定了轧钢工业企业排入大气中的 14 种污染物监测项目，其中一般性粉尘（颗粒物）、二氧化硫、氮氧化物、氯化氢、硫酸雾、铬酸雾、氟化物、苯、甲苯、二甲苯为《中华人民共和国环境保护税法》中规定的应税污染物，其排放限值及污染当量值见表 2-16。

表 2-16　轧钢工业应税污染物排放限值及污染当量值

污染物	生产工艺或设施	排放限值（mg/m^3）	污染物排放监控位置	污染当量值（kg）
一般性粉尘（颗粒物）	热轧精轧机	30	车间或生产设施排气筒	4
	废酸再生	30		
	热处理炉、拉矫、精整、抛丸、修磨、焊接机及其他生产设施	20		
二氧化硫	热处理炉	150		0.95

续表

污染物	生产工艺或设施	排放限值（mg/m^3）	污染物排放监控位置	污染当量值（kg）
氮氧化物（以 NO_2 计）	热处理炉	300	车间或生产设施排气筒	0.95
氯化氢	酸洗机组	20		10.75
	废酸再生	30		
硫酸雾	酸洗机组	10		0.6
铬酸雾	涂镀层机组、酸洗机组	0.07		0.0007
氟化物（以 F 计）	酸洗机组	6.0		0.87
	废酸再生	9.0		
苯	涂层机组	8.0		0.05
甲苯		40		0.18
二甲苯		40		0.27

对于热处理炉排气，应同时对排气中氧含量进行监测，实测排气筒中大气污染物排放浓度应按式（2-2）换算为含氧量 8%状态下的基准排放浓度，并以此作为判定排放是否达标的依据。

$$C_{基}=\frac{21-8}{21-O_{实}}\times C_{实} \tag{2-2}$$

式中：$C_{基}$——大气污染物基准排放浓度，mg/m^3；

$C_{实}$——实测排气筒中大气污染物排放浓度，mg/m^3；

$O_{实}$——玻璃熔炉干烟气中含氧量百分率实测值。

纯氧燃烧电子玻璃熔炉应监测排气筒中大气污染物排放浓度、排气量及相应时间内的玻璃出料量，按式（2-3）计算基准排气量（$3000m^3/t$ 玻璃液）条件下的基准排放浓度，并以此作为判定排放是否达标的依据。

$$C_{基}=\frac{O_{实}}{3000M}\times C_{实} \tag{2-3}$$

式中：$C_{基}$——大气污染物基准排放浓度，mg/m^3；

$C_{实}$——实测排气筒中大气污染物排放浓度，mg/m^3；

$O_{实}$——实测电子玻璃熔炉小时排气量，m^3/h；

M——与监测时段相对应的小时玻璃出料量，t/h。

3. 污染物采集与监测要求

排气筒中大气污染物的监测采样按 GB/T 16157—1996、HJ/T 397—2007 的规定执行。

企业排放废气的采样应根据监测污染物的种类，在规定的污染物排放监控位置进行，有废气处理设施的，应在处理设施后进行监控。在污染物排放监控位置，需设置永久性排污口标志。企业安装污染物排放自动监控设备，按有关法律和《污染源自动监控管理办法》的规定执行。对企业大气污染物排放情况进行监测的频次、采样时间等，按国家有关污染源监测技术规范的规定执行。

（四）应税大气污染物污染当量核算

大气污染物的污染当量数，以该污染物的排放量除以该污染物的污染当量值计算。每种应税大气污染物的具体污染当量值见表2-16。每一排放口或者没有排放口的应税大气污染物，按照污染当量数从大到小排序，对前三项污染物征收环境保护税。

二、炼钢工业废气排放标准及应税污染物

炼钢工业是指将炉料（如铁水、废钢、海绵铁、铁合金等）熔化、升温、提纯，使之符合成分和纯净度要求的过程，涉及的生产工艺包括铁水预处理、熔炼、炉外精炼（二次冶金）和浇铸（连铸）。

（一）炼钢工业废气

我国是钢材生产大国，钢铁行业也一直是我国的污染大户，钢厂所用原材料成分复杂，二氧化硫、氮氧化物、颗粒物排放量在全部工业行业中分别排名第三、第三、第一，钢铁行业的烟气治理现状十分严峻。

钢铁行业一直是我国污染物的主要排放源之一，钢铁冶炼工艺涉及废气、废水和废渣三类污染物，其中炼焦和烧结产生的硫化物、氮氧化物和烟粉尘等废气最为严重，这些废气如果得不到有效处理，将产生严重的环境和生态问题。

（二）大气污染物排放标准的制定与实施

为贯彻《中华人民共和国环境保护法》《中华人民共和国大气污染防治法》《中华人民共和国海洋环境保护法》《国务院关于落实科学发展观 加强环境保护的决定》等法律法规和《国务院关于编制全国主体功能区规划的意见》，环境保护部科技标准司组织宝山钢铁股份有限公司、上海宝钢工程技术有限公司、环境保护部环境标准研究所共同制定了《炼钢工业大气污染物排放标准》（GB 28664—2012），环境保护部于2012年6月15日批准，自2012年10月1日起实施。自该标准实施之日起，炼钢生产企业大气污染物的排放控制不再执行《大气污染物综合排放标准》（GB 16297—1996）和《工业炉窑大气污染物排放标准》（GB9078—1996）中的相关规定。

（三）排放标准及应税污染物

1. 适用范围

《炼钢工业大气污染物排放标准》（GB 28664—2012）规定了炼钢生产企业或生产设施大气污染物排放限值、监测和监控要求，以及标准的实施与监督等。该标准适用于现有炼钢生产企业或生产设施大气污染物排放管理，以及炼钢工业建设项目的环境影响评

价、环境保护设施设计、竣工环境保护验收及其投产后的大气污染物排放管理。

2. 应税大气污染物排放控制要求

《炼钢工业大气污染物排放标准》（GB 28664—2012）规定了炼钢工业企业排入大气中的3种污染物监测项目，其中一般性粉尘（颗粒物）和氟化物为《中华人民共和国环境保护税法》中规定的应税污染物，其排放限值及污染当量值见表2-17。

表2-17 炼钢工业应税污染物排放限值及污染当量值

污染物	生产工序或设施	排放限值（mg/m^3）	污染物排放监控位置	污染当量值（kg）
一般性粉尘（颗粒物）	转炉（一次烟气）	50	车间或生产设施排气筒	4
	铁水预处理（包括倒罐、扒渣等）、转炉（二次烟气）、电炉、精炼炉	20		
	连铸切割及火焰清理、石灰窑、白云石窑焙烧	30		
	钢渣处理	100		
	其他生产设施	20		
氟化物	电渣冶金	5.0		0.87

对于石灰窑、白云石窑排气，应同时对排气中的氧含量进行监测，实测排气筒中大气污染物排放浓度应按式（2-2）换算为含氧量8%状态下的基准排放浓度，并以此作为判定排放是否达标的依据。在国家未规定其他生产设施单位产品基准排气量之前，暂以实测浓度作为判定大气污染物排放是否达标的依据。

3. 污染物采集与监测要求

排气筒中大气污染物的监测采样按GB/T 16157—1996、HJ/T 397—2007的规定执行。

对企业排放废气的采样，应根据监测污染物的种类，在规定的污染物排放监控位置进行，有废气处理设施的，应在该设施后进行监控。在污染物排放监控位置，需设置永久性排污口标志。企业安装污染物排放自动监控设备，按有关法律和《污染源自动监控管理办法》的规定执行。对企业污染物排放情况进行监测的频次、采样时间等，按国家有关污染源监测技术规范的规定执行。二噁英类指标每年监测一次。

（四）应税大气污染物污染当量核算

大气污染物的污染当量数，以该污染物的排放量除以该污染物的污染当量值计算。每种应税大气污染物的具体污染当量值见表2-17。每一排放口或者没有排放口的应税大气污染物，按照污染当量数从大到小排序，对前三项污染物征收环境保护税。

三、炼铁工业废气排放标准及应税污染物

（一）炼铁工业废气

炼铁工业是指采用高炉冶炼生铁的生产过程。高炉是工艺流程的主体，从其上部

装入的铁矿石、燃料和熔剂向下运动，下部通入空气，燃料燃烧过程产生的大量高温还原性气体向上运动；炉料经过加热、还原、熔化、造渣、渗碳、脱硫等一系列物理化学过程，最后生成液态炉渣和生铁。

（二）大气污染物排放标准的制定与实施

为贯彻《中华人民共和国环境保护法》《中华人民共和国大气污染防治法》《国务院关于落实科学发展观 加强环境保护的决定》等法律法规和《国务院关于编制全国主体功能区规划的意见》，保护环境，防治污染，促进炼铁工业生产工艺和污染治理技术的进步，环境保护部科技标准司组织中钢集团天澄环保科技股份有限公司、环境保护部环境标准研究所共同制定了《炼铁工业大气污染物排放标准》（GB 28663—2012），环境保护部于2012年6月15日批准，自2012年10月1日起实施。自该标准实施之日起，炼铁生产企业大气污染物的排放控制不再执行《大气污染物综合排放标准》（GB 16297—1996）和《工业炉窑大气污染物排放标准》（GB 9078—1996）中的相关规定。

（三）排放标准及应税污染物

1. 适用范围

《炼铁工业大气污染物排放标准》（GB 28663—2012）规定了炼铁生产企业或生产设施大气污染物排放限值、监测和监控要求，以及标准的实施与监督等。该标准适用于现有炼铁生产企业或生产设施大气污染物排放管理，以及炼铁工业建设项目的环境影响评价、环境保护设施设计、竣工环境保护验收及其投产后的大气污染物排放管理。

2. 应税大气污染物排放控制要求

《炼铁工业大气污染物排放标准》（GB 28663—2012）规定了炼铁企业污染物净化设施排放口的3种污染物监测项目，即一般性粉尘（颗粒物）、二氧化硫和氮氧化物，均为《中华人民共和国环境保护税法》中规定的应税污染物，其排放限值及污染当量值见表2-18。

表2-18 炼铁工业应税污染物排放限值及污染当量值

生产工序或设施	污染物	排放限值（mg/m^3）	污染物排放监控位置	污染当量值（kg）
热风炉	一般性粉尘（颗粒物）	20	车间或生产设施排气筒	4
	二氧化硫	100		0.95
	氮氧化物（以NO_2计）	300		0.95
原料系统、煤粉系统、高炉出铁场、其他生产设施	一般性粉尘（颗粒物）	25		4

3. 污染物采集与监测要求

排气筒中大气污染物的监测采样按GB/T 16157—1996、HJ/T 397—2007的规定执行。

对企业排放废气的采样应根据监测污染物的种类，在规定的污染物排放监控位置进行，有废气处理设施的，应在该设施后进行监控。在污染物排放监控位置，需设置永久性排污口标志。企业安装污染物排放自动监控设备，应按有关法律和《污染源自动监控管理办法》的规定执行。对企业污染物排放情况进行监测的频次、采样时间等，应按国家有关污染源监测技术规范的规定执行。

（四）应税大气污染物污染当量核算

大气污染物的污染当量数，以该污染物的排放量除以该污染物的污染当量值计算。每种应税大气污染物的具体污染当量值见表 2-18。每一排放口或者没有排放口的应税大气污染物，按照污染当量数从大到小排序，对前三项污染物征收环境保护税。

四、钢铁烧结、球团工业废气排放标准及应税污染物

烧结指铁粉矿等含铁原料加入熔剂和固体燃料，按要求的比例配合，加水混合制粒后，平铺在烧结机台车上，经点火抽风，使其燃料燃烧，烧结料部分熔化黏结成块状的过程。球团指铁精矿等原料与适量的膨润土均匀混合后，通过造球机造出生球，然后高温焙烧，使球团氧化固结的过程。

（一）钢铁烧结、球团工业废气

烧结和球团工序的主要污染物为一般性粉尘（颗粒物）；焙烧过程产生的烟气中的主要污染物为一般性粉尘（颗粒物）、SO_2、NO_x、氟化物、重金属和二噁英。

（二）大气污染物排放标准的制定与实施

为贯彻《中华人民共和国环境保护法》《中华人民共和国大气污染防治法》《国务院关于落实科学发展观 加强环境保护的决定》等法规和《国务院关于编制全国主体功能区规划的意见》，环境保护部科技标准司组织鞍钢集团设计研究院、环境保护部环境标准研究所共同制定了《钢铁烧结、球团工业大气污染物排放标准》（GB 28662—2012），环境保护部于 2012 年 6 月 15 日批准，自 2012 年 10 月 1 日起实施。自该标准实施之日起，钢铁烧结及球团生产企业大气污染物的排放控制不再执行《大气污染物综合排放标准》（GB 16297—1996）和《工业炉窑大气污染物排放标准》（GB 9078—1996）中的相关规定。

（三）排放标准及应税污染物

1. 适用范围

《钢铁烧结、球团工业大气污染物排放标准》（GB 28662—2012）规定了钢铁烧结及球团生产企业或生产设施大气污染物排放限值、监测和监控要求，以及标准的实施与监督等。该标准适用于现有钢铁烧结及球团生产企业或生产设施大气污染物排放管理，以及钢铁烧结及球团工业建设项目的环境影响评价、环境保护设施设计、竣工环境保护验收及其投产后的大气污染物排放管理。

2. 应税大气污染物排放控制要求

《钢铁烧结、球团工业大气污染物排放标准》（GB 28662—2012）规定了钢铁烧结、球团企业污染物净化设施排放口的 5 种污染物监测项目，其中一般性粉尘（颗粒物）、二氧化硫、氮氧化物和氟化物为《中华人民共和国环境保护税法》中规定的应税污染物，其排放限值及污染当量值见表 2-19。

表 2-19　钢铁烧结、球团工业应税污染物排放限值及污染当量值

生产工序或设施	污染物	排放限值（mg/m^3）	污染物排放监控位置	污染当量值（kg）
烧结机 球团焙烧设备	一般性粉尘（颗粒物）	50	车间或生产设施排气筒	4
	二氧化硫	200		0.95
	氮氧化物（以 NO_2 计）	300		0.95
	氟化物（以 F 计）	4.0		0.87
烧结机机尾带式焙烧机机尾其他生产设备	一般性粉尘（颗粒物）	30		4

3. 污染物采集与监测要求

排气筒中大气污染物的监测采样按 GB/T 16157—1996、HJ/T 397—2007 的规定执行。

对企业排放废气的采样，应根据监测污染物的种类，在规定的污染物排放监控位置进行，有废气处理设施的，应在该设施后进行监控。在污染物排放监控位置，需设置永久性排污口标志。企业安装污染物排放自动监控设备，按有关法律和《污染源自动监控管理办法》的规定执行。对企业污染物排放情况进行监测的频次、采样时间等，应按国家有关污染源监测技术规范的规定执行。二噁英类指标每年监测一次。

（四）应税大气污染物污染当量核算

大气污染物的污染当量数，以该污染物的排放量除以该污染物的污染当量值计算。每种应税大气污染物的具体污染当量值见表 2-19。每一排放口或者没有排放口的应税大气污染物，按照污染当量数从大到小排序，对前三项污染物征收环境保护税。

五、再生铜、铝、铅、锌工业废气排放标准及应税污染物

再生铜、铝、铅、锌工业属于再生有色金属工业，是以废杂有色金属为原料，生产有色金属及其合金的工业。废杂有色金属指金属状态的废料，不含“含铜污泥”“含氧化铝烟尘”“含铅浸出渣”“含锌炼钢烟尘”等其他有色金属二次资源。

（一）再生铜、铝、铅、锌工业废气

再生铜企业产生的废气的主要成分有 SO_2、颗粒物、硫酸雾、铬、镉、锡、锑和二

噁英类，其中大多数会对环境产生较大影响。再生铝企业排放的大气特征污染物主要有颗粒物、SO_2、HCl、氟及氟化物、铬、镉和二噁英类，其中大多数会对环境产生较大影响。再生铅生产过程中产生的大气特征污染物为酸雾、二氧化硫、铅蒸汽和颗粒污染物。再生锌生产过程中产生的大气特征污染物为颗粒污染物、锌蒸气、SO_2、氮氧化物，熔炼过程中产生的锌蒸气主要采用负压操作，使烟气不外溢。

（二）大气污染物排放标准的制定与实施

为贯彻《中华人民共和国环境保护法》《中华人民共和国大气污染防治法》等法律法规，保护环境，防治污染，促进再生有色金属工业生产工艺和污染治理技术进步，环境保护部科技标准司组织北京中色再生金属研究有限公司、环境保护部环境标准研究所共同制定了我国首个再生有色金属工业大气污染物排放标准。2015 年 4 月 3 日，环境保护部正式批准，标准名称为《再生铜、铝、铅、锌工业污染物排放标准》（GB 31574—2015）。2015 年 4 月 16 日，环境保护部联合国家质量监督检验检疫总局正式发布该标准，新建企业自 2015 年 7 月 1 日起实施，现有企业自 2017 年 1 月 1 日起实施，不再执行《大气污染物综合排放标准》（GB 16297—1996）和《工业炉窑大气污染物排放标准》（GB 9078—1996）中的相关规定。

（三）排放标准及应税污染物

1. 适用范围

《再生铜、铝、铅、锌工业污染物排放标准》（GB 31574—2015）规定了再生有色金属（铜、铝、铅、锌）工业企业大气污染物排放限值、监测和监控要求，以及标准的实施与监督等。该标准适用于再生有色金属（铜、铝、铅、锌）工业企业的大气污染物排放管理，以及再生有色金属（铜、铝、铅、锌）工业企业建设项目的环境影响评价、环境保护设施设计、竣工环境保护验收及其投产后的大气污染物排放管理。

2. 应税大气污染物排放控制要求

《再生铜、铝、铅、锌工业污染物排放标准》（GB 31574—2015）规定了再生有色金属（铜、铝、铅、锌）工业企业排入大气中的 13 种污染物监测项目，其中一般性粉尘（颗粒物）、二氧化硫、氮氧化物、氯化氢、氟化物、硫酸雾、铅及其化合物、镉及其化合物、锡及其化合物为《中华人民共和国环境保护税法》中规定的应税污染物，其排放限值及污染当量值见表 2-20。

表 2-20　再生铜、铝、铅、锌工业应税污染物排放限值及污染当量值

污染物	再生有色金属企业	污染物排放限值（mg/m^3）	污染物排放监控位置	污染当量值（kg）
二氧化硫	所有	150	车间或生产设施排气筒	0.95
一般性粉尘（颗粒物）	所有	30		4
氮氧化物	所有	200		0.95
硫酸雾	再生铜、再生铅、再生锌	20		0.6

续表

污染物	再生有色金属企业	污染物排放限值（mg/m³）	污染物排放监控位置	污染当量值（kg）
氟化物	再生铝	3	车间或生产设施排气筒	0.87
氯化氢	再生铝	30		10.75
铅及其化合物	再生铅、再生铜	2		0.02
	再生铅、再生锌	1		
锡及其化合物	所有	1		0.27
镉及其化合物	所有	0.05		0.03

3. 污染物采集与监测要求

排气筒中大气污染物的监测采样按 GB/T 16157—1996、HJ/T 373—2007、HJ/T 397—2007 或 HJ 75—2017、HJ 76—2017 的规定执行，无组织排放的监测按 HJ/T 55—2000 的规定执行。企业应按照有关法律和《环境监测管理办法》等规定，建立企业监测制度，制订监测方案，对污染物排放状况及其对周边环境质量的影响开展自行监测，保存原始监测记录，并公布监测结果。新建企业和现有企业安装污染物排放自动监控设备，按有关法律和《污染源自动监控管理办法》的规定执行。企业应按照环境监测管理规定和技术规范的要求，设计、建设、维护永久性采样口、采样测试平台和排污口标志。对企业排放废气的采样，应根据监测污染物的种类，在规定的污染物排放监控位置进行，有废气处理设施的，应在处理设施后进行监控。

（四）应税大气污染物污染当量核算

大气污染物的污染当量数，以该污染物的排放量除以该污染物的污染当量值计算。每种应税大气污染物的具体污染当量值见表 2-20。每一排放口或者没有排放口的应税大气污染物，按照污染当量数从大到小排序，对前三项污染物征收环境保护税。

六、铁合金工业废气排放标准及应税污染物

铁合金是指一种或一种以上的金属或非金属元素与铁组成的合金，以及某些非铁质元素组成的合金。

（一）铁合金工业废气

铁合金厂废气主要来源于矿热电炉、精炼电炉、焙烧回转窑、多层机械焙烧炉和铝金属法熔炼炉。废气可分为含颗粒物废气和含气态污染物废气两大类。铁合金厂废气的排放量大，含尘浓度高，废气中 90% 是二氧化硅，还含有氯气、氮氧化物、一氧化碳、二氧化硫等。

（二）大气污染物排放标准的制定与实施

为贯彻《中华人民共和国环境保护法》《国务院关于落实科学发展观 加强环境保

护的决定》等法律、法规和《国务院关于编制全国主体功能区规划的意见》，保护环境，防治污染，促进铁合金工业生产工艺和污染治理技术的进步，环境保护部科技标准司组织中钢集团天澄环保科技股份有限公司、四川川投峨眉铁合金（集团）有限责任公司、环境保护部环境标准研究所共同制定了我国首个铁合金工业污染物排放标准。2012 年 6 月 15 日，环境保护部正式批准，标准名称为《铁合金工业污染物排放标准》（GB 28666—2012）。2012 年 6 月 27 日，环境保护部联合国家质量监督检验检疫总局正式发布该标准，新建企业自 2012 年 10 月 1 日起实施，现有企业自 2015 年 1 月 1 日起实施。

（三）废气排放标准及应税污染物

1. 适用范围

《铁合金工业污染物排放标准》（GB 28666—2012）规定了铁合金生产企业或生产设施大气污染物排放限值、监测和监控要求，以及标准的实施与监督等。该标准适用于电炉法铁合金生产企业或生产设施的大气污染物排放管理，以及电炉法铁合金工业建设项目的环境影响评价、环境保护设施设计、竣工环境保护验收及其投产后的大气污染物排放管理。

2. 应税大气污染物排放控制要求

《铁合金工业污染物排放标准》（GB 28666—2012）规定了铁合金工业企业及其生产设施排入大气中的 2 种污染物监测项目，其中一般性粉尘（颗粒物）为《中华人民共和国环境保护税法》中规定的应税污染物，其排放限值及污染当量值见表 2-21。

表 2-21 铁合金工业应税污染物排放限值及污染当量值

污染物	污染物排放环节	排放限值（mg/m^3）	污染物排放监控位置	污染当量值（kg）
一般性粉尘（颗粒物）	半封闭炉、敞口炉、精炼炉	50	车间或生产设施排气筒	4
	其他设施	30		

3. 污染物采集与监测要求

排气筒中大气污染物的监测采样按 GB/T 16157—1996、HJ/T 397—2007 的规定执行；大气污染物无组织排放的监测按 HJ/T 55—2000 的规定执行。

企业应按照有关法律和《环境监测管理办法》的规定，对排污状况进行监测，并保存原始监测记录。企业安装污染物排放自动监控设备，按有关法律和《污染源自动监控管理办法》的规定执行。企业排放废气的采样，应根据监测污染物的种类，在规定的污染物排放监控位置进行，有废气处理设施的，应在处理设施后进行监控。在污染物排放监控位置，需设置永久性排污口标志。

（四）应税大气污染物污染当量核算

大气污染物的污染当量数，以该污染物的排放量除以该污染物的污染当量值计算。每种应税大气污染物的具体污染当量值见表 2-21。每一排放口或者没有排放口的应税大气污染物，按照污染当量数从大到小排序，对前三项污染物征收环境保护税。

七、钒工业废气排放标准及应税污染物

钒工业是指以钒渣、石煤、含钒固废或其他含钒二次资源为原料生产 V_2O_3、V_2O_5 等氧化钒的企业。

（一）钒工业废气

钒工业企业在炼钒过程中会排放大量有毒有害废气，其主要成分为氯化氢、二氧化硫和硫酸等，会对植被和农作物产生毁灭性的影响。

（二）大气污染物排放标准的制定与实施

为贯彻《中华人民共和国环境保护法》《中华人民共和国大气污染防治法》《国务院关于落实科学发展观 加强环境保护的决定》等法律、法规和国家加强重金属污染防治工作的有关要求，保护环境，防治污染，促进钒工业生产工艺和污染治理技术的进步，环境保护部科技标准司组织东北大学、中国环境科学研究院共同制定了我国首个钒工业污染物排放标准。2011 年 2 月 25 日，环境保护部正式批准，标准名称为《钒工业污染物排放标准》（GB 26452—2011）。2011 年 4 月 2 日，环境保护部联合国家质量监督检验检疫总局正式发布该标准，新建企业自 2011 年 10 月 1 日起实施，现有企业自 2013 年 1 月 1 日起实施。

（三）废气排放标准及应税污染物

1. 适用范围

《钒工业污染物排放标准》（GB 26452—2011）规定了钒工业企业特征生产工艺和装置大气污染物的排放限值、监测和监控要求，以及标准的实施与监督等。该标准适用于现有钒工业企业大气污染物排放管理，以及钒工业企业建设项目的环境影响评价、环境保护设施设计、竣工环境保护验收及其投产后的大气污染物排放管理。

2. 应税大气污染物排放控制要求

《钒工业污染物排放标准》（GB 26452—2011）规定了钒工业企业及其生产设施排入大气中的 6 种污染物监测项目，即一般性粉尘（颗粒物）、二氧化硫、氯化氢、硫酸雾、氯气、铅及其化合物，均为《中华人民共和国环境保护税法》中规定的应税污染物，其排放限值及污染当量值见表 2-22。

表 2-22 钒工业应税污染物排放限值及污染当量值

污染物	污染物排放环节	排放限值（mg/m^3）	污染物排放监控位置	污染当量值（kg）
一般性粉尘（颗粒物）	破碎、筛分、混配料、球磨、制球、原料输送等装置及料仓	50	车间或生产设施排气筒	4
一般性粉尘（颗粒物）	焙烧炉/窑	50	车间或生产设施排气筒	4
一般性粉尘（颗粒物）	熔化炉	50	车间或生产设施排气筒	4
一般性粉尘（颗粒物）	干燥炉/窑	50	车间或生产设施排气筒	4
一般性粉尘（颗粒物）	还原炉/窑	50	车间或生产设施排气筒	4
一般性粉尘（颗粒物）	熟料仓、卸料点等	50	车间或生产设施排气筒	4
一般性粉尘（颗粒物）	其他	50	车间或生产设施排气筒	4
二氧化硫	焙烧炉/窑	400	车间或生产设施排气筒	0.95
二氧化硫	熔化炉	400	车间或生产设施排气筒	0.95
二氧化硫	干燥炉/窑	400	车间或生产设施排气筒	0.95
二氧化硫	还原炉/窑	400	车间或生产设施排气筒	0.95
氯化氢	焙烧炉/窑	80	车间或生产设施排气筒	10.75
氯化氢	熔化炉	80	车间或生产设施排气筒	10.75
硫酸雾	沉淀池/罐	20	车间或生产设施排气筒	0.6
氯气	焙烧炉/窑	50	车间或生产设施排气筒	0.34
氯气	熔化炉	50	车间或生产设施排气筒	0.34
铅及其化合物	破碎、筛分、混配料、球磨、制球、原料输送等装置及料仓	0.5	车间或生产设施排气筒	0.02
铅及其化合物	焙烧炉/窑	1.0	车间或生产设施排气筒	0.02
铅及其化合物	沉淀池/罐	0.5	车间或生产设施排气筒	0.02
铅及其化合物	熔化炉	1.0	车间或生产设施排气筒	0.02
铅及其化合物	干燥炉/窑	1.0	车间或生产设施排气筒	0.02
铅及其化合物	还原炉/窑	1.0	车间或生产设施排气筒	0.02
铅及其化合物	熟料仓、卸料点等	0.5	车间或生产设施排气筒	0.02
铅及其化合物	其他	0.7	车间或生产设施排气筒	0.02

注：浸出过程中产生的含碱蒸汽必须经过吸收净化，吸收液循环利用后进入废水处理系统。

3. 污染物采集与监测要求

采样点的设置与采样方法按 GB/T 16157—1996 的规定执行。在有敏感建筑物方位、必要的情况下，按 HJ/T 55—2000 的规定执行。

企业应按照有关法律和《环境监测管理办法》的规定，对排污状况进行监测，并保存原始监测记录。企业安装污染物排放自动监控设备，按有关法律和《污染源自动监控管理办法》的规定执行。企业排放废气的采样，应根据监测污染物的种类，在规定的污染物排放监控位置进行，有废气处理设施的，应在处理设施后进行监控。在污染物排放监控位置，需设置永久性排污口标志。

（四）应税大气污染物污染当量核算

大气污染物的污染当量数，以该污染物的排放量除以该污染物的污染当量值计算。每种应税大气污染物的具体污染当量值见表 2-22。每一排放口或者没有排放口的应税大气污染物，按照污染当量数从大到小排序，对前三项污染物征收环境保护税。

八、镁、钛工业废气排放标准及应税污染物

镁工业企业是指以白云石为原料生产金属镁的硅热法镁冶炼企业及其白云石矿山。钛工业企业是指以钛精矿、高钛渣或四氯化钛为原料生产海绵钛的企业及其矿山，包括以高钛渣、四氯化钛、海绵钛等为最终产品的生产企业。

（一）镁、钛工业废气

镁工业废气主要是指在采矿、冶炼生产过程中，在凿岩爆破、破碎、筛分、运输以及冶炼原料设备、煅烧、还原、精炼等作业过程中产生的含大气污染物的气体。按所含污染物的种类，镁工业废气大体上可分为三大类：一是在采矿和冶炼原料设备等过程中产生的含工业粉尘为主的废气；二是在冶炼煅烧、还原、精炼等过程中产生的含二氧化硫、粉尘等污染物的烟气；三是在精炼过程中产生的含少量氯化氢的废气。

钛工业废气主要是指在生产过程中，在破碎、筛分、运输、原料制备、氯化、电解和精制等作业过程中产生的含大气污染物的气体。按含污染物的种类，钛工业废气大体上可分为三大类：一是在原料制备等过程中产生的以工业粉尘为主的废气；二是在氯化、电解、精制等过程中产生的含氯气、氯化氢的废气；三是高钛渣电炉熔炉产生的含少量二氧化硫和含尘的气体。

（二）大气污染物排放标准的制定与实施

为贯彻《中华人民共和国环境保护法》《中华人民共和国大气污染防治法》《国务院关于落实科学发展观 加强环境保护的决定》等法律、法规和《国务院关于编制全国主体功能区规划的意见》，保护环境，防治污染，促进镁、钛工业生产工艺和污染治理技术的进步，环境保护部科技标准司组织贵阳铝镁设计研究院、环境保护部环境标准研究所、中国瑞林工程技术有限公司共同制定了我国首个镁钛工业污染物排放标准。2010 年 9 月 10 日，环境保护部正式批准，标准名称为《镁、钛工业污染物排放标准》（GB 25468—2010）。2010 年 9 月 27 日，环境保护部联合国家质量检验检疫总局正式发布该标准，新建企业自 2010 年 10 月 1 日起实施，现有企业自 2012 年 1 月 1 日起实施。

（三）废气排放标准及应税污染物

1. 适用范围

《镁、钛工业污染物排放标准》（GB 25468—2010）规定了镁、钛工业企业大气污染物的排放限值、监测和监控要求，以及标准的实施与监督等。该标准适用于镁、钛

工业企业的大气污染物排放管理，以及镁、钛工业企业建设项目的环境影响评价、环境保护设施设计、竣工环境保护验收及其投产后的大气污染物排放管理。

2. 应税大气污染物排放控制要求

《镁、钛工业污染物排放标准》（GB 25468—2010）规定了镁、钛工业企业及其生产设施排入大气中的 4 种污染物监测项目，即一般性粉尘（颗粒物）、二氧化硫、氯气、氯化氢，均为《中华人民共和国环境保护税法》中规定的应税污染物，其排放限值及污染当量值见表 2-23。

表 2-23 镁、钛工业应税污染物排放限值及污染当量值

<table>
<tr><th>污染物</th><th>污染物排放环节</th><th colspan="2">排放限值（mg/m^3）</th><th>污染物排放监控位置</th><th>污染当量值（kg）</th></tr>
<tr><td rowspan="11">一般性粉尘（颗粒物）</td><td>矿山</td><td>破碎、筛分、转运等</td><td>50</td><td rowspan="25">车间或生产设施排气筒</td><td rowspan="11">4</td></tr>
<tr><td rowspan="6">镁冶炼</td><td>原料制备</td><td>50</td></tr>
<tr><td>煅烧炉</td><td>150</td></tr>
<tr><td>还原炉</td><td>50</td></tr>
<tr><td>精炼</td><td>50</td></tr>
<tr><td>其他</td><td>50</td></tr>
<tr><td>原料制备</td><td>50</td></tr>
<tr><td rowspan="4">钛冶炼</td><td>高钛渣电炉</td><td>70</td></tr>
<tr><td>镁精炼</td><td>50</td></tr>
<tr><td>其他</td><td>50</td></tr>
<tr><td>（见上）</td><td></td></tr>
<tr><td rowspan="7">二氧化硫</td><td rowspan="4">镁冶炼</td><td>煅烧炉</td><td>400</td><td rowspan="7">0.95</td></tr>
<tr><td>还原炉</td><td>400</td></tr>
<tr><td>精炼</td><td>400</td></tr>
<tr><td>其他</td><td>400</td></tr>
<tr><td rowspan="3">钛冶炼</td><td>高钛渣电炉</td><td>400</td></tr>
<tr><td>镁精炼</td><td>400</td></tr>
<tr><td>其他</td><td>400</td></tr>
<tr><td rowspan="4">氯气</td><td rowspan="4">钛冶炼</td><td>氯化系统</td><td>60</td><td rowspan="4">0.34</td></tr>
<tr><td>精制系统</td><td>60</td></tr>
<tr><td>镁电解槽</td><td>60</td></tr>
<tr><td>其他</td><td>60</td></tr>
<tr><td rowspan="4">氯化氢</td><td rowspan="4">钛冶炼</td><td>氯化系统</td><td>80</td><td rowspan="4">10.75</td></tr>
<tr><td>精制系统</td><td>80</td></tr>
<tr><td>镁电解槽</td><td>80</td></tr>
<tr><td>其他</td><td>80</td></tr>
</table>

3. 污染物采集与监测要求

采样点的设置与采样方法按 GB/T 16157—1996 的规定执行。在有敏感建筑物方位、必要的情况下，具体按 HJ/T 55—2000 的规定执行。

企业应按照有关法律和《环境监测管理办法》的规定，对排污状况进行监测，并保存原始监测记录。企业安装污染物排放自动监控设备，按有关法律和《污染源自动监控管理办法》的规定执行。对企业排放废气的采样，应根据监测污染物的种类，在规定的污染物排放监控位置进行，有废气处理设施的，应在处理设施后进行监控。在污染物排放监控位置，需设置永久性排污口标志。

（四）应税大气污染物污染当量核算

大气污染物的污染当量数，以该污染物的排放量除以该污染物的污染当量值计算。每种应税大气污染物的具体污染当量值见表 2-23。每一排放口或者没有排放口的应税大气污染物，按照污染当量数从大到小排序，对前三项污染物征收环境保护税。

九、铅、锌工业废气排放标准及应税污染物

铅、锌工业指生产铅、锌金属矿产品和生产铅、锌金属产品（不包括生产再生铅、再生锌及铅、锌材压延加工产品）的工业。

（一）铅、锌工业废气

铅、锌工业废气大体上可分为两类：一类是以工业粉尘为主的采、选废气；另一类是含有害气体、尘的冶炼废气。我国铅、锌工业大气污染物主要是各类重金属及其化合物、一般性粉尘（颗粒物）、SO_2和硫酸雾等。在铅、锌工业的一般性粉尘（颗粒物）中，铅、锌等重金属及其化合物占了很大比重。

（二）大气污染物排放标准的制定与实施

为贯彻《中华人民共和国环境保护法》《中华人民共和国大气污染防治法》《国务院关于落实科学发展观 加强环境保护的决定》等法律、法规和《国务院关于编制全国主体功能区规划的意见》，保护环境，防治污染，促进铅、锌工业生产工艺和污染治理技术的进步，环境保护部科技标准司组织长沙有色冶金设计研究院、环境保护部环境标准研究所、中国瑞林工程技术有限公司共同制定了我国首个铅、锌工业污染物排放标准。2010 年 9 月 10 日，环境保护部正式批准，标准名称为《铅、锌工业污染物排放标准》（GB 25466—2010）。2010 年 9 月 27 日，环境保护部联合国家质量监督检验检疫总局正式发布该标准，新建企业自 2010 年 10 月 1 日起实施，现有企业自 2012 年 1 月 1 日起实施。

（三）废气排放标准及应税污染物

1. 适用范围

《铅、锌工业污染物排放标准》（GB 25466—2010）规定了铅、锌工业企业大气污染物排放限值、监测和监控要求，以及标准的实施与监督等。该标准适用于铅、锌工业企业的大气污染物排放管理，以及铅、锌工业企业建设项目的环境影响评价、环境

保护设施设计、竣工环境保护验收及其投产后的大气污染物排放管理。

2. 应税大气污染物排放控制要求

《铅、锌工业污染物排放标准》（GB 25466—2010）规定了铅、锌工业企业及其生产设施排入大气中的5种污染物监测项目，即一般性粉尘（颗粒物）、二氧化硫、硫酸雾、铅及其化合物、汞及其化合物，均为《中华人民共和国环境保护税法》中规定的应税污染物，其排放限值及污染当量值见表2-24。

表2-24 铅、锌工业应税污染物排放限值及污染当量值

污染物	污染物排放环节	排放限值（mg/m^3）	污染物排放监控位置	污染当量值（kg）
一般性粉尘（颗粒物）	所有	80	车间或生产设施排气筒	4
二氧化硫	所有	400		0.95
硫酸雾	制酸	20		0.6
铅及其化合物	熔炼	8		0.02
汞及其化合物	烧结、熔炼	0.05		0.0001

3. 污染物采集与监测要求

采样点的设置与采样方法按GB/T 16157—1996的规定执行。在有敏感建筑物方位、必要的情况下进行无组织排放监控，具体按HJ/T 55—2000的规定执行。

企业应按照有关法律和《环境监测管理办法》的规定，对排污状况进行监测，并保存原始监测记录。企业安装污染物排放自动监控设备，按有关法律和《污染源自动监控管理办法》的规定执行。对企业排放废气的采样，应根据监测污染物的种类，在规定的污染物排放监控位置进行，有废气处理设施的，应在处理设施后进行监控。在污染物排放监控位置，须设置永久性排污口标志。

（四）应税大气污染物污染当量核算

大气污染物的污染当量数，以该污染物的排放量除以该污染物的污染当量值计算。每种应税大气污染物的具体污染当量值见表2-24。每一排放口或者没有排放口的应税大气污染物，按照污染当量数从大到小排序，对前三项污染物征收环境保护税。

十、铝工业废气排放标准及应税污染物

铝工业是指铝土矿山、氧化铝厂、电解铝厂和铝用炭素生产企业或生产设施。

（一）铝工业废气

铝矿开采分为露天开采和井下开采，开采过程中会产生大量的颗粒物。选矿生产过程中的主要产污环节为矿石堆场、废石场和排土场扬尘，矿仓、破碎机、振动筛、带式输送机的受料点、卸料点等。氧化铝生产过程中的产污环节主要为原辅料堆存、运输、转运、备料、熟料中碎、氧化铝贮运、熟料烧成窑、氢氧化铝焙、熔盐加热、

石灰炉（窑）等工序。电解铝生产过程中的产污环节主要为备料、电解质破碎、阳极组装及残极处理、混合炉、电解槽等工序，主要污染物为废气中颗粒物、二氧化硫、氮氧化物、氟化物等。

（二）大气污染物排放标准的制定与实施

为贯彻《中华人民共和国环境保护法》《中华人民共和国大气污染防治法》《国务院关于落实科学发展观 加强环境保护的决定》等法律、法规和《国务院关于编制全国主体功能区规划的意见》，保护环境，防治污染，促进铝工业生产工艺和污染治理技术的进步，环境保护部科技标准司组织沈阳铝镁设计研究院、环境保护部环境标准研究所、中国瑞林工程技术有限公司共同制定了我国首个铝工业污染物排放标准。2010 年 9 月 10 日，环境保护部正式批准，标准名称为《铝工业污染物排放标准》（GB 25465—2010）。2010 年 9 月 27 日，环境保护部联合国家质量监督检验检疫总局正式发布该标准，新建企业自 2010 年 10 月 1 日起实施，现有企业自 2012 年 1 月1 日起实施。

（三）废气排放标准及应税污染物

1. 适用范围

《铝工业污染物排放标准》（GB 25465—2010）规定了铝工业企业大气污染物排放限值、监测和监控要求，以及标准的实施与监督等。该标准适用于铝工业企业的大气污染物排放管理，以及铝工业企业建设项目的环境影响评价、环境保护设施设计、竣工环境保护验收及其投产后的大气污染物排放管理。

2. 应税大气污染物排放控制要求

《铝工业污染物排放标准》（GB 25465—2010）规定了铝工业企业及其生产设施排入大气中的 4 种污染物监测项目，即一般性粉尘（颗粒物）、二氧化硫、氟化物（以 F 计）、沥青烟，均为《中华人民共和国环境保护税法》中规定的应税污染物，其排放限值及污染当量值见表 2-25。

表 2-25　铝工业应税污染物排放限值及污染当量值

污染物	污染物排放环节	排放限值（mg/m^3）		污染物排放监控位置	污染当量值（kg）
一般性粉尘（颗粒物）	矿山	破碎、筛分、转运	50	车间或生产设施排气筒	4
	氧化铝厂	熟料烧成窑	100		
		氢氧化铝焙烧炉、石灰炉（窑）	50		
		原料加工、运输	50		
		氧化铝贮运	30		
		其他	50		

续表

污染物	污染物排放环节	排放限值（mg/m³）		污染物排放监控位置	污染当量值（kg）
一般性粉尘（颗粒物）	电解铝厂	电解槽烟气净化	20	车间或生产设施排气筒	4
一般性粉尘（颗粒物）	电解铝厂	氧化铝、氟化盐贮运	30	车间或生产设施排气筒	4
一般性粉尘（颗粒物）	电解铝厂	电解质破碎	30	车间或生产设施排气筒	4
一般性粉尘（颗粒物）	铝用炭素厂	其他	50	车间或生产设施排气筒	4
一般性粉尘（颗粒物）	铝用炭素厂	阳极焙烧炉	30	车间或生产设施排气筒	4
一般性粉尘（颗粒物）	铝用炭素厂	石油焦煅烧炉（窑）	100	车间或生产设施排气筒	4
一般性粉尘（颗粒物）	铝用炭素厂	生阳极制造	50	车间或生产设施排气筒	4
一般性粉尘（颗粒物）	铝用炭素厂	阳极组装及残极破碎	50	车间或生产设施排气筒	4
一般性粉尘（颗粒物）	铝用炭素厂	其他	50	车间或生产设施排气筒	4
二氧化硫	氧化铝厂	熟料烧成窑	400	车间或生产设施排气筒	0.95
二氧化硫	氧化铝厂	氢氧化铝焙烧炉、石灰炉（窑）	400	车间或生产设施排气筒	0.95
二氧化硫	氧化铝厂	其他	400	车间或生产设施排气筒	0.95
二氧化硫	电解铝厂	电解槽烟气净化	200	车间或生产设施排气筒	0.95
二氧化硫	电解铝厂	其他	400	车间或生产设施排气筒	0.95
二氧化硫	铝用炭素厂	阳极焙烧炉	400	车间或生产设施排气筒	0.95
二氧化硫	铝用炭素厂	阴极焙烧炉	400	车间或生产设施排气筒	0.95
二氧化硫	铝用炭素厂	石油焦煅烧炉（窑）	400	车间或生产设施排气筒	0.95
二氧化硫	铝用炭素厂	其他	400	车间或生产设施排气筒	0.95
氟化物	电解铝厂	电解槽烟气净化	3.0	车间或生产设施排气筒	0.87
氟化物	铝用炭素厂	阳极焙烧炉	3.0	车间或生产设施排气筒	0.87
沥青烟①	铝用炭素厂	阳极焙烧炉	20	车间或生产设施排气筒	0.19
沥青烟①	铝用炭素厂	阴极焙烧炉	30	车间或生产设施排气筒	0.19
沥青烟①	铝用炭素厂	沥青熔化	30	车间或生产设施排气筒	0.19
沥青烟①	铝用炭素厂	生阳极制造	20①	车间或生产设施排气筒	0.19

注：①混捏成型系统加测项目。

3. 污染物采集与监测要求

采样点的设置与采样方法按 GB/T 16157—1996 的规定执行。在有敏感建筑物方位、必要的情况下，按 HJ/T 55—2000 的规定执行。

企业应按照有关法律和《环境监测管理办法》的规定，对排污状况进行监测，并保存原始监测记录。企业安装污染物排放自动监控设备，按有关法律和《污染源自动监控管理办法》的规定执行。企业排放废气的采样，应根据监测污染物的种类，在规定的污染物排放监控位置进行，有废气处理设施的，应在处理设施后进行监控。在污染物排放监控位置，需设置永久性排污口标志。

（四）应税大气污染物污染当量核算

大气污染物的污染当量数，以该污染物的排放量除以该污染物的污染当量值计算。每种应税大气污染物的具体污染当量值见表 2-25。每一排放口或者没有排放口的应税大气污染物，按照污染当量数从大到小排序，对前三项污染物征收环境保护税。

第四节　建材行业废气排放标准及应税污染物

一、水泥工业废气排放标准及应税污染物

水泥工业是我国国民经济发展的重要基础原材料工业。“十二五”期间，水泥工业在转变发展方式、促进结构调整、实施“创新提升，超越引领”发展战略、推动科技创新与进步、提升发展水平、加快节能减排和绿色发展与“走出去”等方面取得了长足进步，呈现出结构调整与转型升级向纵深转折、发展向中高端和高端转变的态势。

（一）水泥工业废气

水泥工业对大气产生影响的主要污染源是粉尘和废气。粉尘主要是由水泥生产过程中原料、燃料和水泥成品的储运，物料的破碎、烘干、粉磨和煅烧等工序产生的废气排放或逃逸而引起的。废气主要有 SO_2、NO_x、CO_2和 HF 等，其中 SO_2由生料、燃料中的含硫成分在燃烧条件下产生，NO_x 由空气中的 N_2在高温有氧燃烧条件下产生，CO_2由水泥生料的 $CaCO_3$分解、燃料燃烧产生，HF 是由于立窑厂采用萤石矿化机和生料中的氟成分在煅烧过程中产生的。

（二）大气污染物排放标准的制定与实施

为贯彻《中华人民共和国环境保护法》《中华人民共和国大气污染防治法》等法规，保护环境，防治污染，促进水泥工业生产工艺和污染治理技术进步，环境保护部科技标准司组织中国环境科学研究院和合肥水泥研究设计院共同对水泥工业大气污染物排放标准进行了修订。2013 年 12 月 16 日，环境保护部正式批准了新修订的标准，标准名称为《水泥工业大气污染物排放标准》（GB 4915—2013）。2013 年 12 月 27 日，环境保护部联合国家质量监督检验检疫总局正式发布该标准。该标准首次发布于 1985 年，1996 年第一次修订，2004 年第二次修订，2013 年第三次修订，新建企业自 2014 年 3 月 1 日起实施，现有企业自 2015 年 7 月 1 日起实施，不再执行《水泥工业大气污染物排放标准》（GB 4915—2004）中的相关规定。

（三）排放标准及应税污染物

1. 适用范围

《水泥工业大气污染物排放标准》（GB 4915—2013）规定了水泥制造企业（含独立粉磨站）、水泥原料矿山、散装水泥中转站、水泥制品企业及其生产设施的大气污染

物排放限值、监测和监督管理要求。该标准适用于现有水泥工业企业或生产设施的大气污染物排放管理，以及水泥工业建设项目的环境影响评价、环境保护设施设计、竣工环境保护验收及其投产后的大气污染物排放管理。利用水泥窑协同处置固体废物，除执行该标准外，还应执行国家相应的污染控制标准。该标准适用于法律允许的污染物排放行为。新设立污染源的选址和特殊保护区域内现有污染源的管理，按照《中华人民共和国大气污染防治法》《中华人民共和国水污染防治法》《中华人民共和国海洋环境保护法》《中华人民共和国固体废物污染环境防治法》《中华人民共和国环境影响评价法》等法律法规和规章的相关规定执行。

2. 应税大气污染物排放控制要求

《水泥工业大气污染物排放标准》（GB 4915—2013）规定了水泥工业企业大气污染物的 6 种污染物监测项目，即一般性粉尘（颗粒物）、二氧化硫、氮氧化物、氟化物、氨和汞及其化合物，均为《中华人民共和国环境保护税法》中规定的应税污染物，其排放限值及污染当量值见表 2-26。

表 2-26 水泥工业应税污染物排放限值及污染当量值

污染物	排放限值（mg/m^3）					污染物排放监控位置	污染当量值（kg）
	矿山开采	水泥制造			中转站及水泥制品生产		
	破碎机及其他通风生产设备	水泥窑及窑尾余热利用系统	烘干机、烘干磨、煤磨及冷却机	破碎机、磨机、包装机及其他通风生产设备	水泥仓及其他通风生产设备		
一般性粉尘（颗粒物）	20	30	30	20	20	车间或生产设施排气筒	4
二氧化硫	—	200	600②	—	—		0.95
氮氧化物（NO_2）	—	400	400②	—	—		0.95
氟化物（总 F）	—	5	—	—	—		0.87
汞及其化合物	—	0.05	—	—	—		0.0001
氨①	—	10①	—	—	—		9.09

注：①适用于使用氨水、尿素等含氨物质作为还原剂，去除烟气中的氮氧化物；②适用于采用独立热源的烘干设备。

对于水泥窑及窑尾余热利用系统排气、采用独立热源的烘干设备排气，应同时对排气中氧含量进行监测。实测大气污染物排放浓度应按式（2-1）换算为基准氧含量状态下的基准排放浓度，并以此作为判定排放是否达标的依据。

3. 污染物监测要求

企业应按照有关法律和《环境监测管理办法》等的规定，建立企业监测制度，制订监测方案，对污染物排放状况及其对周边环境质量的影响开展自行监测，保存原始监测记录，并公布监测结果。企业安装污染物排放自动监控设备，按有关法律和《污染源自动监控管理办法》的规定执行。企业应按照环境监测管理规定和技术规范的要求，设计、建设、维护永久性采样口、采样测试平台和排污口标志。对企业排放废气的采样，应根据监测污染物的种类，在规定的污染物排放监控位置进行，有废气处理设施的，应在处理设施后进行监测。排气筒中大气污染物的监测采样按 GB/T 16157—1996、HJ/T 397—2007 或 HJ 75—2017 的规定执行，无组织排放的监测按 HJ/T 55—2000 的规定执行。

（四）应税大气污染物污染当量核算

大气污染物的污染当量数，以该污染物的排放量除以该污染物的污染当量值计算。每种应税大气污染物的具体污染当量值见表 2-26。每一排放口或者没有排放口的应税大气污染物，按照污染当量数从大到小排序，对前三项污染物征收环境保护税。

二、砖瓦工业废气排放标准及应税污染物

砖瓦工业是指通过原料制备、挤出（压制）成型、干燥、焙烧（蒸压）等生产过程，生产烧结砖瓦制品和非烧结砖瓦制品的工业。

（一）砖瓦工业废气

砖厂废气的主要成分是一般性粉尘（颗粒物）、SO_2、NO_x 及氟化物等。这些废气如果得不到有效处理，将产生严重的环境和生态问题。

（二）大气污染物排放标准的制定与实施

为贯彻《中华人民共和国环境保护法》《中华人民共和国大气污染防治法》《国务院关于落实科学发展观 加强环境保护的决定》等法规和《国务院关于编制全国主体功能区规划的意见》，保护环境，防治污染，促进砖瓦工业生产工艺和污染治理技术的进步，环境保护部科技标准司组织中国环境科学研究院、西安墙体材料研究设计院共同制定了《砖瓦工业大气污染物排放标准》（GB 29620—2013），环境保护部于 2013 年 5 月 24 日批准该标准，自 2014 年 1 月 1 日起实施。自该标准实施之日起，砖瓦工业企业大气污染物排放控制按该标准的规定执行，不再执行《大气污染物综合排放标准》（GB16297—1996）和《工业炉窑大气污染物排放标准》（GB9078—1996）中的相关规定。

（三）排放标准及应税污染物

1. 适用范围

《砖瓦工业大气污染物排放标准》（GB 29620—2013）规定了砖瓦工业生产过程的大气污染物排放限值、监测和监控要求，以及标准的实施与监督等。该标准适用于现有砖瓦工业企业或生产设施的大气污染物排放管理，砖瓦工业建设项目的环境影响评价、环境保护设施设计、竣工环境保护验收及其投产后的大气污染物排放管理，以及

以黏土、页岩、煤矸石、粉煤灰为主要原料的砖瓦烧结制品生产过程和以砂石、粉煤灰、石灰及水泥为主要原料的砖瓦非烧结制品生产过程。该标准适用于法律允许的污染物排放行为。新设立污染源的选址和特殊保护区域内现有污染源的管理，按照《中华人民共和国大气污染防治法》《中华人民共和国环境影响评价法》等法律、法规和规章的相关规定执行。

2. 应税大气污染物排放控制要求

《砖瓦工业大气污染物排放标准》（GB 29620—2013）规定了砖瓦工业污染物净化设施排放口的4种污染物监测项目，即一般性粉尘（颗粒物）、二氧化硫、氮氧化物和氟化物，均为《中华人民共和国环境保护税法》中规定的应税污染物，其排放限值及污染当量值见表2-27。

表2-27 砖瓦工业应税污染物排放限值及污染当量值

污染物	排放限值（mg/m^3）		污染物排放监控位置	污染当量值（kg）
	原料燃料破碎及制备成型	人工干燥及焙烧		
一般性粉尘（颗粒物）	30	30	车间或生产设施排气筒	4
二氧化硫	—	300		0.95
氮氧化物	—	200		0.95
氟化物	—	3		0.87

3. 污染物采集与监测要求

采样点的设置与采样方法按GB/T 16157—1996和HJ 75—2017的规定执行。在有敏感建筑物方位、必要的情况下进行无组织排放监控，按HJ/T 55—2000的规定执行。

对企业排放废气的采样，应根据监测污染物的种类，在规定的污染物排放监控位置进行，有废气处理设施的，应在处理设施后进行监控。在污染物排放监控位置，需设置规范的永久性测试孔、采样平台和排污口标志。企业安装污染物排放自动监控设备，应按有关法律和《污染源自动监控管理办法》的规定执行。对企业污染物排放情况进行监测的频次、采样时间等，应按国家有关污染源监测技术规范的规定执行。企业应按照有关法律和《环境监测管理办法》的规定，对排污状况进行监测，并保存原始监测记录。

（四）应税大气污染物污染当量核算

大气污染物的污染当量数，以该污染物的排放量除以该污染物的污染当量值计算。每种应税大气污染物的具体污染当量值见表2-27。每一排放口或者没有排放口的应税大气污染物，按照污染当量数从大到小排序，对前三项污染物征收环境保护税。

三、电子玻璃工业废气排放标准及应税污染物

（一）电子玻璃工业废气

电子玻璃指的是CRT显像管玻璃、平板显示玻璃、电光源玻璃等应用于电子、微电子、光电子领域的玻璃产品。CRT显像管玻璃为用于制造阴极射线管显示器（也称“玻壳”）的玻璃，包括屏玻璃、锥玻璃、管颈玻璃、芯柱及排气管玻璃、电子枪用支架玻杆、低温焊接玻璃等。平板显示玻璃为用于制造液晶显示器（TN/STN-LCD、TFT-LCD）、等离子体显示器（PDP）、有机发光显示器（OLED）等平板显示器件的基板玻璃、防护（触摸）玻璃及其他玻璃部件。电光源玻璃为用于制造白炽灯、荧光灯、高强度气体放电灯等电光源产品的泡壳、玻管、芯柱及排气管玻璃等。

（二）大气污染物排放标准的制定与实施

为贯彻《中华人民共和国环境保护法》《中华人民共和国大气污染防治法》《国务院关于落实科学发展观 加强环境保护的决定》等法律法规和《国务院关于编制全国主体功能区规划的意见》，保护环境，防治污染，促进电子玻璃工业生产工艺和污染治理技术的进步，环境保护部科技标准司组织中国环境科学研究院和中国硅酸盐学会电子玻璃分会共同编制了我国首个电子玻璃工业大气污染物排放标准。2013年2月25日，环境保护部正式批准，标准名称为《电子玻璃工业大气污染物排放标准》（GB 29495—2013）。2013年3月14日，环境保护部联合国家质量监督检验检疫总局正式发布该标准，自2013年7月1日起实施，不再执行《工业炉窑大气污染物排放标准》（GB 9078—1996）和《大气污染物综合排放标准》（GB 16297—1996）中的相关规定。

（三）排放标准及应税污染物

1. 适用范围

《电子玻璃工业大气污染物排放标准》（GB 29495—2013）规定了电子玻璃企业或生产设施的大气污染物排放限值、监测和监控要求，以及标准实施与监督等。该标准适用于现有电子玻璃企业或生产设施的大气污染物排放管理，以及对电子玻璃工业建设项目的环境影响评价、环境保护设施设计、竣工环境保护验收及其投产后的大气污染物排放管理。

2. 应税大气污染物排放控制要求

《电子玻璃工业大气污染物排放标准》（GB 29495—2013）规定了电子玻璃工业企业排入大气中的9种污染物监测项目，其中一般性粉尘（颗粒物）、二氧化硫、氯化氢、氟化物、铅及其化合物、氮氧化物为《中华人民共和国环境保护税法》中规定的应税污染物，其排放限值及污染当量值见表2-28。

表 2-28　电子玻璃工业应税污染物排放限值及污染当量值

污染物	适用条件	排放限值（mg/m³）		污染物排放监控位置	污染当量值（kg）
		玻璃熔炉①	配料、碎玻璃等其他通风生产设备		
一般性粉尘（颗粒物）	全部	50	30	车间或生产设施排气筒	4
二氧化硫	全部	400	—		0.95
氯化氢	全部	30	—		10.75
氟化物（总 F）	全部	5	—		0.87
铅及其化合物	CRT 锥玻璃、管玻璃及其他含铅电子玻璃	0.7	3②		0.02
氮氧化物（NO_2）	全部	700	—		0.95

注：①干烟气中 O_2 含量 8%状态下（纯氧燃烧为基准排气量条件下）的排放限值；②铅、砷配料的颗粒物浓度限值。

对于电子玻璃熔炉排气（纯氧燃烧除外），应同时对排气中的氧含量进行监测，实测排气筒中大气污染物排放浓度应按式（2-2）换算为含氧量 8%状态下的基准排放浓度，并以此作为判定排放是否达标的依据。全电熔炉以及其他车间或生产设施排气按实测浓度计算，但不得人为稀释排放。

3. 污染物采集与监测要求

排气筒中大气污染物的监测采样按 GB/T 16157—1996、HJ/T 397—2007 或 HJ 75—2017的规定执行；大气污染物无组织排放的监测按 HJ/T 55—2000 的规定执行。对企业排放废气的采样，应根据监测污染物的种类，在规定的污染物排放监控位置进行，有废气处理设施的，应在该设施后进行监控。在污染物排放监控位置，应设置永久性排污口标志。企业应按照国家有关污染源监测技术规范的要求设置采样口，并符合规定的采样条件。新建企业和现有企业安装污染物排放自动监控设备，按有关法律和《污染源自动监控管理办法》的规定执行。对企业大气污染物排放情况进行监测的频次、采样时间等，应按国家有关污染源监测技术规范的规定执行。

（四）应税大气污染物污染当量核算

大气污染物的污染当量数，以该污染物的排放量除以该污染物的污染当量值计算。每种应税大气污染物的具体污染当量值见表 2-28。每一排放口或者没有排放口的应税大气污染物，按照污染当量数从大到小排序，对前三项污染物征收环境保护税。

四、平板玻璃工业废气排放标准及应税污染物

平板玻璃是指板状的硅酸盐玻璃。平板玻璃工业是指采用浮法、平拉（含格法）、压延等工艺制造平板玻璃的工业。玻璃熔窑是指熔制玻璃的热工设备，由钢结构和耐火材料砌筑而成。

（一）平板玻璃工业废气

平板玻璃工业是资源、能源密集型产业，其特点是生产工艺较简单，从配料到产品的最终加工，能源消耗量较大，污染物排放量也比较大。在平板玻璃生产过程中，有物料输送过程、物料熔化过程和成型过程等。物料的输送和成型过程主要是物理过程，产生的污染物主要是粉尘性废气。物料熔化过程主要是通过燃料的燃烧产生热量将物料熔化和分解的过程。在这一过程中，不管是物料的分解还是燃料的燃烧，都是化学过程，主要的污染物是烟尘和有害气体。

（二）大气污染物排放标准的制定与实施

为贯彻《中华人民共和国环境保护法》《中华人民共和国大气污染防治法》《国务院关于落实科学发展观 加强环境保护的决定》等法规和《国务院关于编制全国主体功能区规划的意见》，保护环境，防治污染，促进平板玻璃工业生产工艺和污染治理技术的进步，环境保护部科技标准司组织中国环境科学研究院、蚌埠玻璃工业设计研究院共同制定了《平板玻璃工业大气污染物排放标准》（GB 26453—2011），环境保护部于2011 年 4 月 2 日批准，自 2011 年 10 月 1 日起实施。自该标准实施之日起，平板玻璃制造企业的大气污染物排放控制按该标准的规定执行，不再执行《工业炉窑大气污染物排放标准》（GB 9078—1996）和《大气污染物综合排放标准》（GB 16297—1996）中的相关规定。

（三）排放标准及应税污染物

1. 适用范围

《平板玻璃工业大气污染物排放标准》（GB 26453—2011）规定了平板玻璃制造企业或生产设施的大气污染物排放限值、监测和监控要求，以及标准实施与监督等。该标准适用于现有平板玻璃制造企业或生产设施的大气污染物排放管理，对平板玻璃工业建设项目的环境影响评价、环境保护设施设计、竣工环境保护验收及其投产后的大气污染物排放管理，以及电子玻璃工业太阳能电池玻璃（薄膜太阳能电池用基板玻璃、晶体硅太阳能电池用封装玻璃等）生产中的大气污染物排放控制。

2. 应税大气污染物排放控制要求

《平板玻璃工业大气污染物排放标准》（GB 26453—2011）规定了平板玻璃企业污染物净化设施排放口的 7 种污染物监测项目，其中一般性粉尘（颗粒物）、二氧化硫、氮氧化物、氯化氢、氟化物、锡及其化合物为《中华人民共和国环境保护税法》中规定的应税污染物，其排放限值及污染当量值见表 2-29。

表 2-29 平板玻璃工业应税污染物排放限值及污染当量值

污染物	排放限制（mg/m^3）			污染物排放监控位置	污染当量值（kg）
	玻璃熔窑①	在线镀膜尾气处理系统	配料、碎玻璃等其他通风生产设备		
一般性粉尘（颗粒物）	50	30	30	车间或生产设施排气筒	4
二氧化硫	400	—	—		0.95
氯化氢	30	30	—		10.75
氟化物（总 F）	5	5	—		0.87
锡及其化合物	—	5	—		0.27
氮氧化物（NO_2）	700	—	—		0.95

注：①干烟气中 O_2 含量 8%状态下（纯氧燃烧为基准排气量条件下）的排放限值。

对于玻璃熔窑排气（纯氧燃烧除外），应同时对排气中氧含量进行监测，实测排气筒中大气污染物排放浓度应按式（2-2）换算为含氧量 8%状态下的基准排放浓度，并以此作为判定排放是否达标的依据。其他车间或生产设施排气按实测浓度计算，但不得人为稀释排放。

纯氧燃烧玻璃熔窑应监测排气筒中大气污染物排放浓度、排气量及相应时间内的玻璃出料量，按式（2-3）计算基准排气量［3000m/t（玻璃液）］条件下的基准排放浓度，并以此作为判定排放是否达标的依据。

3. 污染物采集与监测要求

排气筒中大气污染物的监测采样按 GB/T 16157—1996、HJ/T 397—2007 或 HJ 75—2007的规定执行；大气污染物无组织排放的监测按 HJ/T 55—2000 的规定执行。

对企业排放废气的采样，应根据监测污染物的种类，在规定的污染物排放监控位置进行，有废气处理设施的，应在处理设施后进行监控。在污染物排放监控位置，需设置永久性排污口标志。企业安装污染物排放自动监控设备，按有关法律和《污染源自动监控管理办法》的规定执行。对企业大气污染物排放状况进行监测的频次、采样时间等，应按国家有关污染源监测技术规范的规定执行。

（四）应税大气污染物污染当量核算

大气污染物的污染当量数，以该污染物的排放量除以该污染物的污染当量值计算。每种应税大气污染物的具体污染当量值见表 2-29。每一排放口或者没有排放口的应税大气污染物，按照污染当量数从大到小排序，对前三项污染物征收环境保护税。

五、陶瓷行业废气排放标准及应税污染物

陶瓷行业是指黏土类及其他矿物原料经过粉碎加工、成型、煅烧等过程制成各种

陶瓷制品的工业，主要包括日用瓷及陈设艺术瓷、建筑陶瓷、卫生陶瓷和特种陶瓷等的生产。

（一）陶瓷工业废气

陶瓷工业废气的来源大致可分为两类：一类是成分以生产性粉尘为主的工艺废气。这类废气温度一般不高，主要来源于坯料、釉料及色料制备中的破碎、筛分、造粒及喷雾干燥等。另一类是各种窑炉烧成设备在生产中产生的高温烟气，这些烟气中含有CO、SO_2、NO_X、氟化物和烟尘等。

（二）大气污染物排放标准的制定与实施

为贯彻《中华人民共和国环境保护法》《中华人民共和国大气污染防治法》《国务院关于落实科学发展观 加强环境保护的决定》等法律、法规和《国务院关于编制全国主体功能区规划的意见》，保护环境，防治污染，促进陶瓷工业生产工艺和污染治理技术的进步，环境保护部科技标准司组织湖南省环境保护科学研究院、环境保护部环境标准研究所、长沙环境保护职业技术学院、湖南省衡阳市环境监测站、湖南省出入境检验检疫局陶瓷检测中心共同制定了我国首个陶瓷工业污染物排放标准。2010年9月10日，环境保护部正式批准，标准名称为《陶瓷工业污染物排放标准》（GB 25464—2010）。2010年9月27日，环境保护部联合国家质量监督检验检疫总局正式发布该标准，新建企业自2010年10月1日起实施，现有企业自2012年1月1日起实施。

（三）废气排放标准及应税污染物

1. 适用范围

《陶瓷工业污染物排放标准》（GB 25464—2010）规定了陶瓷工业企业大气污染物排放限值、监测和监控要求，以及标准的实施与监督等。该标准适用于陶瓷工业企业的大气污染物排放管理，以及陶瓷工业企业建设项目的环境影响评价、环境保护设施设计、竣工环境保护验收及其投产后的大气污染物排放管理。

2. 应税大气污染物排放控制要求

《陶瓷工业污染物排放标准》（GB 25464—2010）规定了陶瓷工业企业及其生产设施排入大气中的9种污染物监测项目，其中一般性粉尘（颗粒物）、二氧化硫、氮氧化物、铅及其化合物、镉及其化合物、镍及其化合物、氟化物、氯化物（以HCl计）为《中华人民共和国环境保护税法》中规定的应税污染物，其排放限值及污染当量值见表2-30。

表 2-30　陶瓷工业应税污染物排放限值及污染当量值

污染物	污染物排放环节			排放限值（mg/m^3）	污染物排放监控位置	污染当量值（kg）
一般性粉尘（颗粒物）	原料制备、干燥	喷雾干燥塔	水煤浆	50	车间或生产设施排气筒	4
			油、气	30		
	烧成、烤花	辊道窑、隧道窑、梭式窑	水煤浆	50		
			油、气	30		
二氧化硫	原料制备、干燥	喷雾干燥塔	水煤浆	300		0.95
			油、气	100		
	烧成、烤花	辊道窑、隧道窑、梭式窑	水煤浆	300		
			油、气	100		
氮氧化物（以 NO_2 计）	原料制备、干燥	喷雾干燥塔	水煤浆	240		0.95
			油、气	240		
	烧成、烤花	辊道窑、隧道窑、梭式窑	水煤浆	450		
			油、气	300		
铅及其化合物	烧成、烤花	辊道窑、隧道窑、梭式窑	水煤浆	0.1		0.02
			油、气			
镉及其化合物	烧成、烤花	辊道窑、隧道窑、梭式窑	水煤浆	0.1		0.03
			油、气			
镍及其化合物	烧成、烤花	辊道窑、隧道窑、梭式窑	水煤浆	0.2		0.13
			油、气			
氟化物	烧成、烤花	辊道窑、隧道窑、梭式窑	水煤浆	3.0		0.87
			油、气			
氯化物（以 HCl 计）	烧成、烤花	辊道窑、隧道窑、梭式窑	水煤浆	25		10.75
			油、气			

3. 污染物采集与监测要求

采样点的设置与采样方法按 GB/T 16157—1996 的规定执行。在有敏感建筑物方位、必要的情况下进行无组织排放监控，按 HJ/T 55—2000 的规定执行。

企业应按照有关法律和《环境监测管理办法》的规定，对排污状况进行监测，并保存原始监测记录。企业安装污染物排放自动监控设备，按有关法律和《污染源自动监控管理办法》的规定执行。企业排放废气的采样，应根据监测污染物的种类，在规定的污染物排放监控位置进行。在污染物排放监控位置，需设置永久性排污口标志。

（四）应税大气污染物污染当量核算

大气污染物的污染当量数，以该污染物的排放量除以该污染物的污染当量值计算。每种应税大气污染物的具体污染当量值见表 2-30。每一排放口或者没有排放口的应税大气污染物，按照污染当量数从大到小排序，对前三项污染物征收环境保护税。

第五节 采矿业废气排放标准及应税污染物

一、锡、锑、汞工业废气排放标准及应税污染物

锡、锑、汞工业是指生产锡、锑、汞金属的采矿、选矿、冶炼工业企业，不包括以废旧锡、锑、汞物料为原料的再生冶炼工业企业。

（一）锡、锑、汞工业废气

锡、锑、汞等有色金属是重要的基础原材料，广泛应用于国民经济的各个领域。锡冶炼过程中产生的大气污染物主要是一般性粉尘（颗粒物）、二氧化硫、氮氧化物、硫酸雾、氟化物和以颗粒态或气态存在的锡、锑、铅、镉、汞、砷；锑冶炼过程中产生的大气污染物主要是一般性粉尘（颗粒物）、二氧化硫、氮氧化物、硫酸雾和以颗粒态或气态存在的锡、锑、铅、镉、汞、砷；汞冶炼过程中产生的大气污染物主要是一般性粉尘（颗粒物）、二氧化硫、氮氧化物和以颗粒态或气态存在的汞、锑等。

（二）大气污染物排放标准的制定与实施

为贯彻《中华人民共和国环境保护法》《中华人民共和国大气污染防治法》等法规和《大气污染防治行动计划》（国发〔2013〕37 号），保护环境，防治污染，促进锡、锑、汞工业生产工艺和污染治理技术的进步，环境保护部科技标准司组织昆明理工大学、中国环境科学研究院、有色金属工业污染控制工程技术中心和中国瑞林工程技术有限公司（原南昌有色冶金设计研究院）共同制定了我国首个锡、锑、汞工业大气污染物排放标准。2014 年 4 月 28 日，环境保护部正式批准，标准名称为《锡、锑、汞工业污染物排放标准》（GB 30770—2014）。2014 年 5 月 16 日，环境保护部联合国家质量监督检验检疫总局正式发布该标准，新建企业自 2014 年 7 月 1 日起实施，现有企业自 2015 年 1 月 1 日起实施，不再执行《大气污染物综合排放标准》（GB 16297—1996）和《工业炉窑大气污染物排放标准》（GB 9078—1996）中的相关规定。

（三）排放标准及应税污染物

1. 适用范围

《锡、锑、汞工业污染物排放标准》（GB 30770—2014）规定了锡、锑、汞采选及冶炼工业企业水和大气污染物的排放限值、监测和监控要求，以及标准的实施与监督等。该标准适用于现有锡、锑、汞采选及冶炼工业企业水污染物和大气污染物排放管理，以及锡、锑、汞采选及冶炼工业企业建设项目的环境影响评价、环境保护设施设计、竣工环境保护验收及其投产后的水污染物和大气污染物排放管理。

2. 应税大气污染物排放控制要求

《锡、锑、汞工业污染物排放标准》（GB 30770—2014）规定了锡、锑、汞工业企业排放口的 11 种大气污染物监测项目，其中一般性粉尘（颗粒物）、二氧化硫、氮氧化物、硫酸雾、氟化物、铅及其化合物、镉及其化合物、锡及其化合物、汞及其化合物为《中华人民共和国环境保护税法》中规定的应税污染物，其排放限值及污染当量值见表 2-31。

表 2-31　锡、锑、汞工业应税污染物排放限值及污染当量值

<table>
<tr><th rowspan="3">污染物</th><th colspan="6">排放限值（mg/m³）</th><th rowspan="3">污染物排放监控位置</th><th rowspan="3">污染当量值（kg）</th></tr>
<tr><th colspan="2">采选</th><th>锡冶炼</th><th>锑冶炼</th><th>汞冶炼</th><th>烟气制酸</th></tr>
<tr><th>破碎、筛分</th><th>其他工序</th><th>全部工序</th><th>全部工序</th><th>全部工序</th><th>全部工序</th></tr>
<tr><td>一般性粉尘（颗粒物）</td><td>50</td><td>30</td><td>30</td><td>30</td><td>30</td><td>30</td><td rowspan="9">车间或生产设施排气筒</td><td>4</td></tr>
<tr><td>二氧化硫</td><td>—</td><td>—</td><td>400</td><td>400</td><td>400</td><td>400</td><td>0.95</td></tr>
<tr><td>氮氧化物</td><td>—</td><td>—</td><td>200</td><td>200</td><td>200</td><td>200</td><td>0.95</td></tr>
<tr><td>硫酸雾</td><td>—</td><td>—</td><td>—</td><td>—</td><td>—</td><td>20</td><td>0.6</td></tr>
<tr><td>氟化物</td><td>—</td><td>—</td><td>3</td><td>—</td><td>—</td><td>3</td><td>0.87</td></tr>
<tr><td>铅及其化合物①</td><td>—</td><td>—</td><td>2</td><td>0.5
2②</td><td>0.5</td><td>0.5</td><td>0.02</td></tr>
<tr><td>镉及其化合物①</td><td>—</td><td>—</td><td>0.05</td><td>0.05</td><td>—</td><td>0.05</td><td>0.03</td></tr>
<tr><td>锡及其化合物①</td><td>—</td><td>—</td><td>4</td><td>1</td><td>—</td><td>1</td><td>0.27</td></tr>
<tr><td>汞及其化合物①</td><td>—</td><td>—</td><td>0.01</td><td>0.01</td><td>0.01</td><td>0.01</td><td>0.0001</td></tr>
</table>

注：①金属及其化合物均以金属元素计；②以脆硫锑铅矿为原料的锑冶炼企业执行该标准。

3. 污染物采集与监测要求

排气筒中大气污染物的监测采样按 GB/T 16157—1996、HJ/T 397—2007 或 HJ 75—2017的规定执行。大气污染物无组织排放的监测，按 HJ/T 55—2000 的规定执行。

企业应按照有关法规和《环境监测管理办法》等规定，建立企业监测制度，制订监测方案，对污染物排放状况及其对周边环境质量的影响开展自行监测，保存原始监测记录，并公布监测结果。企业安装污染物排放自动监控设备，应按有关法律和《污染源自动监控管理办法》的规定执行。企业应按照环境监测管理规定和技术规范的要求，设计、建设、维护永久性采样口、采样测试平台和排污口标志。对企业排放的废水和废气的采样，应根据监测污染物的种类，在规定的污染物排放监控位置进行。有废水、废气处理设施的，应在该设施后进行监控。

（四）应税大气污染物污染当量核算

大气污染物的污染当量数，以该污染物的排放量除以该污染物的污染当量值计算。每种应税大气污染物的具体污染当量值见表 2-31。每一排放口或者没有排放口的应税大气污染物，按照污染当量数从大到小排序，对前三项污染物征收环境保护税。

二、煤炭工业废气排放标准及应税污染物

煤炭工业是指原煤开采和选煤行业。

（一）煤炭工业废气

煤炭工业生产过程中排放的废气种类很多，主要有煤炭破碎筛分和转运中的煤尘、煤气化灰水处理低压闪蒸槽的闪蒸汽、变换汽提的酸性尾气、低温甲醇洗尾气、硫回收冷凝器尾气、空分装置排放的污氮和分子筛吸附再生气、火炬燃烧废气和气化炉烘炉气等。

（二）大气污染物排放标准的制定与实施

为控制原煤开采、选煤及其所属煤炭贮存、装卸场所的污染物排放，保障人体健康，保护生态环境，促进煤炭工业可持续发展，国家环境保护总局科技标准司组织中国环境保护总局环境标准研究所、中国矿业大学（北京）、煤炭科学研究总院杭州环境保护研究所、兖矿集团有限公司和煤炭科学研究总院唐山分院共同制定了我国首个煤炭工业污染物排放标准。2006 年 9 月 1 日，国家环境保护总局正式批准，标准名称为《煤炭工业污染物排放标准》（GB 20426—2006），并与国家质量监督检验检疫总局联合发布，新建生产线自 2006 年 10 月 1 日起实施，现有生产线自 2007 年 10 月 1 日起实施，不再执行《大气污染物综合排放标准》（GB 16297—1996）中的相关规定。

（三）排放标准及应税污染物

1. 适用范围

《煤炭工业污染物排放标准》（GB 20426—2006）规定了煤炭地面生产系统大气污染物排放限值，以及煤炭采选企业所属煤矸石堆置场、煤炭贮存、装卸场所污染物控制技术要求。该标准适用于现有煤矿（含露天煤矿）、选煤厂及其所属煤矸石堆置场、煤炭贮存、装卸场所污染防治与管理，以及煤炭工业建设项目环境影响评价、环境保护设施设计、竣工环境保护验收及其投产后的污染防治与管理。

2. 应税大气污染物排放控制要求

《煤炭工业污染物排放标准》（GB 20426—2006）规定了煤炭工业企业及其生产设施排入大气中的两种污染物监测项目，即一般性粉尘（颗粒物）和二氧化硫，均为《中华人民共和国环境保护税法》中规定的应税污染物，其排放限值及污染当量值见表2-32。

表 2-32　煤炭工业应税污染物排放限值及污染当量值

污染物	排放限值				污染物排放监控位置	污染当量值（kg）
	生产设备		作业场所			
	原煤筛分、破碎、转载点等除尘设备	煤炭风选设备通风管道、筛面、转载点等除尘设备	煤炭工业所属装卸场所	煤炭贮存场所、煤矸石堆置场		
一般性粉尘（颗粒物）	$80mg/m^3$ 或设备去除率>98%	$80mg/m^3$ 或设备去除率>98%	$1.0mg/m^3$	$1.0mg/m^3$	排气筒或无组织排放监控点	4
二氧化硫	—	—	—	$0.4mg/m^3$		0.95

3. 污染物采集与监测要求

排气筒中大气污染物的采样点数目及采样点位置的设置，按 GB/T 16157—1996 的规定执行。对于大气污染物的日常监督性监测，采样期间的工况应为正常工况。

（四）应税大气污染物污染当量核算

大气污染物的污染当量数，以该污染物的排放量除以该污染物的污染当量值计算。每种应税大气污染物的具体污染当量值见表 2-32。每一排放口或者没有排放口的应税大气污染物，按照污染当量数从大到小排序，对前三项污染物征收环境保护税。

三、陆上石油天然气开采工业废气排放标准及应税污染物

石油天然气开采，即石油和天然气勘探开发，包括油气田的勘探、钻井、井下作业、采油（气）、油气集输与油气处理，以及相应的辅助生产过程。石油是一种战略商品，关乎一个国家的经济和政治安全。

（一）陆上石油天然气开采工业废气

陆上石油天然气开采是指陆上油气田、滩海陆采油气田和海上油气田陆岸终端的石油天然气开采活动，包括石油和天然气勘探、钻井、完井、录井、测井、井下作业、试油和试气、采油和采气、油气集输与油气处理等作业或过程，不包括油砂、油页岩、页岩气、煤层气、天然气水合物等非常规油气的开采活动。石油天然气开采废气主要包括天然气净化厂尾气、稠油热采燃煤锅炉烟气、油气处理与集输系统无组织逸散烃类废气，主要污染物为 SO_2、NO_x、烟尘和烃。

（二）大气污染物排放标准的制定与实施

为贯彻《中华人民共和国环境保护法》《中华人民共和国大气污染防治法》，防治环境污染，改善环境质量，促进陆上石油天然气开采工业的技术进步和可持续发展，生态环境部大气环境司、法规与标准司组织中国石油集团安全环保技术研究院有限公司、中国石油天然气股份有限公司西南油气田分公司、中国石油大学（华东）、中国环境科学研究院共同制定了我国首个陆上石油天然气开采工业大气污染物

排放标准。2020 年 11 月 26 日，生态环境部正式批准，标准名称为《陆上石油天然气开采工业大气污染物排放标准》（GB 39728—2020）。2020 年 12 月 8 日，生态环境部联合国家市场监督管理总局正式发布该标准，新建企业自 2021 年 1 月 1 日起实施，现有企业自 2023 年 1 月 1 日起实施，不再执行《大气污染物综合排放标准》（GB 16297—1996）、《关于天然气净化厂脱硫尾气排放执行标准有关问题的复函》（环函〔1999〕48 号）中的相关规定。

（三）排放标准及应税污染物

1. 适用范围

《陆上石油天然气开采工业大气污染物排放标准》（GB 39728—2020）规定了陆上石油天然气开采工业大气污染物排放控制、监测和监督管理要求，同时对温室气体甲烷的排放提出了协同控制要求。该标准适用于现有石油天然气开采工业企业或生产设施的大气污染物排放管理，以及陆上石油天然气开采工业建设项目的环境影响评价、环境保护设施设计、竣工环境保护验收、排污许可证核发及其投产后的大气污染物排放管理。

2. 应税大气污染物排放控制要求

《陆上石油天然气开采工业大气污染物排放标准》（GB 39728—2020）规定了陆上石油天然气开采工业排入大气中的 1 种污染物监测项目，即二氧化硫，它也是《中华人民共和国环境保护税法》中规定的应税污染物，其排放限值及污染当量值见表 2-33。

表 2-33　陆上石油天然气开采工业应税污染物排放限值及污染当量值

污染物	排放限值（mg/m^3）		污染物排放监控位置	污染当量值（kg）
	天然气净化厂硫磺回收装置总规模≥200 t/d	天然气净化厂硫磺回收装置总规模<200 t/d		
二氧化硫	400	800	硫黄回收装置尾气排气筒	0.95

硫磺回收装置尾气排气筒中实测大气污染物排放浓度应按式（2-1）换算为基准含氧量为 3%的大气污染物基准排放浓度，并以此作为达标判定的依据。

3. 污染物采集与监测要求

天然气净化厂硫黄回收装置排放二氧化硫的监测采样方法按 GB/T 16157—1996、HJ/T 397—2007、HJ 75—2017，以及 HJ/T 56—2000、HJ/T 57—2017、HJ 629—2011、HJ 1131—2020 的规定执行。设备与管线组件泄漏、废水储存和处理设施敞开液面逸散的 VOCs 排放，监测采样按 HJ 733—2014 的规定执行。有组织排放废气中非甲烷总烃的监测采样按 GB/T 16157—1996、HJ/T 397—2007、HJ 732—2014、《固定污染源废气中非甲烷总烃排放连续监测技术指南（试行）》及 HJ 38—2017 的规定执行。企业边界非甲烷总烃的监测采样按 HJ/T 55—2017 及 HJ 604—2017 的规定执行。

企业应按照有关法律、《环境监测管理办法》和 HJ 819—2017 等的规定，建立监测制度，制订监测方案，对大气污染物排放状况开展自行监测，保存原始监测记录，并公布监测结果。安装大气污染物排放自动监控设备，按有关法律和《污染源自动监控管理办法》等的规定执行。企业应按照环境监测管理规定和技术规范的要求，设计、建设、维护永久性采样口、采样监测平台和排污口标志。大气污染物监测应在规定的监控位置进行，有废气处理设施的，应在处理设施后进行监测。

（四）应税大气污染物污染当量核算

大气污染物的污染当量数，以该污染物的排放量除以该污染物的污染当量值计算。每种应税大气污染物的具体污染当量值见表 2-33。每一排放口或者没有排放口的应税大气污染物，按照污染当量数从大到小排序，对前三项污染物征收环境保护税。

四、铁矿采选工业废气排放标准及应税污染物

铁矿采选工业包括采矿和选矿。采矿是指在铁矿山及以铁矿石为主要产品的多金属矿山采用露天开采或地下开采工艺开采铁矿石的过程。选矿是指采用重选、磁选、浮选及其联合工艺选别铁矿石，获取铁精矿。

（一）铁矿采选工业废气

铁矿采选工业废气主要来自尾矿库产生的粉尘、原料堆场，精矿堆场产生的粉尘，以及料仓产生的粉尘等。在铁矿生产环节，筛分工艺也会产生粉尘污染和扬尘。

（二）大气污染物排放标准的制定与实施

为贯彻《中华人民共和国环境保护法》《中华人民共和国大气污染防治法》《国务院关于落实科学发展观 加强环境保护的决定》等法律、法规和《国务院关于编制全国主体功能区规划的意见》，保护环境，防治污染，促进铁矿采选工业生产工艺和污染治理技术的进步，环境保护部科技标准司组织中钢集团马鞍山矿山研究院、环境保护部环境标准研究所共同制定了我国首个铁矿采选工业污染物排放标准。2012 年 6 月 15 日，环境保护部正式批准，标准名称为《铁矿采选工业污染物排放标准》（GB 28661—2012）。2012 年 6 月 27 日，环境保护部联合国家质量监督检验检疫总局正式发布该标准，新建企业自 2012 年 10 月 1 日起实施，现有企业自 2015 年 1 月 1 日起实施，不再执行《钢铁工业水污染物排放标准》（GB 13456—92）和《大气污染物综合排放标准》（GB 16297—1996）的相关规定。

（三）废气排放标准及应税污染物

1. 适用范围

《铁矿采选工业污染物排放标准》（GB 28661—2012）规定了铁矿采选生产企业或

生产设施的大气污染物排放限值、监测和监控要求，以及标准的实施与监督等。该标准适用于现有铁矿采选生产企业或生产设施的大气污染物排放管理，以及铁矿采选工业建设项目的环境影响评价、环境保护设施设计、环境保护工程竣工验收及其投产后的大气污染物排放管理。

2. 应税大气污染物排放控制要求

《铁矿采选工业污染物排放标准》（GB 28661—2012）规定了铁矿采选工业企业及其生产设施排入大气中的1种污染物监测项目，即一般性粉尘（颗粒物），它也是《中华人民共和国环境保护税法》中规定的应税污染物，其排放限值及污染当量值见表2-34。

表2-34 铁矿采选工业应税污染物排放限值及污染当量值

污染物	污染物排放环节	排放限制（mg/m^3）	污染物排放监控位置	污染当量值（kg）
一般性粉尘（颗粒物）	选矿厂的矿石运输、转载、矿仓、破碎、筛分	20	车间或生产设施排气筒	4

3. 污染物采集与监测要求

排气筒中大气污染物的监测采样按GB/T 16157—1996、HJ/T 397—2007的规定执行。大气污染物无组织排放的监测按HJ/T 55—2000的规定执行。

企业应按照有关法律和《环境监测管理办法》的规定，对排污状况进行监测，并保存原始监测记录。企业安装污染物排放自动监控设备，按有关法律和《污染源自动监控管理办法》的规定执行。企业排放废气的采样，应根据监测污染物的种类，在规定的污染物排放监控位置进行，有废气处理设施的，应在该设施后进行监控。在污染物排放监控位置，需设置永久性排污口标志。

（四）应税大气污染物污染当量核算

大气污染物的污染当量数，以该污染物的排放量除以该污染物的污染当量值计算。每种应税大气污染物的具体污染当量值见表2-34。每一排放口或者没有排放口的应税大气污染物，按照污染当量数从大到小排序，对前三项污染物征收环境保护税。

五、稀土工业废气排放标准及应税污染物

稀土工业是指生产稀土精矿或稀土富集物、稀土化合物、稀土金属、稀土合金中任一种或数种产品的企业。

（一）稀土工业废气

稀土生产由于原、辅材料的不同，所采用的生产工艺不尽一致，但生产流程中的许多工序都会产生废气，如氟碳铈矿浓硫酸焙烧法产生的含氟废气、稀土氯化物熔盐

电解产生的含氯废气、稀土硅铁合金火法冶炼废气等。

（二）大气污染物排放标准的制定与实施

为贯彻《中华人民共和国环境保护法》《中华人民共和国大气污染防治法》《国务院关于落实科学发展观 加强环境保护的决定》等法律、法规和国家加强重金属污染防治工作的有关要求，保护环境，防治污染，促进稀土工业生产工艺和污染治理技术的进步，环境保护部科技标准司组织中国恩菲工程技术有限公司、环境保护部环境标准研究所、北京有色金属研究总院、包头稀土研究院、四川省稀土行业协会、内蒙古包钢稀土高科技股份有限公司等单位共同制定了我国首个稀土工业污染物排放标准。2011 年 1 月 18 日，环境保护部正式批准，标准名称为《稀土工业污染物排放标准》（GB 26451—2011）。2011 年 1 月 24 日，环境保护部联合国家质量监督检验检疫总局正式发布该标准，新建企业自 2011 年 10 月 1 日起实施，现有企业自 2014 年 1 月 1 日起实施。

（三）废气排放标准及应税污染物

1. 适用范围

《稀土工业污染物排放标准》（GB 26451—2011）规定了稀土工业企业大气污染物排放限值、监测和监控要求，以及标准的实施与监督等。该标准适用于现有稀土工业企业的大气污染物排放管理，以及稀土工业建设项目的环境影响评价、环境保护设施设计、竣工环境保护验收及其投产后的大气污染物排放管理。

2. 应税大气污染物排放控制要求

《稀土工业污染物排放标准》（GB 26451—2011）规定了稀土工业企业及其生产设施排入大气中的 8 种污染物监测项目，其中一般性粉尘（颗粒物）、二氧化硫、氮氧化物、硫酸雾、氟化物、氯气、氯化氢为《中华人民共和国环境保护税法》中规定的应税污染物，其排放限值及污染当量值见表 2-35。

表 2-35 稀土工业应税污染物排放限值及污染当量值

污染物	污染物排放环节	排放限制（mg/m^3）	污染物排放监控位置	污染当量值（kg）
一般性粉尘（颗粒物）	采选	50	车间或生产设施排气筒	4
	分解提取	40		
	萃取分组、分离	40		
	金属及合金制取	50		
	稀土硅铁合金	50		
二氧化硫	分解提取	300		0.95
氮氧化物	分解提取（焙烧）	200		0.95
	萃取分组、分离（煅烧）	160		

续表

污染物	污染物排放环节	排放限制（mg/m^3）	污染物排放监控位置	污染当量值（kg）
硫酸雾	分解提取	35	车间或生产设施排气筒	0.6
氟化物	分解提取	7		0.87
	金属及合金制取	5		
	稀土硅铁合金	5		
氯气	分解提取	20		0.34
	萃取分组、分离	20		
	金属及合金制取	30		
氯化氢	分解提取	40		10.75
	萃取分组、分离	50		

3. 污染物采集与监测要求

采样点的设置与采样方法按 GB 16157—1996 和 HJ 75—2017 的规定执行。有敏感建筑物方位、必要的情况下进行无组织排放监控，按 HJ/T 55—2000 的规定执行。

企业应按照有关法律和《环境监测管理办法》的规定，对排污状况进行监测，并保存原始监测记录。企业安装污染物排放自动监控设备，按有关法律和《污染源自动监控管理办法》的规定执行。企业排放废气的采样，应根据监测污染物的种类，在规定的污染物排放监控位置进行，有废气处理设施的，应在该设施后进行监控。在污染物排放监控位置，需设置永久性排污口标志。

（四）应税大气污染物污染当量核算

大气污染物的污染当量数，以该污染物的排放量除以该污染物的污染当量值计算。每种应税大气污染物的具体污染当量值见表 2-35。每一排放口或者没有排放口的应税大气污染物，按照污染当量数从大到小排序，对前三项污染物征收环境保护税。

六、铜、镍、钴工业废气排放标准及应税污染物

铜、镍、钴工业是指生产铜、镍、钴金属的采矿、选矿、冶炼工业企业，不包括以废旧铜、镍、钴物料为原料的再生冶炼工业。

（一）铜、镍、钴工业废气

铜、镍、钴工业废气主要来源于采矿、选矿、冶炼和烟气制酸生产过程，指在凿岩爆破、破碎、筛分、运输、冶炼原料制备、焙烧、烧结、熔炼和精炼等作业过程中产生的含大气污染物的气体。按含污染物的种类，这类废气大体上可分为四大类：一是在采矿、选矿和冶炼原料制备等过程中产生的以工业粉尘为主的废气；二是在冶炼原料制备、焙烧、烧结、熔炼、精炼和环境集烟等过程中产生的含二氧化硫、烟尘等

污染物的烟气；三是在烟气制酸和电解过程中产生的含硫酸雾废气；四是在湿法冶炼过程中产生的含氯和氯化氢废气。

（二）大气污染物排放标准的制定与实施

为贯彻《中华人民共和国环境保护法》《中华人民共和国大气污染防治法》《国务院关于落实科学发展观 加强环境保护的决定》等法律、法规和《国务院关于编制全国主体功能区规划的意见》，保护环境，防治污染，促进铜、镍、钴工业生产工艺和污染治理技术的进步，环境保护部科技标准司组织中国瑞林工程技术有限公司、环境保护部环境标准研究所共同制定了我国首个铜、镍、钴工业污染物排放标准。2010 年 9 月 10 日，环境保护部正式批准，标准名称为《铜、镍、钴工业污染物排放标准》（GB 25467—2010）。2010 年 9 月 27 日，环境保护部联合国家质量监督检验检疫总局正式发布该标准，新建企业自 2010 年 10 月 1 日起实施，现有企业自2012 年 1 月 1 日起实施。

（三）废气排放标准及应税污染物

1. 适用范围

《铜、镍、钴工业污染物排放标准》（GB 25467—2010）规定了铜、镍、钴工业企业大气污染物排放限值、监测和监控要求，以及标准的实施与监督等。该标准适用于铜、镍、钴工业企业的大气污染物排放管理，以及铜、镍、钴工业企业建设项目的环境影响评价、环境保护设施设计、竣工环境保护验收及其投产后的大气污染物排放管理。

2. 应税大气污染物排放控制要求

《铜、镍、钴工业污染物排放标准》（GB 25467—2010）规定了铜、镍、钴工业企业及其生产设施排入大气中的 10 种污染物监测项目，其中二氧化硫、一般性粉尘（颗粒物）、硫酸雾、氯气、氯化氢、镍及其化合物、铅及其化合物、氟化物、汞及其化合物为《中华人民共和国环境保护税法》中规定的应税污染物，其排放限值及污染当量值见表 2-36。

表 2-36 铜、镍、钴工业应税污染物排放限值及污染当量值

污染物	排放限值（mg/m^3）					污染物排放监控位置	污染当量值（kg）
	采选		铜冶炼	镍、钴冶炼	烟气制酸		
	破碎筛分	其他					
二氧化硫	—	400	400	400	400	车间或生产设施排气筒	0.95
一般性粉尘（颗粒物）	100	80	80	80	50		4
硫酸雾	—	40	40	40	40		0.6
氯气	—	60	—	60	—		0.34
氯化氢	—	80	—	80	—		10.75

续表

污染物	排放限值（mg/m³）					污染物排放监控位置	污染当量值（kg）
	采选		铜冶炼	镍、钴冶炼	烟气制酸		
	破碎筛分	其他					
镍及其化合物	—		—	4.3	—	车间或生产设施排气筒	0.13
铅及其化合物	—		0.7	0.7	0.7		0.02
氟化物	—		3.0	3.0	3.0		0.87
汞及其化合物	—		0.012	0.012	0.012		0.0001

3. 污染物采集与监测要求

采样点的设置与采样方法按 GB/T 16157—1996 的规定执行。在有敏感建筑物方位、必要的情况下进行监控，按 HJ/T 55—2000 的规定执行。

企业应按照有关法律和《环境监测管理办法》的规定，对排污状况进行监测，并保存原始监测记录。企业安装污染物排放自动监控设备，按有关法律和《污染源自动监控管理办法》的规定执行。企业排放废气的采样，应根据监测污染物的种类，在规定的污染物排放监控位置进行，有废气处理设施的，应在该设施后进行监控。在污染物排放监控位置，需设置永久性排污口标志。

（四）应税大气污染物污染当量核算

大气污染物的污染当量数，以该污染物的排放量除以该污染物的污染当量值计算。每种应税大气污染物的具体污染当量值见表 2-36。每一排放口或者没有排放口的应税大气污染物，按照污染当量数从大到小排序，对前三项污染物征收环境保护税。

第六节　其他行业废气排放标准及应税污染物

一、制药工业废气排放标准及应税污染物

化学药品的生产部门，由原料药生产和药物制剂生产两部分组成。原料药是药品生产的物质基础，但必须加工制成适合服用的药物制剂，才能成为药品。在中国，制药工业还包括传统中药的生产。

原料药品种众多，其生产方法各不相同，有全合成法，有发酵法兼用提炼技术，有合成法兼用生物技术，有发酵产品再进行化学加工，也有主要采用分离提纯方法的。原料药生产具有以下五个特点：①生产流程长、工艺复杂；②每一产品所需的原辅材料种类多，许多原料和生产过程中的中间体是易燃、易爆、有毒或腐蚀性很强的物质，对防火、防爆、劳动保护以及工艺和设备等有严格的要求；③产品质量标准高，这就要求严格控制原料和中间体的质量；④物料净收率很低，往往几吨至上百吨的原料才生产一吨产品，因而副产品多，“三废”也多；⑤药物品种多、更新快，新药开发工作

的要求高、难度大、代价高、周期长。制剂生产则需要有适合条件的人员、厂房、设备、检验仪器和良好的卫生环境，以及各种必需的制剂辅料和适用的内、外包装材料相配合。

（一）制药工业废气

原料药制造需要多种生产材料，其中很多属于易挥发性有机物，而且生产转化时间长、生产效率较低，导致会挥发出大量的有机废气，而且废气排放量较大。这些有机废气的成分主要包括：苯、甲苯、二甲苯、酚类、甲醛、乙醛、丙烯醛、甲醇、苯胺类、氯苯类、硝基苯类、氯乙烯、二氧化硫、氮氧化物、氯化氢、硫化氢、氨气。

（二）大气污染物排放标准的制定与实施

为贯彻《中华人民共和国环境保护法》《中华人民共和国大气污染防治法》，防治环境污染，改善环境质量，促进制药工业的技术进步和可持续发展，生态环境部大气环境司、法规与标准司组织中国环境科学研究院、同济大学、河北省环境科学研究院、台州市环境科学设计研究院和中国化学制药工业协会等单位共同制定了我国首个制药工业大气污染物排放标准。2019 年 4 月 16 日，生态环境部正式批准，标准名称为《制药工业大气污染物排放标准》（GB 37823—2019）。2019 年 5 月 24 日，生态环境部联合国家市场监督管理总局正式发布该标准，新建企业自 2019 年 7 月 1 日起实施，现有企业自 2020 年 7 月 1 日起实施，不再执行《大气污染物综合排放标准》（GB 16297—1996）的相关规定。

（三）排放标准及应税污染物

1. 适用范围

《制药工业大气污染物排放标准》（GB 37823—2019）规定了制药工业大气污染物排放控制要求、监测和监督管理要求。该标准适用于现有制药工业企业或生产设施的大气污染物排放管理，以及制药工业建设项目的环境影响评价、环境保护设施设计、竣工环境保护验收、排污许可证核发及其投产后的大气污染物排放管理；也适用于供药物生产的医药中间体企业及其生产设施，以及药物研发机构及其实验设施的大气污染物排放管理。

2. 应税大气污染物排放控制要求

《制药工业大气污染物排放标准》（GB 37823—2019）规定了制药工业企业及其生产设施排入大气中的 16 种污染物监测项目，其中一般性粉尘（颗粒物）、苯、甲醛、光气、氯气、氰化氢、氯化氢、氨、硫化氢、甲苯、二甲苯、苯乙烯为《中华人民共和国环境保护税法》中规定的应税污染物，其排放限值及污染当量值见表 2–37。

表 2-37　制药工业应税污染物排放限值及污染当量值

污染物	排放限值（mg/m^3）			污染物排放监控位置	污染当量值（kg）
	化学药品原料药制造、兽用药品原料药制造、生物药品制品制造、医药中间体生产和药物研发机构工艺废气	发酵尾气及其他制药工艺废气	污水处理站废气		
一般性粉尘（颗粒物）	30①	30	—	车间或生产设施排气筒	4
苯	4	—	—		0.05
甲苯	60	—	—		0.18
二甲苯	60	—	—		0.27
苯乙烯	60	—	—		25
光气	1	—	—		0.04
氰化氢	1.9	—	—		0.005
甲醛	5	—	—		0.09
氯气	5	—	—		0.34
氯化氢	30	—	—		10.75
硫化氢	—	—	5		0.29
氨	30	—	30		9.09

注：①对于特殊药品生产设施排放的药尘废气，应采用高效空气过滤器进行净化处理或采取其他等效措施。高效空气过滤器应满足 GB/T 13554—2008 中 A 类过滤器的要求，颗粒物处理效率不低于 99.9%。特殊药品包括：青霉素等高致敏性药品、β-内酰胺结构类药品、避孕药品、激素类药品、抗肿瘤类药品、强毒微生物及芽孢菌制品、放射性药品。

进入 VOCs 燃烧（焚烧、氧化）装置的废气需要补充空气进行燃烧、氧化反应的，排气筒中实测大气污染物排放浓度应按式（2-1）换算为基准含氧量为 3%的大气污染物基准排放浓度。利用锅炉、工业炉窑或固体废物焚烧炉焚烧处理有机废气的，烟气基准含氧量按其排放标准规定执行。

3. 污染物采集与监测要求

排气筒中大气污染物的监测采样方法按 GB/T 16157—1996、HJ/T 397—2007 和 HJ 732—2014 的规定执行。对于发酵尾气、储罐呼吸排气等排放强度呈周期性波动的污染源，污染物排放监测时段应涵盖其排放强度大的时段。企业边界大气污染物的监测采样按 HJ/T 55—2000 的规定执行。

企业应按照有关法律、《环境监测管理办法》和 HJ 819—2017 等的规定，建立企业监测制度，制订监测方案，对污染物排放状况及其对周边环境质量的影响开展自行监测，保存原始监测记录，并公布监测结果。企业安装污染物排放自动监控设备，按有关法律和《污染源自动监控管理办法》等的规定执行。企业应按照环境监测管理规定和技术规范的要求，设计、建设、维护永久性采样口、采样测试平台和排污口标志。大气污染物监测应在规定的监控位置进行，有废气处理设施的，应在该设施后进行监测。应根据企业使用的原料、生产工艺过程及生产的产品、副产品等，确定需要监测的污染物项目。

（四）应税大气污染物污染当量核算

大气污染物的污染当量数，以该污染物的排放量除以该污染物的污染当量值计算。每种应税大气污染物的具体污染当量值见表 2-37。每一排放口或者没有排放口的应税大气污染物，按照污染当量数从大到小排序，对前三项污染物征收环境保护税。

二、锅炉废气排放标准及应税污染物

锅炉是利用燃料燃烧释放的热能或其他热能，加热热水或其他工质，生产规定参数（温度、压力）和品质的蒸汽、热水或其他工质的设备。

（一）锅炉废气

工业锅炉主要集中在供热、冶金、造纸、建材、化工等行业，一般分布在工业和人口集中的城镇及周边地区，以满足居民采暖、工业用热水和蒸汽等需求。由于工业锅炉的平均容量小，排放高度低，燃煤品质差异大，治理效率低，污染物排放强度高，其对周边环境产生的影响较大，对城市大气污染贡献率高达 45%~65%。

（二）大气污染物排放标准的制定与实施

为贯彻《中华人民共和国环境保护法》《中华人民共和国大气污染防治法》和《国务院关于加强环境保护重点工作的意见》等法律法规，保护环境，防治污染，促进锅炉生产、运行和污染治理技术的进步，2014 年，环境保护部科技标准司组织天津市环境保护科学研究院和中国环境科学研究院共同对锅炉大气污染物排放标准进行了修订，本次为第三次修订。2014 年 4 月 28 日，环境保护部正式批准，标准名称为《锅炉大气污染物排放标准》（GB 13271—2014）。2014 年 5 月 16 日，环境保护部联合国家质量监督检验检疫总局正式发布该标准，新建锅炉自 2014 年 7 月 1 日、10 t/h 以上在用蒸汽锅炉和7MW以上在用热水锅炉自 2015 年 10 月 1 日、10 t/h 及以下在用蒸汽锅炉和 7MW 及以下在用热水锅炉自 2016 年 7 月 1 日起实施，原有《锅炉大气污染物排放标准》（GB 13271—2001）自 2016 年 7 月 1 日起废止。

（三）排放标准及应税污染物

1. 适用范围

《锅炉大气污染物排放标准》（GB 13271—2014）规定了锅炉烟气中一般性粉尘（颗粒物）、二氧化硫、氮氧化物、汞及其化合物的最高允许排放限值和烟气黑度限值。该标准适用于以燃煤、燃油和燃气为燃料的单台出力 65 t/h 及以下蒸汽锅炉、各种容量的热水锅炉及有机热载体锅炉，各种容量的层燃炉、抛煤机炉；也适用于使用型煤、水煤浆、煤矸石、石油焦、油页岩、生物质成型燃料等的锅炉；还适用于在用锅炉的大气污染物排放管理，以及锅炉建设项目环境影响评价、环境保护设施设计、竣工环境保护验收及其投产后的大气污染物排放管理。

2. 应税大气污染物排放控制要求

《锅炉大气污染物排放标准》（GB 13271—2014）规定了锅炉烟气中的5种污染物监测项目，其中一般性粉尘（颗粒物）、二氧化硫、氮氧化物、汞及其化合物为《中华人民共和国环境保护税法》中规定的应税污染物，其排放限值及污染当量值见表2-38。

表2-38 锅炉应税污染物排放限值及污染当量值

污染物	排放限值（mg/m³）			污染物排放监控位置	污染当量值（kg）
	燃煤锅炉	燃油锅炉	燃气锅炉		
一般性粉尘（颗粒物）	50	30	20	烟囱或烟道	4
二氧化硫	300	200	50		0.95
氮氧化物	300	250	200		0.95
汞及其化合物	0.05	—	—		0.0001

3. 污染物采集与监测要求

对锅炉排放废气的采样，应根据监测污染物的种类，在规定的污染物排放监控位置进行，有废气处理设施的，应在该设施后进行监测。排气筒中大气污染物的监测采样按GB 5468—91、GB/T 16157—1996或HJ/T 397—2007的规定执行。20 t/h及以上蒸汽锅炉和14 MW及以上热水锅炉应安装污染物排放自动监控设备，与环保部门的监控中心联网，并保证设备正常运行，按有关法律和《污染源自动监控管理办法》的规定执行。对大气污染物，应按照HJ/T 373—2007的要求进行监测质量控制。

锅炉使用企业应按照有关法律和《环境监测管理办法》等的规定，建立企业监测制度，制订监测方案，对污染物排放状况及其对周边环境质量的影响开展自行监测，保存原始监测记录，并公布监测结果。锅炉使用企业应按照环境监测管理规定和技术规范的要求，设计、建设、维护永久性采样口、采样测试平台和排污口标志。

（四）应税大气污染物污染当量核算

大气污染物的污染当量数，以该污染物的排放量除以该污染物的污染当量值计算。每种应税大气污染物的具体污染当量值见表2-38。每一排放口或者没有排放口的应税大气污染物，按照污染当量数从大到小排序，对前三项污染物征收环境保护税。

三、火葬场废气排放标准及应税污染物

火葬场是指从事遗体处理和遗物祭品焚烧的专用场所。近年来，随着我国殡葬改革步伐的加快，殡葬业作为一个特殊的国家公益性行业，环境污染问题日益严重并引起社会各界的关注。

（一）火葬场废气

在殡葬行业中，火葬场是目前造成环境污染最严重的场所，无论采用何种殡葬方式，都会产生大气污染。在葬前的停尸、运尸、吊丧、殡仪活动中，遗体不同程度地

暴露于大气中，大多数非防腐遗体在各种发酵菌和水解酶的综合作用下会腐败变质，释放出氨气、硫化氢、尸胺、吲哚、硫醚等化学物质；即使对遗体作了防腐处理，防腐药剂的挥发也会带来醛类等有害气体的污染问题。葬中是大气污染的重点环节。火葬是将遗体在高温给氧条件下快速焚化的过程，虽然能消除细菌病毒等生物污染，但遗体、火化燃料、随葬品及遗体包装物等燃烧都会产生大量的烟尘、二氧化硫、氮氧化物、一氧化碳、重金属汞及二噁英等有毒有害物质。

（二）大气污染物排放标准的制定与实施

为贯彻《中华人民共和国环境保护法》《中华人民共和国大气污染防治法》《关于加强环境保护重点工作的意见》等法律法规，保护环境，防治污染，加强对火葬场大气污染物排放的控制和管理，环境保护部科技标准司组织民政部一零一研究所、环境保护部环境标准研究所和广州市殡葬服务中心共同制定了火葬场大气污染物排放标准。2015 年 4 月 3 日，环境保护部正式批准，标准名称为《火葬场大气污染物排放标准》（GB 13801—2015）。2015 年 4 月 16 日，环境保护部联合国家质量监督检验检疫总局正式发布该标准，自 2015 年 7 月 1 日起实施，同时《燃油式火化机大气污染物排放限值》（GB 13801—2009）废止。

（三）排放标准及应税污染物

1. 适用范围

《火葬场大气污染物排放标准》（GB 13801—2015）规定了火葬场区域内遗体处理、遗物祭品焚烧过程中所产生的大气污染物排放限值、监测和监控要求，以及标准的实施与监督等。该标准适用于现有火葬场大气污染物排放管理，以及火葬场建设项目的环境影响评价、环境保护设施设计、竣工环境保护验收及其投产后的大气污染物排放管理；也适用于燃油式火化机、燃气式火化机、其他新型燃料火化机及遗物祭品焚烧设备。

2. 应税大气污染物排放控制要求

《火葬场大气污染物排放标准》（GB 13801—2015）规定了火葬场区域内的 8 种大气污染物监测项目，其中烟尘、二氧化硫、氮氧化物、一氧化碳、氯化氢、汞为《中华人民共和国环境保护税法》中规定的应税污染物，其排放限值及污染当量值见表 2-39。

表 2-39　火葬场应税污染物排放限值及污染当量值

污染物	排放限值（mg/m^3）	污染物排放监控位置	污染当量值（kg）
烟尘	30	烟囱	2.18
二氧化硫	30		0.95
氮氧化物（以 NO_2 计）	200		0.95
一氧化碳	150		16.7
氯化氢	30		10.75
汞	0.1		0.0001

实测的各大气污染物排放浓度需按式（2-4）折算成基准含氧量为11%的大气污染物基准含氧量排放浓度。

$$C=C_s\times\frac{21-11}{21-O_s} \tag{2-4}$$

式中：C——大气污染物基准含氧量排放浓度，mg/m^3；

O_s——实测的干烟气中氧气的浓度，%；

C_s——实测的大气污染物排放浓度，mg/m^3。

3. 污染物采集与监测要求

对排放废气的采样，应根据监测污染物的种类，在规定的污染物排放监控位置进行，有废气处理设施的，应在该设施后进行监测。排气筒中大气污染物的监测采样按GB/T 16157—1996、HJ/T 373—2007 或 HJ/T 397—2007 的规定执行，二噁英类采样的采气量可根据现场实际监测对象进行控制，以整具遗体火化过程为单位进行；大气污染物无组织排放的监测按HJ/T 55的规定执行。对烟气中二噁英类的监测应当每年至少开展 1 次，其采样要求按 HJ 77. 2—2008 的有关规定执行；对其他大气污染物排放情况监测的频次、采样时间等，按有关环境监测管理规定和技术规范的要求执行。

火葬场应按照有关法律和《环境监测管理办法》等的规定，建立监测制度，制订监测方案，对污染物排放状况及其对周边环境质量的影响开展自行监测，保存原始监测记录，并公布监测结果。新建单位和现有单位安装污染物排放自动监控设备，按有关法律和《污染源自动监控管理办法》的规定执行。火葬场应按照环境监测管理规定和技术规范的要求，设计、建设、维护永久性采样口、采样测试平台和排污口标志。

（四）应税大气污染物污染当量核算

大气污染物的污染当量数，以该污染物的排放量除以该污染物的污染当量值计算。每种应税大气污染物的具体污染当量值见表 2-39。每一排放口或者没有排放口的应税大气污染物，按照污染当量数从大到小排序，对前三项污染物征收环境保护税。

四、火电厂废气排放标准及应税污染物

火电厂是指燃烧固体、液体、气体燃料的发电厂。

（一）火电厂废气

火电厂废气中含有烟尘、二氧化硫、氮氧化物等有害物质，其中烟尘对空气中的PM2. 5 浓度有着直接影响。

（二）大气污染物排放标准的制定与实施

为贯彻《中华人民共和国环境保护法》《中华人民共和国大气污染防治法》《国务院关于落实科学发展观 加强环境保护的决定》等法规，环境保护部科技标准司组织中国环境科学研究院、国电环境保护研究院对 2003 年发布的《火电厂大气污染物排放标准》

（GB 13223—2003）进行了第一次修订，新标准名称为《火电厂大气污染物排放标准》（GB 13223—2011）。环境保护部于 2011 年 7 月 18 日批准该标准，自 2012 年 1 月 1 日起实施。

（三）排放标准及应税污染物

1. 适用范围

《火电厂大气污染物排放标准》（GB 13223—2011）规定了火电厂大气污染物排放限值、监测和监控要求，以及标准的实施与监督等。该标准适用于现有火电厂的大气污染物排放管理，以及火电厂建设项目的环境影响评价、环境保护工程设计、竣工环境保护验收及其投产后的大气污染物排放管理。

2. 应税大气污染物排放控制要求

《火电厂大气污染物排放标准》（GB 13223—2011）规定了火电厂大气污染物净化设施排放口的 5 种污染物监测项目，其中烟尘、二氧化硫、氮氧化物、汞及其化合物为《中华人民共和国环境保护税法》中规定的应税污染物，其排放限值及污染当量值见表 2-40。

表 2-40 火电厂应税污染物排放限值及污染当量值

燃烧和热能转化设施类型	污染物	适用条件	排放限值（mg/m^3）	污染物排放监控位置	污染当量值（kg）
燃烧锅炉	烟尘	全部	30	烟囱或烟道	2.18
	二氧化硫	新建锅炉	100 200①		0.95
		现有锅炉	200 400①		
	氮氧化物（以 NO_2 计）	全部	100 200②		0.95
	汞及其化合物	全部	0.03		0.0001
以油为燃料的锅炉或燃气轮机组	烟尘	全部	30		2.18
	二氧化硫	新建锅炉及燃气轮机组	100		0.95
		现有锅炉及燃气轮机组	200		
	氮氧化物（以 NO_2 计）	新建锅炉	100		0.95
		现有锅炉	200		
		燃气轮机组	120		
以气体为燃料的锅炉或燃气轮机组	烟尘	天然气锅炉及燃气轮机组	5		2.18
		其他气体燃料锅炉及燃气轮机组	10		
	二氧化硫	天然气锅炉及燃气轮机组	35		0.95
		其他气体燃料锅炉及燃气轮机组	100		

续表

燃烧和热能转化设施类型	污染物	适用条件	排放限值（mg/m³）	污染物排放监控位置	污染当量值（kg）
以气体为燃料的锅炉或燃气轮机组	氮氧化物（以 NO_2 计）	天然气锅炉	100	烟囱或烟道	0.95
		其他气体燃料锅炉	200		
		天然气燃气轮机组	50		
		其他气体燃料燃气轮机组	120		

注：①广西壮族自治区、重庆市、四川省和贵州省的火力发电锅炉执行该限值；②采用 W 形火焰炉膛的火力发电锅炉，现有循环流化床火力发电锅炉，以及 2003 年 12 月 31 日前建成投产或通过建设项目环境影响报告书审批的火力发电锅炉执行该限值。

3. 污染物采集与监测要求

对企业污染物排放情况进行监测的采样方法、采样频次、采样时间和运行负荷等，按 GB/T 16157—1996 和 HJ/T 397—2007 的规定执行。

对企业排放废气的采样，应根据监测污染物的种类，在规定的污染物排放监控位置进行，有废气处理设施的，应在该设施后进行监控。在污染物排放监控位置，需设置规范的永久性测试孔、采样平台和排污口标志。火力发电锅炉及燃气轮机组安装污染物排放自动监控设备，按有关法律和《污染源自动监控管理办法》的规定执行。

（四）应税大气污染物污染当量核算

大气污染物的污染当量数，以该污染物的排放量除以该污染物的污染当量值计算。每种应税大气污染物的具体污染当量值见表 2-40。每一排放口或者没有排放口的应税大气污染物，按照污染当量数从大到小排序，对前三项污染物征收环境保护税。

五、工业炉窑废气排放标准及应税污染物

（一）工业炉窑废气

工业炉窑是指在工业生产中用燃料燃烧或电能转换产生的热量，将物料或工件进行冶炼、焙烧、烧结、熔化、加热等工序的热工设备。工业炉窑产生的烟气主要含有一般性粉尘（颗粒物）二氧化硫和氮氧化物等污染物。此外，在有色金属熔炼炉、熔化炉、加热炉和热处理炉中，还含有氟、铅、汞、铍和沥青烟等污染物。

（二）大气污染物排放标准的制定与实施

《工业炉窑大气污染物排放标准》（GB 9078—1996）由县级以上人民政府环境保护行政主管部门负责监督实施。位于国务院批准划定的酸雨控制区和二氧化硫污染控制区内的各种工业炉窑，二氧化硫的排放除执行该标准外，还应执行总量控制标准。

（三）排放标准及应税污染物

1. 适用范围

《工业炉窑大气污染物排放标准》（GB9078—1996）规定了工业炉窑烟尘、生产性粉尘、有害污染物的最高允许排放浓度和烟气黑度的排放限值。该标准适用于除炼焦炉、焚烧炉、水泥厂以外使用固体、液体、气体燃料和电加热的工业炉窑的管理，以及工业炉窑建设项目的环境影响评价、设计、竣工验收及其建成后的排放管理。

2. 应税大气污染物排放控制要求

《工业炉窑大气污染物排放标准》（GB 9078—1996）规定了工业炉窑排入大气中的7种污染物监测项目，即一般性粉尘（颗粒物）、二氧化硫、氟化物、铅及其化合物、汞及其化合物、铍及其化合物、沥青油烟，均为《中华人民共和国环境保护税法》中规定的应税污染物，其排放限值及污染当量值见表2-41。

表2-41　工业炉窑应税污染物排放限值及污染当量值

<table>
<tr><th rowspan="2">污染物</th><th rowspan="2" colspan="2">炉窑类别</th><th rowspan="2">标准级别</th><th colspan="2">排放限值</th><th rowspan="2">污染当量值（kg）</th></tr>
<tr><th>烟（粉）尘浓度</th><th>烟气黑度（林格曼级）</th></tr>
<tr><td rowspan="21">一般性粉尘（颗粒物）</td><td rowspan="12">熔炼炉</td><td rowspan="3">高炉及高炉出铁场</td><td>一</td><td>禁排</td><td>—</td><td rowspan="21">4</td></tr>
<tr><td>二</td><td>100 mg/m³</td><td>—</td></tr>
<tr><td>三</td><td>150 mg/m³</td><td>—</td></tr>
<tr><td rowspan="3">炼钢炉及混铁炉（车）</td><td>一</td><td>禁排</td><td>—</td></tr>
<tr><td>二</td><td>100 mg/m³</td><td>—</td></tr>
<tr><td>三</td><td>150 mg/m³</td><td>—</td></tr>
<tr><td rowspan="3">铁合金熔炼炉</td><td>一</td><td>禁排</td><td>—</td></tr>
<tr><td>二</td><td>100 mg/m³</td><td>—</td></tr>
<tr><td>三</td><td>200 mg/m³</td><td>—</td></tr>
<tr><td rowspan="3">有色金属熔炼炉</td><td>一</td><td>禁排</td><td>—</td></tr>
<tr><td>二</td><td>100 mg/m³</td><td>—</td></tr>
<tr><td>三</td><td>200 mg/m³</td><td>—</td></tr>
<tr><td rowspan="9">熔化炉</td><td rowspan="3">冲天炉、化铁炉</td><td>一</td><td>禁排</td><td>—</td></tr>
<tr><td>二</td><td>150 mg/m³</td><td>1</td></tr>
<tr><td>三</td><td>200 mg/m³</td><td>1</td></tr>
<tr><td rowspan="3">金属熔化炉</td><td>一</td><td>禁排</td><td>—</td></tr>
<tr><td>二</td><td>150 mg/m³</td><td>1</td></tr>
<tr><td>三</td><td>200 mg/m³</td><td>1</td></tr>
<tr><td rowspan="3">非金属熔化、冶炼炉</td><td>一</td><td>禁排</td><td>—</td></tr>
<tr><td>二</td><td>200 mg/m³</td><td>1</td></tr>
<tr><td>三</td><td>300 mg/m³</td><td>1</td></tr>
</table>

续表

污染物	炉窑类别		标准级别	排放限值		污染当量值（kg）
				烟（粉）尘浓度	烟气黑度（林格曼级）	
一般性粉尘（颗粒物）	铁矿烧结炉	烧结机（机头、机尾）	一	禁排	—	4
			二	100 mg/m^3	—	
			三	150 mg/m^3	—	
		球团竖炉带式球团	一	禁排	—	
			二	100 mg/m^3	—	
			三	150 mg/m^3	—	
	加热炉	金属压延、锻造加热炉	一	禁排	—	
			二	200 mg/m^3	1	
			三	300 mg/m^3	1	
		非金属加热炉	一	50[①] mg/m^3	1	
			二	200 mg/m^3	1	
			三	300 mg/m^3	1	
	热处理炉	金属热处理炉	一	禁排	—	
			二	200 mg/m^3	1	
			三	300 mg/m^3	1	
		非金属热处理炉	一	禁排	—	
			二	200 mg/m^3	1	
			三	300 mg/m^3	1	
	干燥炉、窑		一	禁排	—	
			二	200 mg/m^3	1	
			三	300 mg/m^3	1	
	非金属焙（锻）烧炉窑（耐火材料窑）		一	禁排	—	
			二	200 mg/m^3	1	
			三	300 mg/m^3	1	
	石灰窑		一	禁排	—	
			二	200 mg/m^3	1	
			三	350 mg/m^3	1	
	陶瓷搪瓷砖瓦窑	隧道窑	一	禁排	—	
			二	200 mg/m^3	1	
			三	300 mg/m^3	1	
		其他窑	一	禁排	—	
			二	200 mg/m^3	1	
			三	400 mg/m^3	2	

续表

污染物	炉窑类别		标准级别	排放限值：烟（粉）尘浓度	排放限值：烟气黑度（林格曼级）	污染当量值（kg）
一般性粉尘（颗粒物）	其他炉窑		一	禁排	—	4
			二	200 mg/m³	1	
			三	300 mg/m³	1	
	热处理炉	金属热处理炉	一	禁排	—	
			二	200 mg/m³	1	
			三	300 mg/m³	1	
		非金属热处理炉	一	禁排	—	
			二	200 mg/m³	1	
			三	300 mg/m³	1	
	干燥炉、窑		一	禁排	—	
			二	200 mg/m³	1	
			三	300 mg/m³	2	
	非金属焙（锻）烧炉窑（耐火材料窑）		一	禁排	—	
			二	200 mg/m³	1	
			三	350 mg/m³	1	
	石灰窑		一	禁排	—	
			二	200 mg/m³	1	
			三	300 mg/m³	1	
	陶瓷搪瓷砖瓦窑	隧道窑	一	禁排	—	
			二	200 mg/m³	1	
			三	300 mg/m³	1	
		其他窑	一	禁排	—	
			二	200 mg/m³	1	
			三	400 mg/m³	2	
	其他炉窑		一	禁排	—	
			二	200 mg/m³	1	
			三	300 mg/m³	1	
二氧化硫	有色金属冶炼		一	禁排		0.95
			二	850 mg/m³		
			三	1430 mg/m³		
	钢铁烧结冶炼		一	禁排		
			二	2000 mg/m³		
			三	2860 mg/m³		

续表

污染物	炉窑类别	标准级别	排放限值		污染当量值（kg）
			烟（粉）尘浓度	烟气黑度（林格曼级）	
二氧化硫	燃煤（油）炉窑	一	禁排		0.95
		二	850 mg/m^3		
		三	1200 mg/m^3		
氟及其化合物（以F计）	所有类型	一	禁排		0.87
		二	6 mg/m^3		
		三	15 mg/m^3		
铅	金属熔炼	一	禁排		0.02
		二	10 mg/m^3		
		三	35 mg/m^3		
	其他	一	禁排		
		二	0.10 mg/m^3		
		三	0.10 mg/m^3		
汞	金属熔炼	一	禁排		0.0001
		二	1.0 mg/m^3		
		三	3.0 mg/m^3		
	其他	一	禁排		
		二	0.010 mg/m^3		
		三	0.010 mg/m^3		
铍及其化合物（以Be计）	所有类型	一	禁排		0.0004
		二	0.010 mg/m^3		
		三	0.015 mg/m^3		
沥青烟①	所有类型	一	5① mg/m^3		0.19
		二	50 mg/m^3		
		三	100 mg/m^3		

注：①仅限于市政、建筑施工临时用沥青加热炉。

3. 污染物采集与监测要求

测试在最大热负荷下进行，当炉窑达不到或超过设计能力时，也必须在最大生产能力的热负荷下测定，即在燃料耗量最大的稳定加温阶段进行，一般测试时间不得少于2小时。

（四）应税大气污染物污染当量核算

大气污染物的污染当量数，以该污染物的排放量除以该污染物的污染当量值计算。每种应税大气污染物的具体污染当量值见表2-41。每一排放口或者没有排放口的应税大气污染物，按照污染当量数从大到小排序，对前三项污染物征收环境保护税。

六、恶臭废气排放标准及应税污染物

（一）恶臭污染物

恶臭污染物是指一切刺激嗅觉器官引起人们不愉快及损害生活环境的气体物质。

（二）大气污染物排放标准的制定与实施

为贯彻《中华人民共和国大气污染防治法》，控制恶臭污染物对大气的污染，保护和改善环境，1993 年 8 月 6 日，国家环境保护总局与国家技术监督局联合发布了《恶臭污染物排放标准》（GB 14554—93），自 1994 年 1 月 15 日起实施。

（三）排放标准及应税污染物

1. 适用范围

《恶臭污染物排放标准》（GB 14554—93）规定了 8 种恶臭污染物的一次最大排放限值、复合恶臭物质的臭气浓度限值及无组织排放源的厂界浓度限值。该标准适用于全国所有向大气排放恶臭气体单位及垃圾堆放场的排放管理，以及建设项目的环境影响评价、设计、竣工验收及其建成后的排放管理。

2. 应税大气污染物排放控制要求

《恶臭污染物排放标准》（GB 14554—93）规定了恶臭污染物排入大气中的 8 种污染物监测项目，即硫化氢、甲硫醇、甲硫醚、二硫化碳、二甲二硫、苯乙烯、氨和三甲胺，均为《中华人民共和国环境保护税法》中规定的应税污染物，其排放限值及污染当量值见表 2-42。

表 2-42 恶臭应税污染物排放限值及污染当量值

污染物	排放限值（mg/m^3）			污染当量值（kg）
	一级	二级（新建企业）	三级（新建企业）	
氨	1.0	1.5	4.0	9.09
三甲胺	0.05	0.08	0.45	0.32
硫化氢	0.03	0.06	0.32	0.29
甲硫醇	0.004	0.007	0.020	0.04
甲硫醚	0.03	0.07	0.55	0.28
二甲二硫	0.03	0.06	0.42	0.28
二硫化碳	2.0	3.0	8.0	20
苯乙烯	3.0	5.0	14	25

3. 污染物采集与监测要求

有组织排放源的监测采样点应为臭气进入大气的排气口，也可以在水平排气道和排气筒下部采样进行监测，测得臭气浓度或进行换算求得实际排放量。经过治理的污染源监测点应设在治理装置的排气口，并设置永久性标志。

（四）应税大气污染物污染当量核算

大气污染物的污染当量数，以该污染物的排放量除以该污染物的污染当量值计算。每种应税大气污染物的具体污染当量值见表 2-42。每一排放口或者没有排放口的应税大气污染物，按照污染当量数从大到小排序，对前三项污染物征收环境保护税。

七、工业废气综合排放标准及应税污染物

（一）大气污染物综合排放标准的制定与实施

我国现有的国家大气污染物排放标准体系按照综合性排放标准和行业性排放标准不交叉执行的原则，除前文提及行业执行相应行业大气污染物排放标准外，其他行业大气污染物排放执行《大气污染物综合排放标准》（GB 16297—1996）。

（二）排放标准及应税污染物

1. 适用范围

《大气污染物综合排放标准》（GB 16297—1996）规定了 33 种大气污染物的排放限值，以及标准执行中的各种要求。该标准适用于现有污染源大气污染物排放管理，以及建设项目的环境影响评价、设计、环境保护设施竣工验收及其投产后的大气污染物排放管理。

2. 应税大气污染物排放控制要求

《大气污染物综合排放标准》（GB 16297—1996）规定了除特定行业外，其他工业企业及其生产设施排入大气中的 33 种污染物监测项目，如一般性粉尘（颗粒物）、二氧化硫、氮氧化物、氯气、氯化氢等，它们均为《中华人民共和国环境保护税法》中规定的应税污染物，其排放限值及污染当量值见表 2-43。

表 2-43　工业企业（特定行业除外）应税污染物排放限值及污染当量值

<table>
<tr><th rowspan="2">污染物</th><th rowspan="2">最高允许排放浓度（mg/m^3）</th><th rowspan="2">排气筒高度（m）</th><th colspan="2">最高允许排放浓度（kg/h）</th><th colspan="2">无组织排放监控浓度限值</th><th rowspan="2">污染当量值（kg）</th></tr>
<tr><th>二级</th><th>三级</th><th>监控点</th><th>浓度</th></tr>
<tr><td rowspan="10">二氧化硫</td><td rowspan="5">960
（硫、二氧化硫、硫酸和其他含硫化合物生产）</td><td>15</td><td>2.6</td><td>3.5</td><td rowspan="10">周界外浓度最高点①</td><td rowspan="10">0.40 mg/m^3</td><td rowspan="10">0.95</td></tr>
<tr><td>20</td><td>4.3</td><td>6.6</td></tr>
<tr><td>30</td><td>15</td><td>22</td></tr>
<tr><td>40</td><td>25</td><td>38</td></tr>
<tr><td>50</td><td>39</td><td>58</td></tr>
<tr><td rowspan="5">550
（硫、二氧化硫、硫酸和其他含硫化合物使用）</td><td>60</td><td>55</td><td>83</td></tr>
<tr><td>70</td><td>77</td><td>120</td></tr>
<tr><td>80</td><td>110</td><td>160</td></tr>
<tr><td>90</td><td>130</td><td>200</td></tr>
<tr><td>100</td><td>170</td><td>270</td></tr>
</table>

续表

污染物	最高允许排放浓度（mg/m^3）	排气筒高度（m）	最高允许排放浓度（kg/h）		无组织排放监控浓度限值		污染当量值（kg）
			二级	三级	监控点	浓度	
氮氧化物	1400 （硝酸、氮肥和火炸药生产） 240 （硝酸使用和其他）	15 20 30 40 50 60 70 80 90 100	0.77 1.3 4.4 7.5 12 16 23 31 40 52	1.2 2.0 6.6 11 18 25 35 47 61 78	周界外浓度最高点	0.12 mg/m^3	0.95
一般性粉尘（颗粒物）	18 （碳黑尘、染料尘）	15 20 30 40	0.51 0.85 3.4 5.8	0.74 1.3 5.0 8.5	周界外浓度最高点	肉眼不可见	4
	60② （玻璃棉尘、石英粉尘、矿渣棉尘）	15 20 30 40	1.9 3.1 12 21	2.6 4.5 18 31	周界外浓度最高点	1.0 mg/m^3	
	120 （其他）	15 20 30 40 50 60	3.5 5.9 23 39 60 85	5.0 8.5 34 59 94 130	周界外浓度最高点	1.0 mg/m^3	
氯化氢	100	15 20 30 40 50 60 70 80	0.26 0.43 1.4 2.6 3.8 5.4 7.7 10	0.39 0.65 2.2 3.8 5.9 8.3 12 16	周界外浓度最高点	0.20 mg/m^3	10.75
铬酸雾	0.070	15 20 30 40 50 60	0.008 0.013 0.043 0.076 0.12 0.16	0.012 0.020 0.066 0.12 0.18 0.25	周界外浓度最高点	0.0060 mg/m^3	0.0007

续表

污染物	最高允许排放浓度（mg/m^3）	排气筒高度（m）	最高允许排放浓度（kg/h）		无组织排放监控浓度限值		污染当量值（kg）
			二级	三级	监控点	浓度	
硫酸雾	430（火炸药厂）	15	1.5	2.4	周界外浓度最高点	1.2 mg/m^3	0.6
		20	2.6	3.9			
		30	8.8	13			
		40	15	23			
		50	23	35			
	45（其他）	60	33	50			
		70	46	70			
		80	63	95			
氟化物	90（普钙工业）	15	0.10	0.15	周界外浓度最高点	20 $\mu g/m^3$	0.87
		20	0.17	0.26			
		30	0.59	0.88			
		40	1.0	1.5			
		50	1.5	2.3			
	9.0（其他）	60	2.2	3.3			
		70	3.1	4.7			
		80	4.2	6.3			
氯气③	65	25	0.52	0.78	周界外浓度最高点	0.40 mg/m^3	0.34
		30	0.87	1.3			
		40	2.9	4.4			
		50	5.0	7.6			
		60	7.7	12			
		70	11	17			
		80	15	23			
铅及其化合物	0.70	15	0.004	0.006	周界外浓度最高点	0.0060 mg/m^3	0.02
		20	0.006	0.009			
		30	0.027	0.041			
		40	0.047	0.071			
		50	0.072	0.11			
		60	0.10	0.15			
		70	0.15	0.22			
		80	0.20	0.30			
		90	0.26	0.40			
		100	0.33	0.51			
汞及其化合物	0.012	15	1.5×10^{-3}	2.4×10^{-3}	周界外浓度最高点	0.0012 mg/m^3	0.0001
		20	2.6×10^{-3}	3.9×10^{-3}			
		30	7.8×10^{-3}	13×10^{-3}			
		40	15×10^{-3}	23×10^{-3}			
		50	23×10^{-3}	35×10^{-3}			
		60	33×10^{-3}	50×10^{-3}			

续表

<table>
<tr><th rowspan="2">污染物</th><th rowspan="2">最高允许排放浓度（mg/m³）</th><th rowspan="2">排气筒高度（m）</th><th colspan="2">最高允许排放浓度（kg/h）</th><th colspan="2">无组织排放监控浓度限值</th><th rowspan="2">污染当量值（kg）</th></tr>
<tr><th>二级</th><th>三级</th><th>监控点</th><th>浓度</th></tr>
<tr><td>镉及其化合物</td><td>0. 85</td><td>15
20
30
40
50
60
70
80</td><td>0. 050
0. 090
0. 29
0. 50
0. 77
1. 1
1. 5
2. 1</td><td>0. 080
0. 13
0. 44
0. 77
1. 2
1. 7
2. 3
3. 2</td><td>周界外浓度最高点</td><td>0. 040 mg/m³</td><td>0. 03</td></tr>
<tr><td>铍及其化合物</td><td>0. 012</td><td>15
20
30
40
50
60
70
80</td><td>1.1×10^{-3}
1.8×10^{-3}
6.2×10^{-3}
11×10^{-3}
16×10^{-3}
23×10^{-3}
33×10^{-3}
44×10^{-3}</td><td>1.7×10^{-3}
2.8×10^{-3}
9.4×10^{-3}
16×10^{-3}
25×10^{-3}
35×10^{-3}
50×10^{-3}
67×10^{-3}</td><td>周界外浓度最高点</td><td>0. 0008 mg/m³</td><td>0. 0004</td></tr>
<tr><td>镍及其化合物</td><td>4. 3</td><td>15
20
30
40
50
60
70
80</td><td>0. 15
0. 26
0. 88
1. 5
2. 3
3. 3
4. 6
6. 3</td><td>0. 24
0. 34
1. 3
2. 3
3. 5
5. 0
7. 0
10</td><td>周界外浓度最高点</td><td>0. 040 mg/m³</td><td>0. 13</td></tr>
<tr><td>锡及其化合物</td><td>8. 5</td><td>15
20
30
40
50
60
70
80</td><td>0. 31
0. 52
1. 8
3. 0
4. 6
6. 6
9. 3
13</td><td>0. 47
0. 79
2. 7
4. 6
7. 0
10
14
19</td><td>周界外浓度最高点</td><td>0. 24 mg/m³</td><td>0. 27</td></tr>
<tr><td>苯</td><td>12</td><td>15
20
30
40</td><td>0. 50
0. 90
2. 9
5. 6</td><td>0. 80
1. 3
4. 4
7. 6</td><td>周界外浓度最高点</td><td>0. 40 mg/m³</td><td>0. 05</td></tr>
<tr><td>甲苯</td><td>40</td><td>15
20
30
40</td><td>3. 1
5. 2
18
30</td><td>4. 7
7. 9
27
46</td><td>周界外浓度最高点</td><td>2. 4 mg/m³</td><td>0. 18</td></tr>
</table>

续表

污染物	最高允许排放浓度（mg/m^3）	排气筒高度（m）	最高允许排放浓度（kg/h）		无组织排放监控浓度限值		污染当量值（kg）
			二级	三级	监控点	浓度	
二甲苯	70	15	1.0	1.5	周界外浓度最高点	1.2 mg/m^3	0.27
		20	1.7	2.6			
		30	5.9	8.8			
		40	10	15			
酚类	100	15	0.10	0.15	周界外浓度最高点	0.080 mg/m^3	0.35
		20	0.17	0.26			
		30	0.58	0.88			
		40	1.0	1.5			
		50	1.5	2.3			
		60	2.2	3.3			
甲醛	25	15	0.26	0.39	周界外浓度最高点	0.20 mg/m^3	0.09
		20	0.43	0.65			
		30	1.4	2.2			
		40	2.6	3.8			
		50	3.8	5.9			
		60	5.4	8.3			
乙醛	125	15	0.050	0.080	周界外浓度最高点	0.040 mg/m^3	0.45
		20	0.090	0.13			
		30	0.29	0.44			
		40	0.50	0.77			
		50	0.77	1.2			
		60	1.1	1.6			
丙烯腈	22	15	0.77	1.2	周界外浓度最高点	0.60 mg/m^3	0.22
		20	1.3	2.0			
		30	4.4	6.6			
		40	7.5	11			
		50	12	18			
		60	16	25			
丙烯醛	16	15	0.52	0.78	周界外浓度最高点	0.40 mg/m^3	0.06
		20	0.87	1.3			
		30	2.9	4.4			
		40	5.0	7.6			
		50	7.7	12			
		60	11	17			
氰化氢④	1.9	25	0.15	0.24	周界外浓度最高点	0.024 mg/m^3	0.005
		30	0.26	0.39			
		40	0.88	1.3			
		50	1.5	2.3			
		60	2.3	3.5			
		70	3.3	5.0			
		80	4.6	7.0			

续表

污染物	最高允许排放浓度（mg/m^3）	排气筒高度（m）	最高允许排放浓度（kg/h）		无组织排放监控浓度限值		污染当量值（kg）
			二级	三级	监控点	浓度	
甲醇	190	15 20 30 40 50 60	5.1 8.6 29 50 77 100	7.8 13 44 70 120 170	周界外浓度最高点	12 mg/m^3	0.67
苯胺类	20	15 20 30 40 50 60	0.52 0.87 2.9 5.0 7.7 11	0.78 1.3 4.4 7.6 12 17	周界外浓度最高点	0.40 mg/m^3	0.21
氯苯类	60	15 20 30 40 50 60 70 80 90 100	0.52 0.87 2.5 4.3 6.6 9.3 13 18 23 29	0.78 1.3 3.8 6.5 9.9 14 20 27 35 44	周界外浓度最高点	0.40 mg/m^3	0.72
硝基苯类	16	15 20 30 40 50 60	0.050 0.090 0.29 0.50 0.77 1.1	0.080 0.13 0.44 0.77 1.2 1.7	周界外浓度最高点	0.040 mg/m^3	0.17
氯乙烯	36	15 20 30 40 50 60	0.77 1.3 4.4 7.5 12 16	1.2 2.0 6.6 11 18 25	周界外浓度最高点	0.60 mg/m^3	0.55
苯并（a）芘	0.30×10^{-3}（沥青及碳素制品生产和加工）	15 20 30 40 50 60	0.050×10^{-3} 0.085×10^{-3} 0.29×10^{-3} 0.50×10^{-3} 0.77×10^{-3} 1.1×10^{-3}	0.080×10^{-3} 0.13×10^{-3} 0.43×10^{-3} 0.76×10^{-3} 1.2×10^{-3} 1.7×10^{-3}	周界外浓度最高点	0.008 $\mu g/m^3$	0.000002

续表

污染物	最高允许排放浓度（mg/m³）	排气筒高度（m）	最高允许排放浓度（kg/h）		无组织排放监控浓度限值		污染当量值（kg）
			二级	三级	监控点	浓度	
光气⑤	3.0	25	0.10	0.15	周界外浓度最高点	0.080 mg/m³	0.04
		30	0.17	0.26			
		40	0.59	0.88			
		50	1.0	1.5			
沥青烟	140（吹制沥青）	15	0.18	0.27	生产设备不得有明显的无组织排放存在		0.19
		20	0.30	0.45			
	40（熔炼、浸涂）	30	1.3	2.0			
		40	2.3	3.5			
		50	3.6	5.4			
	75（建筑搅拌）	60	5.6	7.5			
		70	7.4	11			
		80	10	15			
石棉尘	1根（纤维）/cm³ 或 10mg/m³	15	0.55	0.83			0.53
		20	0.93	1.4			
		30	3.6	5.4			
		40	6.2	9.3			
		50	9.4	14			

注：①周界外浓度最高点一般应设置于无组织排放源下风向的单位周界外10m范围内，若预计无组织排放的最大落地浓度点越出10m范围，可将监控点移至该预计浓度最高点，余同。②指含游离二氧化硅超过10%以上的各种尘。③排放氯气的排气筒不得低于25m。④排放氰化氢的排气筒不得低于25m。⑤排放光气的排气筒不得低于25m。

3. 污染物采集与监测要求

排气筒中颗粒物或气态污染物监测的采样点数目和位置的设置，按GB/T 16157—1996的规定执行。无组织排放监控点和参照点监测的采样，一般采用连续1小时采样计平均值的方法。

（三）应税大气污染物污染当量核算

大气污染物的污染当量数，以该污染物的排放量除以该污染物的污染当量值计算。每种应税大气污染物的具体污染当量值见表2-43。每一排放口或者没有排放口的应税大气污染物，按照污染当量数从大到小排序，对前三项污染物征收环境保护税。

八、合成革与人造革工业废气排放标准及应税污染物

合成革是指以人工合成方式在织布、无纺布（不织布）、皮革等材料的基布上形成聚氨酯树脂的膜层或类似皮革的结构，外观像天然皮革的一种材料。人造革是指以人工合成方式在织布、无纺布（不织布）等材料的基布（也包括没有基布）上形成聚氯乙烯等树脂的膜层或类似皮革的结构，外观像天然皮革的一种材料。

（一）合成革与人造革工业废气

合成革与人造革行业是典型的大气型污染行业，其生产过程中产生的污染物主要来自于溶剂挥发时排放的废气。人造革与合成革挥发性有机废气中的污染物包括 DMF、环己酮、丁酮、甲苯、乙酸丁酯等有机溶剂。

（二）大气污染物排放标准的制定与实施

为贯彻《中华人民共和国环境保护法》《中华人民共和国大气污染防治法》《国务院关于落实科学发展观 加强环境保护的决定》等法律、法规和《国务院关于编制全国主体功能区规划的意见》，保护环境，防治污染，促进合成革与人造革工业生产工艺和污染治理技术的进步，环境保护部科技标准司组织温州市环境监测中心站、温州市环境保护设计科学研究院、温州人造革有限公司、环境保护部环境标准研究所共同制定了我国首个合成革与人造革工业污染物排放标准。2008 年 4 月 29 日，环境保护部正式批准，标准名称为《合成革与人造革工业污染物排放标准》（GB 21902—2008）。2008 年 6 月 25 日，环境保护部联合国家质量监督检验检疫总局正式发布该标准，新建企业自 2008 年 8 月 1 日起实施，现有企业自 2010 年 7 月 1 日起实施。

（三）废气排放标准及应税污染物

1. 适用范围

《合成革与人造革工业污染物排放标准》（GB 21902—2008）规定了合成革与人造革工业企业特征生产工艺和装置大气污染物排放限值。该标准适用于现有合成革与人造革工业企业特征生产工艺和装置的大气污染物排放管理，也适用于对合成革与人造革工业建设项目的环境影响评价、环境保护设施设计、竣工环境保护验收及其投产后的大气污染物排放管理。

2. 应税大气污染物排放控制要求

《合成革与人造革工业污染物排放标准》（GB 21902—2008）规定了合成革与人造革工业企业及其生产设施排入大气中的 6 种污染物监测项目，其中苯、甲苯、二甲苯、一般性粉尘（颗粒物）为《中华人民共和国环境保护税法》中规定的应税污染物，其排放限值及污染当量值见表 2-44。

表 2-44 合成革与人造革工业应税污染物排放限值及污染当量值

污染物	污染物排放环节	排放限值（mg/m^3）	污染物排放监控位置	污染当量值（kg）
苯	聚氯乙烯工艺	2	车间或生产设施排气筒	0.05
	聚氨酯湿法工艺	—	—	
	聚氨酯干法工艺	2	车间或生产设施排气筒	
	后处理工艺	2		
	其他	2		

续表

污染物	污染物排放环节	排放限值（mg/m^3）	污染物排放监控位置	污染当量值（kg）
甲苯	聚氯乙烯工艺	30	车间或生产设施排气筒	0.18
	聚氨酯湿法工艺	—	—	
	聚氨酯干法工艺	30	车间或生产设施排气筒	
	后处理工艺	30		
	其他	30		
二甲苯	聚氯乙烯工艺	40	车间或生产设施排气筒	0.27
	聚氨酯湿法工艺	—	—	
	聚氨酯干法工艺	40	车间或生产设施排气筒	
	后处理工艺	40		
	其他	40		
一般性粉尘（颗粒物）	聚氯乙烯工艺	10	车间或生产设施排气筒	4
	聚氨酯湿法工艺	—	—	
	聚氨酯干法工艺	—	—	
	后处理工艺	—	—	
	其他	—	—	

3. 污染物采集与监测要求

对企业废气采样，应根据监测污染物的种类，在规定的污染物排放监控位置进行，有废气处理设施的，应在该设施后进行监控。在污染物排放监控位置，应设置永久性排污口标志。企业应按照有关法律和《环境监测管理办法》的规定，对排污状况进行监测，并保存原始监测记录。企业安装污染物排放自动监控设备，按有关法律和《污染源自动监控管理办法》的规定执行。

（四）应税大气污染物污染当量核算

大气污染物的污染当量数，以该污染物的排放量除以该污染物的污染当量值计算。每种应税大气污染物的具体污染当量值见表 2-44。每一排放口或者没有排放口的应税大气污染物，按照污染当量数从大到小排序，对前三项污染物征收环境保护税。

九、电镀污染物废气排放标准及应税污染物

电镀是指利用电解方法在零件表面沉积均匀、致密、结合良好的金属或合金层的过程，包括镀前处理（去油、去锈）、镀上金属层和镀后处理（钝化、去氢）。

（一）电镀工业废气

电镀生产的主要环节都会产生废气。酸洗、除油会产生大量的酸碱废气；铜及铜合金、铝及铝合金的化学抛光过程和某些镀种，如强碱性电镀、镀铬等，会产生大量

废气；在用化学法退镀某些不良镀层时，会产生酸性或碱性废气。电镀加工工艺中产生的废气主要有酸碱废气、氮氧化物废气、铬酸废气、氯化氢废气、氰化物废气等。抛光是电镀的一个重要环节，其所产生的含粉尘废气，也可归于电镀废气。

（二）大气污染物排放标准的制定与实施

为贯彻《中华人民共和国环境保护法》《中华人民共和国大气污染防治法》《国务院关于落实科学发展观 加强环境保护的决定》等法律、法规和《国务院关于编制全国主体功能区规划的意见》，保护环境，防治污染，促进电镀生产工艺和污染治理技术的进步，环境保护部科技标准司组织北京中兵北方环境科技发展有限责任公司、环境保护部环境标准研究所、中国兵器工业集团公司、石家庄市环境监测中心站等单位共同制定了我国首个电镀污染物排放标准。2008 年 4 月 29 日，环境保护部正式批准，标准名称为《电镀污染物排放标准》（GB 21900—2008）。2008 年 6 月 25 日，环境保护部联合国家质量监督检验检疫总局正式发布该标准，新建企业自 2008 年 8 月 1 日起实施，现有企业自 2010 年 7 月 1 日起实施。

（三）废气排放标准及应税污染物

1. 适用范围

《电镀污染物排放标准》（GB 21900—2008）规定了电镀企业和拥有电镀设施的企业的电镀大气污染物的排放限值等。该标准适用于现有电镀企业的大气污染物排放管理，对电镀企业建设项目的环境影响评价、环境保护设施设计、竣工环境保护验收及其投产后的大气污染物排放管理，以及阳极氧化表面处理工艺设施。

2. 应税大气污染物排放控制要求

《电镀污染物排放标准》（GB 21900—2008）规定了电镀污染物工业企业及其生产设施排入大气中的 6 种污染物监测项目，即氯化氢、铬酸雾、硫酸雾、氮氧化物、氰化氢和氟化物，均为《中华人民共和国环境保护税法》中规定的应税污染物，其排放限值及污染当量值见表 2-45。

表 2-45 电镀应税污染物排放限值及污染当量值

污染物	排放限值（mg/m^3）	污染物排放监控位置	污染当量值（kg）
氯化氢	30	车间或生产设施排气筒	10.75
铬酸雾	0.05		0.0007
硫酸雾	30		0.6
氮氧化物	200		0.95
氰化氢	0.5		0.005
氟化物	7		0.87

3. 污染物采集与监测要求

采样点的设置与采样方法按 GB/T 16157—1996 的规定执行。

企业应按照有关法律和《环境监测管理办法》的规定，对排污状况进行监测，并保存原始监测记录。企业安装污染物排放自动监控设备，按《污染源自动监控管理办法》的规定执行。企业排放废气的采样，应根据监测污染物的种类，在规定的污染物排放监控位置进行，有废气处理设施的，应在处理设施后进行监控。在污染物排放监控位置，需设置永久性排污口标志。

（四）应税大气污染物污染当量核算

大气污染物的污染当量数，以该污染物的排放量除以该污染物的污染当量值计算。每种应税大气污染物的具体污染当量值见表2-45。每一排放口或者没有排放口的应税大气污染物，按照污染当量数从大到小排序，对前三项污染物征收环境保护税。

十、味精工业废气排放标准及应税污染物

中国是味精生产大国，味精生产主要以玉米淀粉、小麦淀粉为原料，经过液化、糖化、发酵过程，再分离提取谷氨酸，经精制获得味精产品。

（一）味精工业废气

在味精生产工艺中，会产生废气，其主要成分为氨、胺、硫醇、硫醚、脂肪酸和硫酸盐类物质，有恶臭气味，会对周边环境产生一定的影响。

（二）大气污染物排放标准的制定与实施

为贯彻《中华人民共和国环境保护法》《中华人民共和国大气污染防治法》，加强对味精工业污染物的排放控制，保障人体健康，维护生态平衡，国家环境保护总局科技标准司组织中国环境科学研究院、轻工业环境保护研究所共同制定了我国首个味精工业污染物排放标准。2004 年 1 月 18 日，国家环境保护总局正式批准，标准名称为《味精工业污染物排放标准》（GB 19431—2004）。2004 年 1 月 18 日，国家环境保护总局联合国家质量监督检验检疫总局正式发布该标准，新建企业自 2004 年 4 月 1 日起实施，现有企业自 2007 年 1 月 1 日起实施。

（三）废气排放标准及应税污染物

1. 适用范围

《味精工业污染物排放标准》（GB19431—2004）规定了味精工业企业恶臭污染物排放标准值，明确了味精工业企业执行的大气污染物排放标准。该标准适用于味精生产企业、利用半成品生产谷氨酸企业的大气污染物排放管理，以及味精工业建设项目环境影响评价、建设项目环境保护设施设计、竣工验收及其投产后的污染控制与管理。

2. 应税大气污染物排放控制要求

《味精工业污染物排放标准》（GB19431—2004）规定：拥有自备锅炉的味精企业，其锅炉大气污染物监测项目执行《锅炉大气污染物排放标准》（GB 13271—2014）；拥有自备火电厂的味精企业，其电厂锅炉大气污染物监测项目执行《火电厂大气污染物

排放标准》（GB 13223）。

恶臭污染物的排放根据味精企业所在地区的大气环境质量要求、大气污染物治理技术和设施条件分为三级标准，其中硫化氢为《中华人民共和国环境保护税法》中规定的应税污染物，其排放限值及污染当量值见表2-46。

表2-46　味精工业应税污染物排放限值及污染当量值

污染物	排放限值（mg/m^3）	污染物排放监控位置	污染当量值（kg）
硫化氢	一级标准：0.03	味精企业厂界防护带边缘的浓度最高点	0.29
	二级标准：0.06		
	三级标准：0.32		

3. 污染物采集与监测要求

监测点的布置方法与采样方法按GB 16297—1996中附录C和HJ/T 55—2000的有关规定执行。采样频率为每两小时采样一次，共采集4次，取其最大测定值。硫化氢监测分析方法采用气相色谱法（GB/T 14678—93）。

（四）应税大气污染物污染当量核算

大气污染物的污染当量数，以该污染物的排放量除以该污染物的污染当量值计算。每种应税大气污染物的具体污染当量值见表2-46。每一排放口或者没有排放口的应税大气污染物，按照污染当量数从大到小排序，对前三项污染物征收环境保护税。

习题

1. 什么是污染当量？什么是污染当量值？
2. 《中华人民共和国环境保护税法》中规定了哪些免税情形？
3. 环境保护税的计税依据是什么？
4. 如何计算污染物排放量？
5. 铸造工业产生的大气污染物有哪些？属于应税大气污染物监测项目的有哪些？
6. 电池工业应税大气污染物有哪几种？沥青烟的污染当量数应如何计算？
7. 农药制造工业对大气污染物的采集与监测有何要求？
8. 涂料、油墨及胶粘剂工业规定了哪些应税污染物？
9. 烧碱、聚氯乙烯工业污染物净化设施排放口的应税污染物浓度如何测定？
10. 无机化学工业大气污染物来源有哪些？
11. 《无机化学工业污染物排放标准》（GB 31573—2015）的适用范围是什么？该行业在《中华人民共和国环境保护税法》中规定了哪些应税污染物？
12. 石油化学工业排放的大气污染物有何特点？
13. 某企业2020年5月向大气中直接排放二氧化硫100千克（当量值0.95）、氯化氢 120 千克（当量值 10.75）、硫酸雾 100 千克（当量值 0.6）、硫化氢 150 千克（当量值 0.29）、甲苯 80 千克（当量值 0.18）。已知：当地大气污染物每污染当量税额 2 元，该企业只有一个排放口。计算该企业应缴纳的环境保护税税额。

14. 某企业于 2021 年 1 月向大气中直接排放一般性粉尘（颗粒物）、非甲烷总烃、二氧化硫、苯、二甲苯，该排放口标杆流量为 $1000m^3/h$，且所有大气污染物排放浓度均为 $100mg/m^3$。假设：该企业每天排放 8 小时，每年排放 300 天，大气污染物每污染当量税额为 1.2 元，且该企业只有一个排放口。计算该企业 1 月大气污染物应缴纳的环境保护税税额。

15. 某建筑公司 A 项目总建筑面积为 2000 平方米，2020 年 1 月建筑面积为 500 平方米，防尘措施为边界围挡、易扬尘物料覆盖、运输车辆机械冲洗装置。该公司适用核定征收方法。计算该公司 1 月应缴纳的环境保护税税额。

第三章 大气污染物的监测

《中华人民共和国环境保护法》列出了44种应税大气污染物，涵盖了《大气污染物综合排放标准》（GB 16297—1996）中规定的33种大气污染物，《恶臭污染物排放标准》（GB 14554—93）中规定的8种恶臭污染物，以及《工业炉窑大气污染物排放标准》（GB 9078—1996）等多个标准中规定的烟尘及毒性较大的污染物氰化氢和一氧化碳。

第一节 监测方案的制订

一、污染物监测与计量方法

《中华人民共和国环境保护税法》规定，应税大气污染物、水污染物、固体废物的排放量和噪声的分贝数监测与计量方法主要有以下四种，优先选择排序靠前的方法进行监测与计量。

- 纳税人安装使用符合国家规定和监测规范的污染物自动监测设备的，按照污染物自动监测数据计算。
- 纳税人未安装使用污染物自动监测设备的，按照监测机构出具的符合国家有关规定和监测规范的监测数据计算。
- 因排放污染物种类多等原因不具备监测条件的，按照国务院生态环境主管部门规定的排污系数、物料衡算方法计算。
- 如果前述三种方法都无法实现，可以按照省、自治区、直辖市人民政府生态环境主管部门规定的抽样测算的方法核定计算。

二、监测方案的制订

- 收集相关的技术资料，了解产生废气的生产工艺过程及生产设施的性能、排放的主要污染物种类及排放浓度的大致范围，以确定监测项目和监测方法。
- 调查污染源的污染治理设施的净化原理、工艺过程、主要技术指标等，以确定监测内容。

- 调查生产设施的运行工况，污染物排放方式和排放规律，以确定采样频次及采样时间。
- 现场勘察污染源所处位置和数目，废气输送管道的布置及断面的形状、尺寸，废气输送管道周围的环境状况，废气的去向及排气筒高度等，以确定采样位置及采样点数量。
- 收集与污染源有关的其他技术资料。
- 根据监测目的、现场勘察和调查资料，编制切实可行的监测方案。

三、监测方案的主要内容

监测方案中应包括污染源概况、监测目的、评价标准、监测内容、监测项目、采样位置、采样频次及采样时间、采样方法和分析测定技术、监测报告要求、质量保证措施等内容。对于工艺过程较为简单、监测内容较为单一、经常性重复的监测任务，监测方案可适当简化。

四、采样与测试前期准备

- 根据监测方案确定监测内容，准备现场监测和实验室分析所需仪器设备。测试前，应进行校准和气密性检验，使仪器设备处于良好的工作状态。
- 被测单位应积极配合监测工作，保证监测期间生产设备和治理设施正常运行，工况条件符合监测要求。
- 在确定的采样位置开设采样孔，设置采样平台，采样平台应有足够的工作面积，以保证监测人员安全及方便操作。
- 设置监测仪器设备需要的工作电源。
- 准备现场采样和实验室所需的化学试剂、材料、器具、记录表格和安全防护用品。

五、污染源的工况要求

- 在现场监测期间，应有专人负责对被测污染源工况进行监督，保证生产设备和治理设施正常运行。工况条件应符合监测要求。
- 通过对监测期间主要产品产量、主要原材料或燃料消耗量的计量和调查统计，以及与相应设计指标的比对，核算生产设备的实际运行负荷和负荷率。
- 相关标准中对监测时工况有规定的，按相关标准的规定执行。
- 除相关标准另有规定的，对污染源的日常监督性监测，采样期间的工况应与平时的正常运行工况相同。

六、采样位置与采样点设置

（一）采样位置设置原则

采样位置应避开对测试人员操作有危险的场所；优先选择垂直管段，避开烟道弯头和断面急剧变化的部位；设置在距弯头、阀门、变径管下游方向不小于 6 倍直径和距上述部件上游方向不小于 3 倍直径处。对长方形烟道，其当量直径 D = 2AB/（A+B），式中 A、B 为边长。采样断面的气流速度最好在 5m/s 以上。当测试现场空间位置有限，很难满足上述要求时，可选择比较适宜的管段采样，但采样断面与弯头等的距离至少是烟道直径的 1.5 倍，并应适当增加测点的数量和采样频次。

对于气态污染物，由于混合比较均匀，其采样位置可不受上述规定限制，但应避开涡流区；如果同时测定排气流量，采样位置仍按上述规定选取。

必要时应设置采样平台，采样平台应有足够的工作面积，以使工作人员安全、方便地操作。采样平台的面积应不小于 1.5m^2，并设有 1.1m 高的护栏和不低于 10cm 的脚部挡板。采样平台的承重应不小于 200kg/m^2，采样孔距台面 1.2~1.3m。

（二）采样孔设置方法

在选定的测定位置开设采样孔，采样孔的内径应不小于 80mm，采样孔管长应不大于 50mm。不使用时，应用盖板、管堵或管帽封闭（如图 3-1 所示）。当采样孔仅用于采集气态污染物时，其内径应不小于 40mm。

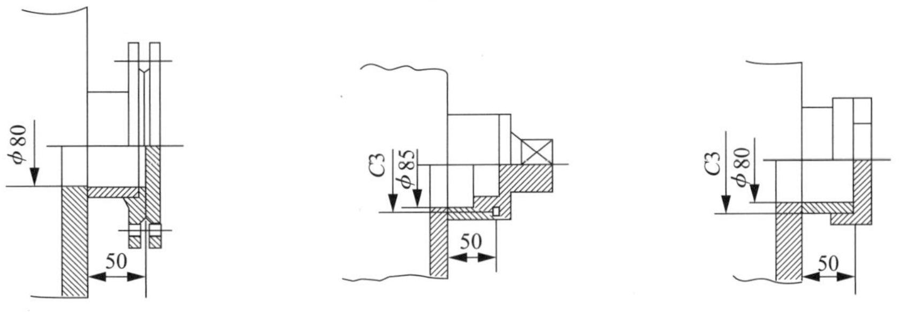

（a）带有盖板的采样孔　（b）带有管堵的采样孔　（c）带有管帽的采样孔

图 3-1　几种封闭形式的采样孔

正压下输送高温或有毒气体的烟道应采用带有闸板阀的密封采样孔（如图 3-2 所示）。

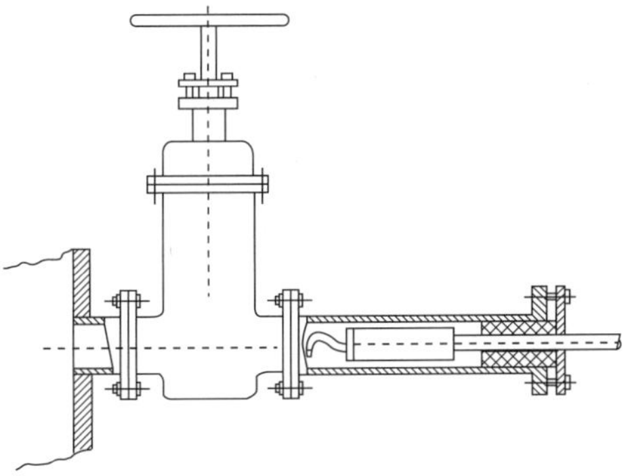

图 3-2　带有闸板阀的密封采样孔

圆形烟道的采样孔应设在包括各测点在内的互相垂直的直径线上，长方形或正方形烟道的采样孔应设在包括各测点在内的延长线上，如图 3-3 所示。

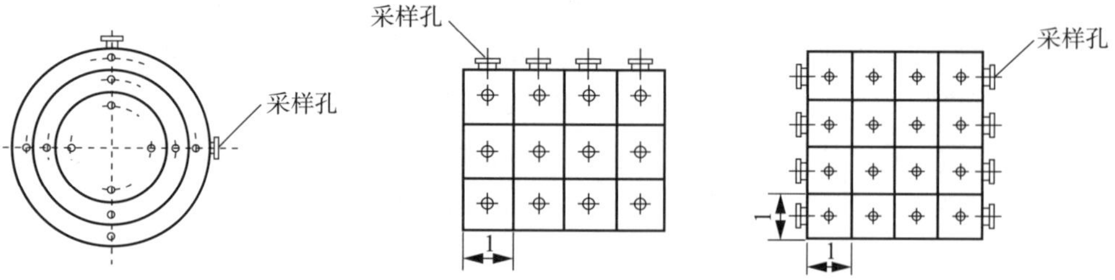

（a）圆形　　（b）长方形　　（c）正方形

图 3-3　不同形状断面的测点

（三）采样点的位置和数目

1. 圆形烟道

将烟道分成适当数量的等面积同心环，各测点选在各环等面积中心线与呈垂直相交的两条直径线的交点上，其中一条直径线应在预期浓度变化最大的平面内，如当测点在弯头后，该直径线应位于弯头所在的平面 *A*-*A* 内（如图 3-4 所示）。在正常情况下，可以只选预期浓度变化最大的一条直径线上的测点；对直径小于 0.3m、流速分布比较均匀、对称的小烟道，可以烟道中心作为测点。不同直径的圆形烟道的等面积环数、测量直径数及测点数见表 3-1，原则上测点不超过 20 个。

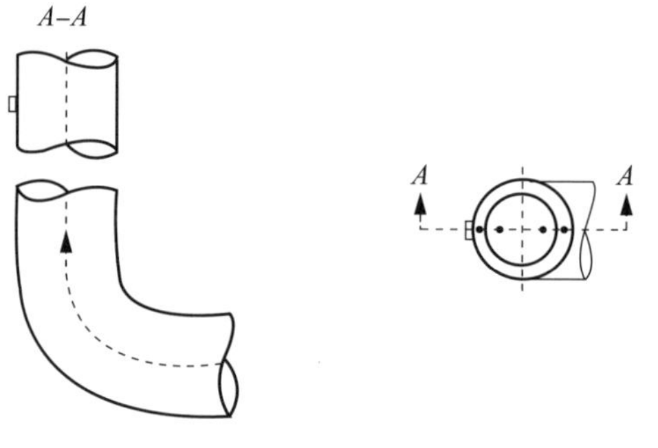

图 3-4　圆形烟道弯头后的测点

表 3-1　圆形烟道分环及测点数的确定

烟道直径（m）	等面积环数	测量直径数	测点数
<0.3		1~2	1
0.3~0.6	1~2	1~2	2~8
0.6~1.0	2~3	1~2	4~12
1.0~2.0	3~4	1~2	6~16
2.0~4.0	4~5	1~2	8~20
>4.0	5	1~2	10~20

测点距烟道内壁的距离（如图 3-5 所示），按表 3-2 确定。当测点距烟道内壁的距离小于 25mm 时，取 25mm。

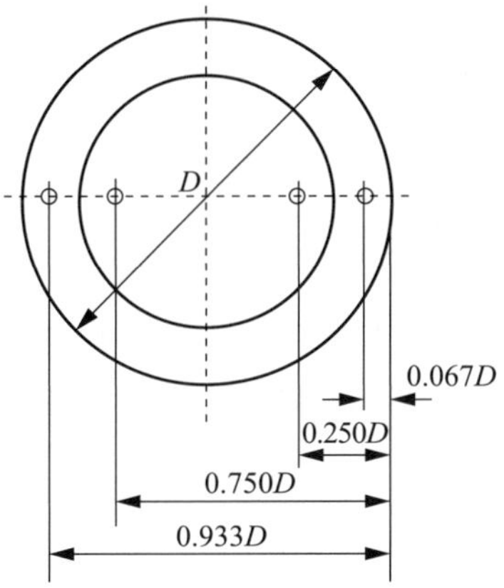

图 3-5 测点距烟道内壁的距离

表 3-2 测点距烟道内壁的距离（以烟道直径 D 计）

测点号	环数				
	1	2	3	4	5
1	0. 146	0. 067	0. 044	0. 033	0. 026
2	0. 854	0. 250	0. 146	0. 105	0. 082
3		0. 750	0. 296	0. 194	0. 146
4		0. 933	0. 704	0. 323	0. 226
5			0. 854	0. 677	0. 342
6			0. 956	0. 806	0. 658
7				0. 895	0. 774
8				0. 967	0. 854
9					0. 918
10					0. 974

2. 长方形或正方形烟道

将烟道断面分成适当数量的等面积小块，各块中心即为测点。小块的数量按表 3-3 的规定选取。原则上测点不超过 20 个。当烟道断面面积小于 0. 1m^2，流速分布比较均匀、对称时，可取断面中心作为测点。

表 3-3 长方（正方）形烟道的分块和测点数

烟道断面面积（m^2）	等面积小块长边长度（m）	测点总数
<0. 1	<0. 32	1
0. 1~0. 5	<0. 35	1~4
0. 5~1. 0	<0. 5	4~6
1. 0~4. 0	<0. 67	6~9
4. 0~9. 0	<0. 75	9~16
>9. 0	≤1. 0	16~20

第二节　颗粒物采集方法

一、采样方法的原理

将烟尘采样管由采样孔插入烟道中，使采样嘴置于测点上，正对气流，按颗粒物等速采样原理，抽取一定量的含尘气体。根据采样管滤筒上所捕集到的颗粒物量和同时抽取的气体量，计算排气中颗粒物的浓度。

二、采样原则

1. 等速采样

颗粒物具有一定的质量，在烟道中由于本身运动的惯性，不能完全随气流改变方向。为了从烟道中取得有代表性的烟尘样品，需等速采样，即气体进入采样嘴的速度应与采样点的烟气速度相等，其相对误差应在 10%以内。气体进入采样嘴的速度大于或小于采样点的烟气速度，都将使采样结果产生偏差。

2. 多点采样

颗粒物在烟道中的分布不均匀，因而要取得有代表性的烟尘样品，必须在烟道断面按一定的规则多点采样。

三、采样方法

1. 移动采样

用一个滤筒在已确定的采样点上移动采样，各点的采样时间相同，求出采样断面的平均浓度。

2. 定点采样

从每个测点上采一个样，求出采样断面的平均浓度，可了解烟道断面上颗粒物浓度的变化情况。

3. 间断采样

对有周期性变化的排放源，应根据工况变化及其延续时间，分段采样，然后求出其时间加权平均浓度。

四、自动采样设备

维持颗粒物等速采样的方法有普通型采样管法（预测流速法）、皮托管平行测速采样法、动压平衡型采样管法和静压平衡型采样管法四种。可根据不同测量对象的状况，选用其中的一种方法。有条件的，应尽可能采用自动调节流量烟尘采样仪，以减小采样误差，提高工作效率。这里介绍一种皮托管平行测速自动烟尘采样仪。

1. 工作原理

仪器的微处理测控系统根据各种传感器检测到的静压、动压、温度及含湿量等参数，计算烟气流速，选定采样嘴直径，采样过程中仪器自动计算烟气流速和等速跟踪采样流量，控制电路调整抽气泵的抽气能力，使实际流量与计算的采样流量相等，从而保证了烟尘自动等速采样。

2. 滤筒处理与设备检查

用铅笔将滤筒编号，在 105～110℃ 烘烤 1 小时，取出放入干燥器中，在恒温恒湿的天平室中冷却至室温，用感量 0.1mg 天平称量，两次称量重量之差应不超过 0.5mg。在 400℃ 以上高温排气中使用滤筒时，为了减少滤筒本身的重量，应预先在 400℃ 高温箱中烘烤 1 小时，然后放入干燥器冷却至室温，称量至恒重。放入专用的容器保存。检查所有的测试仪器功能是否正常，干燥器中的硅胶是否失效。检查系统是否漏气，如发现漏气，应分段检查，堵漏，直至合格。

3. 采样步骤

连接采样系统，用橡胶管将组合采样管的皮托管与主机的相应接嘴连接，将组合采样管的烟尘取样管与洗涤瓶和干燥瓶连接，再与主机的相应接嘴连接。仪器接通电源，自检完毕后，输入日期、时间、大气压、管道尺寸等参数。仪器计算出采样点数目和位置，将各采样点的位置在采样管上做好标记。打开烟道的采样孔，清除孔中的积灰。对仪器压力测量表进行零点校准后，将组合采样管插入烟道，测量各采样点的温度、动压、静压、全压及流速，选取合适的采样嘴。含湿量测定装置注水，并将其抽气管和信号线与主机连接，将采样管插入烟道，测定烟气中水分含量。记下滤筒的编号，将已称重的滤筒装入采样管，旋紧压盖，注意采样嘴与皮托管全压测孔方向一致。设定每点的采样时间，输入滤筒编号，将组合采样管插入烟道，密封采样孔。使采样嘴及皮托管全压测孔正对气流，位于第一个采样点。启动抽气泵，开始采样。第一点采样时间结束，仪器自动发出信号，立即将采样管移至第二采样点继续进行采样。依次类推，顺序在各点采样。采样过程中，采样器自动调节流量保持等速采样。采样完毕后，从烟道中小心地取出采样管，注意不要倒置。用镊子将滤筒取出，放入专用的容器保存。用仪器保存或打印出采样数据。

第三节 气态污染物采样方法

一、气态污染物常用的采样方法

气态污染物常用的采样方法有化学法采样和仪器直接测试法采样两种。

（一） 化学法采样

1. 工作原理

通过采样管将样品抽到装有吸收液的吸收瓶或装有固体吸附剂的吸附管、真空瓶、注射器或气袋中，样品溶液或气态样品经化学分析或仪器分析可得出污染物含量。

2. 采样系统

当气态污染物浓度较低无法满足分析方法测试要求时，采用吸收瓶或者吸附管采样系统；当气态污染物浓度能够满足分析方法测试要求时，采用真空瓶或者注射器采样系统。

吸收瓶或吸附管采样系统由采样管、连接导管、吸收瓶或吸附管、流量计量箱和抽气泵等部件组成。当流量计量箱放在抽气泵出口时，抽气泵应严密不漏气。根据流量计量和控制装置的类型，烟气采样器可分为孔板流量计采样器、累积流量计采样器和转子流量计采样器。采样时，首先要预热采样管，置换吸收瓶前采样管路内的空气，然后接通采样管路，调节采样流量至所需流量进行采样，采样期间应保持流量恒定，波动应不大于±10%，每个样品采样时间一般不少于 10min。采样结束后，应切断采样管至吸收瓶之间的气路，防止烟道负压将吸收液与空气抽入采样管。采集的样品应放在不与被测物产生化学反应的容器内，容器要密封并注明样品号。

真空瓶或注射器采样系统由采样管、真空瓶或注射器、洗涤瓶、干燥器和抽气泵等组成。采样前，打开抽气泵以 1L/min 流量抽气约 5min，置换采样系统的空气。打开真空瓶旋塞，使气体进入真空瓶，然后关闭旋塞，将真空瓶取下。使用注射器时，打开注射器阀门，抽动活栓，将气样一次抽入预定刻度，关闭注射器进口阀门，取下注射器倒立存放。

（二）仪器直接测试法采样

1. 工作原理

用抽气泵将样气经采样管、颗粒物过滤器和除湿器送入分析仪器，分析仪器会直接指示被测气态污染物的含量。

2. 采样系统

采样系统由采样管、颗粒物过滤器、除湿器、抽气泵、测试仪和校正用气瓶等组成。不同的检测仪器，操作步骤有差异，应严格按照仪器说明书操作。

二、采样频次和采样时间

- 排气筒中废气的采样以连续 1 小时的采样获取平均值；或在 1 小时内，以等时间间隔采集 3~4 个样品并计算平均值。
- 相关标准对采样频次和采样时间另有规定的，按相关标准的规定执行。
- 当废气为间断性排放时，排放时间小于 1 小时，在排放时段内实行连续采样，或在排放时段内等间隔采集 2~4 个样品并计算平均值；排放时间大于 1 小时的，应在排放时段按第一条的要求采样。
- 一般污染源的监督性监测每年不少于 1 次；被国家或地方环境保护行政主管部门列为年度重点监管排污单位的，每年的监督性监测不少于 4 次。

三、采样体积计算

（一）使用转子流量计时的采样体积计算

当转子流量计前装有干燥器时，标准状态下干排气采气体积 V_{nd}（L）按式（3-1）计算：

$$V_{nd}=0.27\times Q'_r\times\sqrt{\frac{B_a-P_r}{M_{sd}\times(273+t_r)}}\times t \tag{3-1}$$

式中：Q'_r——采样流量，L/min；

M_{sd}——干排气气体分子量，kg/kmol；

B_a——大气压力，Pa；

P_r——转子流量计前气体压力，Pa；

t_r——转子流量计前气体温度，℃；

t——采样时间，min。

当被测气体的干气体分子量近似于空气时，标准状态下干气体体积 V_{nd}（L）按式（3-2）计算：

$$V_{nd}=0.05\times Q'_r\times\sqrt{\frac{B_a-P_r}{273+t_r}}\times t \tag{3-2}$$

（二）使用干式累积流量计时的采样体积计算

使用干式累积流量计，流量计前装有干燥器，标准状态下干排气采气体积 V_{nd}（L）按式（3-3）计算：

$$V_{nd}=K\times(V_2-V_1)\times\frac{273}{273+t_d}\times\frac{B_a-P_d}{101300} \tag{3-3}$$

式中：V_1，V_2——采样前后累积流量计的读数，L；

t_d——流量计前气体温度，℃；

P_d——流量计前气体压力，Pa；

K——流量计的修正系数。

（三）使用注射器时的采样体积计算

使用注射器采样时，标准状态下干采气体积 V_{nd}（L）按式（3-4）计算：

$$V_{nd}=V_f\times\frac{273}{273+t_f}\times\frac{B_a-P_{fv}}{101300} \tag{3-4}$$

式中：V_f——室温下注射器采样体积，L；

t_f——室温，℃；

P_{fv}——在 t_f 时的饱和水蒸气压力，Pa。

（四）使用真空瓶时的采样体积计算

使用真空瓶采样时，标准状态下干采气体积 V_{nd}（L）按式（3-5）计算：

$$V_{nd}=(V_b-V_1)\times\frac{273}{101300}\left(\frac{P_f-P_{fv}}{273+t_f}-\frac{P_i-P_{iv}}{273+t_i}\right) \tag{3-5}$$

式中：V_b——真空瓶容积，L；

V_1——吸收液容积，L；

P_f——采样后放置至室温，真空瓶内压力，Pa；

P_i——采样前真空瓶内压力，Pa；

P_{fv}——在 t_f 时的饱和水蒸气压力，Pa；

P_{iv}——在 t_i 时的饱和水蒸气压力，Pa。

t_i——测 P_i 时的室温，℃；

t_f——测 P_f 时的室温，℃；

注：被吸收液吸收的样品，由于体积很小，可以忽略不计。

第四节　废气排放参数的监测

一、温度的测定

1. 测量位置和测点

一般情况下，可在靠近烟道中心处选择某点进行测定。

2. 仪器

热电偶或电阻温度计，其示值误差不大于±3℃。

水银玻璃温度计，精确度应不低于 2.5%，最小分度值应不大于 2℃。

3. 测定步骤

将温度测量单元插入烟道中的测点处，封闭测孔，待温度计读数稳定后读数。使用玻璃温度计时，应注意不可将温度计抽出烟道外读数。

二、水分含量的测定

1. 测量位置和测点

一般情况下，可在靠近烟道中心的一点测定。

2. 测量方法

废气中水分含量的测定方法有干湿球法（HJ/T 397—2007）、冷凝法（GB/T 16157—1996）和重量法（GB/T 16157—1996）等。这里重点介绍常用的干湿球法。

（1）工作原理

使气体在一定的速度下流经干、湿球温度计，根据干、湿球温度计的读数和测点处排气的压力，计算排气的水分含量。

（2）测定装置

测定装置主要由采样管、干湿球温度计（精确度应不低于1.5%，最小分度值应不大于1℃）、真空压力表（精确度应不低于4%，用于测量流量计前气体压力）、转子流量计（精确度应不低于2.5%）、抽气泵组成。

（3）测定步骤

- 检查湿球温度计的湿球表面纱布是否包好，然后将水注入盛水容器。
- 打开采样孔，清除孔中的积灰。将采样管插入烟道中心位置，封闭采样孔。
- 当排气温度较低或水分含量较高时，采样管应保温或加热数分钟后，再开动抽气泵，以15L/min流量抽气。
- 干、湿球温度计读数稳定后，记录干球和湿球温度。
- 记录真空压力表的压力。

（4）结果计算

水分含量按式（3-6）计算：

$$X_{sw}=\frac{P_{bv}-0.00067(t_c-t_b)\times(B_a+P_b)}{B_a+P_s}\times100 \tag{3-6}$$

式中：X_{sw}——排气中水分含量体积百分数，%；

P_{bv}——温度为 t_b 时饱和水蒸气压力（根据 t_b 值，由空气饱和时水蒸气压力表中查得），Pa；

t_b——湿球温度，℃；

t_c——干球温度，℃；

P_b——通过湿球温度计表面的气体压力，Pa；

B_a——大气压力，Pa；

P_s——测点处排气静压，Pa。

基于干湿球法原理的含湿量自动测量装置，其微处理器控制传感器测量、采集湿球、干球表面温度以及通过湿球表面的压力及排气静压等参数，同时由湿球表面温度导出该温度下的饱和水蒸气压力，结合输入的大气压，根据公式自动计算出烟气含湿量。

三、排气流速、流量的测定

1. 测量原理

排气的流速与其动压的平方根成正比，根据测得的某测点处的动压、静压以及温度等参数，由式（3-7）计算出排气流速。

2. 测量仪器

（1）标准型皮托管

标准型皮托管是一个弯成90度的双层同心圆管，前端呈半圆形，正前方有一开孔，与内管相通，用来测定全压。在距前端 6 倍直径处的外管壁上开有一圈孔径为 1mm 的小孔，通至后端的侧出口，用来测定排气静压。按照上述尺寸制作的皮托管，其修正系数 K_p 为 0.99±0.01。标准型皮托管的测孔很小，当烟道内颗粒物浓度较大时，易被堵塞。它适用于测量较清洁的排气。

（2）S 型皮托管

S 型皮托管由两根相同的金属管并联组成。测量端有方向相反的两个开口，测定时，面向气流的开口测得的压力为全压，背向气流的开口测得的压力小于静压。S 型皮托管的测压孔开口较大，不易被颗粒物堵塞，且便于在厚壁烟道中使用。

（3）U 型压力计

U 型压力计用于测定排气的全压和静压，其最小分度值应不大于 10Pa。

（4）斜管微压计

斜管微压计用于测定排气的动压，其精确度应不低于 2%，其最小分度值应不大于 2Pa。

（5）大气压力计

最小分度值应不大于 0.1kPa。

（6）流速测定仪

流速测定仪由皮托管、温度传感器、压力传感器、控制电路及显示屏组成。

3. 测量

（1）用皮托管、斜管微压计和 U 型压力计测量

准备工作：将微压计调整至水平位置，检查微压计液柱中有无气泡、微压计是否漏气、皮托管是否漏气。

测量气流的动压：将微压计的液面调整到零点，在皮托管上标出各测点应插入采样孔的位置，将皮托管插入采样孔（使用 S 型皮托管时，应使开孔平面垂直于测量断面插入，如断面上无涡流，微压计读数应在零点左右；使用标准皮托管时，在插入烟道前，应切断皮托管和微压计的通路，以避免微压计中的酒精被吸入连接管，使压力测量产生错误）。在各测点上，使皮托管的全压测孔正对着气流方向，其偏差不得超过 10°，测出各点的动压，分别记录在表中。重复测定一次，取平均值。测定完毕后，检查微压计的液面是否回到原点。

测量排气的静压：将皮托管插入烟道近中心处的一个测点，使用 S 型皮托管测量时只用一路测压管。出口端用胶管与 U 型压力计一端相连，将 S 型皮托管插入烟道近中心处，使其测量端开口平面平行于气流方向，所测得的压力即为静压。

测量大气压力：使用大气压力计直接测出。

（2）用流速测定仪测量

按照仪器使用说明书的要求进行操作，由流速测定仪自动测定烟道断面各测点的排气温度、动压、静压和环境大气压，根据测得的参数，仪器自动计算出各点的流速。

4. 排气流速的计算

（1）测点流速的计算

测点气流速度 V_s 按式（3-7）计算：

$$V_s = K_P \times \sqrt{\frac{2P_d}{\rho_s}} = 128.9 \times K_P \times \sqrt{\frac{(273+t_s)P_d}{M_s(B_a+P_s)}} \quad (3-7)$$

当干排气成分与空气近似，排气露点温度为 35～55℃、排气的绝对压力为 97～103kPa 时，V_s 可按式（3-8）计算：

$$V_s = 0.076 \times K_p \times \sqrt{273+t_s} \times \sqrt{P_d} \quad (3-8)$$

在接近常温、常压（$t_s=20$℃，$B_a+P_s=101325$Pa）条件下，通风管道的空气流速按式（3-9）计算：

$$V_a = 1.29 \times K_p \times \sqrt{P_d} \quad (3-9)$$

式中：V_a——常温常压下通风管道的空气流速，m/s；

V_s——湿排气的气体流速，m/s；

B_a——大气压力，Pa；

K_p——皮托管修正系数；

P_d——排气动压，Pa；

P_s——排气静压，Pa；

ρ_s——湿排气的密度，kg/m^3；

M_s——湿排气的分子量，kg/kmol；

t_s——排气温度，℃。

（2）平均流速的计算

烟道某一断面的平均流速 $\overline{V_s}$ 可根据断面上各测点测出的流速 V_{si}，按式（3-10）计算：

$$\overline{V_s} = \frac{\sum_{i=1}^{n} V_{si}}{n} = 128.9 \times K_p \times \sqrt{\frac{273+t_s}{M_s \times (B_a+P_s)}} \times \frac{\sum_{i=1}^{n} \sqrt{P_{di}}}{n} \quad (3-10)$$

式中：P_{di}——某一测点的动压，Pa；

n——测点的数目。

当干烟气成分与空气近似，排气露点温度为 35～55℃、排气的绝对压力为 97～103kPa 时，某一断面的平均流速 $\overline{V_s}$ 按式（3-11）计算：

$$\overline{V_s} = 0.076 \times K_p \times \sqrt{273+t_s} \times \frac{\sum_{i=1}^{n} \sqrt{P_{di}}}{n} \quad (3-11)$$

在接近常温、常压（$t_s=20$℃，$B_a+P_s=101325$Pa）条件下，通风管道中某一断面的平均空气流速 $\overline{V_a}$ 按式（3-12）计算：

$$\overline{V_a} = 1.29 \times K_p \times \frac{\sum_{i=1}^{n} \sqrt{P_{di}}}{n} \quad (3-12)$$

5. 排气流量的计算

• 工况下湿排气流量 Q_s（m^3/h）按式（3-13）计算

$$Q_s = 3600 \times F \times \overline{V_s} \quad (3-13)$$

式中：F——测定断面面积，m^2；

$\overline{V_s}$——测定断面湿排气平均流速，m/s。

• 标准状态下干排气流量 Q_{sn}（m^3/h）按式（3-14）计算

$$Q_{sn} = Q_s \times \frac{B_a + P_s}{101325} \times \frac{273}{273 + t_s} (1 - X_{sw}) \quad (3-14)$$

式中：B_a——大气压力，Pa；

P_s——排气静压，Pa；

t_s——排气温度，℃；

X_{sw}——排气中水分含量体积百分数，%。

• 在常温常压条件下，通风管道中的空气流量 Q_a（m^3/h）按式（3-15）计算

$$Q_a = 3600 \times F \times \overline{V_a} \quad (3-15)$$

式中：F——测定断面面积，m^3；

$\overline{V_a}$——通风管道排气平均流速，m^3/h。

第五节　监测项目与监测结果统计

一、监测项目

监测项目主要包括排污单位的排污许可证、污染物排放（控制）标准、环境影响评价文件及其审批意见、其他相关环境管理规定等明确要求的污染控制项目，以及被列入《中华人民共和国环境保护税法》的应税大气污染物项目。

二、分析方法选择原则

• 监测分析方法的选用，应充分考虑相关排放标准的规定、被测污染源排放特点、污染物排放浓度的高低、所采用监测分析方法的检出限和干扰等因素。

• 当相关排放标准中有监测分析方法的规定时，采用标准中规定的方法。

• 对相关排放标准未规定监测分析方法的污染物项目，应选用国家环境保护标准、环境保护行业标准规定的方法。

• 在某些项目的监测中，尚无方法标准的，可采用国际标准化组织（ISO）或其他国家的等效方法标准，但应进行验证，其检出限、准确度和精密度应能达到质控要求。

三、监测结果表示及计算

1. 污染物排放浓度

• 污染物排放浓度以标准状况下干排气量的质量体积比浓度（mg/m^3 或 $\mu g/m^3$）表示，按式（3-16）计算：

$$C'=\frac{m}{V_{nd}}\times 10^6 \tag{3-16}$$

式中：C'——污染物排放浓度，mg/m^3；

V_{nd}——标准状况下采集干排气的体积，L；

m——采样所得污染物的质量，g。

当监测仪器测定结果以体积比浓度（ppm 或 ppb）表示时，应将此浓度换算成质量体积比浓度（mg/m^3 或 $\mu g/m^3$），按式（3-17）进行换算：

$$C'=\frac{M}{22.4}\times X \tag{3-17}$$

式中：C'——污染物质量体积比浓度，mg/m^3 或 $\mu g/m^3$；

M——污染物的摩尔质量，g；

22.4——污染物的摩尔体积，L；

X——污染物的体积比浓度，ppm 或 ppb。

• 污染物平均排放浓度按式（3-18）计算：

$$\overline{C'}=\frac{\sum_{i=1}^{n} C'}{n} \tag{3-18}$$

式中：$\overline{C'}$——污染物平均排放浓度，mg/m^3；

n——采集的样品数。

• 周期性变化的生产设备，若需确定时间加权平均排放浓度，按式（3-19）计算：

$$\overline{C'}=\frac{C'_1\times t_1+C'_2\times t_2+\cdots+C'_n\times t_n}{t_1+t_2+\cdots+t_n} \tag{3-19}$$

式中：$\overline{C'}$——污染物时间加权平均排放浓度，mg/m^3；

C'_1，C'_2，…，C'_n——污染物在 t_1，t_2，…，t_n 时段的浓度，mg/m^3；

t_1，t_2，…，t_n——监测时间段，min。

2. 污染物折算排放浓度

• 在计算燃料燃烧设备污染物的排放浓度时，应依照所执行的标准，将实测的污染物浓度折算为标准规定的过量空气系数下的排放浓度，按式（3-20）进行折算：

$$\overline{C}=\overline{C'}\times\frac{\alpha'}{\alpha} \tag{3-20}$$

式中：$\overline{C}$——折算成过量空气系数为 α 时的污染物排放浓度，mg/m³；

$\overline{C'}$——污染物实测排放浓度，mg/m³；

α'——实测过量空气系数；

α——有关排放标准中规定的过量空气系数。

• 根据所用含氧量测定仪器的精度和数据处理的要求，过量空气系数按式（3-21）、式（3-22）或式（3-23）计算：

$$\alpha=\frac{20.9}{20.9-X_{O_2}} \tag{3-21}$$

或

$$\alpha=\frac{21}{21-X_{O_2}} \tag{3-22}$$

或

$$\alpha=\frac{21}{21-79\times\frac{X_{O_2}-0.5\times X_{CO}}{100-(X_{O_2}+X_{CO_2}+X_{CO})}} \tag{3-23}$$

式中：X_{O_2}、X_{CO_2}、X_{CO}分别表示排气中氧、二氧化碳、一氧化碳的体积百分数。

3. 废气排放量

• 废气排放量以单位时间排放的标准状态下的干废气体积表示，其单位为 m³/h。工况下的湿废气排放量按式（3-24）计算：

$$Q_S=3600\times F\times V_S \tag{3-24}$$

式中：Q_S——测量工况下湿排气的排放量，m³/h；

F——管道测定断面面积，m²；

V_S——管道测定断面湿排气的平均流速，m/s。

• 标准状态下的干排气量按式（3-25）计算：

$$Q_{sn}=Q_s\times\frac{B_a+P_s}{101325}\times\frac{273}{273+t_s}\times(1-X_{sw}) \tag{3-25}$$

式中：Q_{sn}——标准状态下的干排气量，m³/h；

B_a——大气压力，Pa；

P_S——排气静压，Pa；

t_s——排气温度，℃；

X_{sw}——排气中水分含量体积百分数，%。

4. 污染物排放速率

污染物排放速率以单位小时污染物的排放量表示，其单位为 kg/h。污染物排放速率按式（3-26）计算：

$$G=\overline{C'}\times Q_{sn}\times 10^{-6} \tag{3-26}$$

式中：G——污染物排放速率，kg/h；

C'——污染物实测排放浓度，mg/m^3；

Q_{sn}——标准状态下的干排气量，m^3/h。

第六节 颗粒态污染物的测定

一、硫酸雾的测定

硫酸雾包括硫酸小液滴、三氧化硫及颗粒物中的可溶性硫酸盐。硫酸雾既来自直接生产或使用硫酸的工厂，也来自以煤、石油或重油为原料及燃料的工厂排烟。排烟中的二氧化硫成为三氧化硫后，与空气中的水分结合即可生成硫酸雾。它会危害居民健康，腐蚀建筑材料，破坏生态系统，造成巨大经济损失。

我国规定，硫酸雾的测定采用离子色谱法（HJ 544—2016），该方法适用于固定污染源有组织或无组织排放废气中硫酸雾的测定。

1. 原理

用玻璃纤维滤筒（或石英纤维滤筒）串联吸收瓶，采集有组织排放废气中的硫酸雾样品；用石英纤维滤膜采集无组织排放废气中的硫酸雾样品。采集到的样品经预处理后，用离子色谱仪对硫酸根进行分离测定，根据保留时间定性，根据峰面积或峰高定量。有组织排放废气采样 0.40m^3，方法检出限为 0.2mg/m^3，测定下限为 0.80mg/m^3。无组织排放废气采样 3.0m^3，方法检出限为 0.005mg/m^3，测定下限为 0.02mg/m^3。

2. 测试步骤

（1）样品采集

将滤筒装入采样器头部的滤筒夹内，在烟尘采样器后串联两支冲击式吸收瓶，采集三氧化硫气体和穿透滤筒的细小液滴，然后与空瓶及干燥器连接。连接管应尽可能短，并检查系统的气密性和可靠性。将装有滤筒的采样器伸入排气筒内的采样点等速采样，采样过程中，烟枪加热温度应不低于烟气温度。根据硫酸雾浓度选择适当的采样时间，同时测定温度、压力等参数。采样完毕后，小心取出滤筒，放入旋盖式广口聚乙烯密封管，用少量实验用水冲洗采样嘴及弯管内壁，将洗涤液并入密封管，盖好瓶塞，第一、第二支冲击式吸收瓶用聚乙烯管密封好待测。每次采集样品应至少带两套全程序空白样品。

（2）样品预处理

将采样所得密封管中的样品（洗液和滤筒）及第一支吸收瓶中的吸收液全部移入具塞磨口锥形瓶中，采用超声萃取或者热浸取方法处理，过滤到具塞比色管中，待测。

第二支吸收瓶中的样品全部移入另一支具塞比色管，用适量实验用水洗涤冲击式吸收瓶内壁，洗涤液并入具塞比色管中定容待测。同样处理空白样品。

（3）标准曲线绘制

分别准确移取不同体积的硫酸钾标准使用液置于一组容量瓶中，用实验用水定容并混匀。用离子色谱仪进行测定，以保留时间为横坐标，以仪器响应值为纵坐标，绘制标准曲线。

（4）测定

按照与标准曲线绘制相同的色谱条件和分析步骤，将试样注入离子色谱仪测定硫酸根浓度，以保留时间定性，以仪器响应值定量。若待测目标化合物的浓度超出标准曲线，则试样与实验室空白应稀释相同倍数后测定，并记录稀释倍数。同时测定空白样品。

3. 干扰和消除

有机污染物会污染色谱柱和干扰样品的测定，可采用 C18 固相萃取柱去除。

4. 注意事项

- 每次分析样品后，应用淋洗液清洗仪器管路。实验结束后，应用实验用水清洗仪器泵及抑制器，以免其被淋洗液腐蚀。当仪器分析精度下降时，应检查柱效及抑制器工作状态，必要时进行更换，以确保测定结果的准确性。
- 实验所用器具均不可用硫酸浸泡清洗，避免空白值较高。

二、铬酸雾的测定

铬酸雾是指以气雾状态存在的铬酸或可溶性铬酸盐。它能引起过敏性皮炎或湿疹，对呼吸道有刺激和腐蚀作用，可引起鼻炎、咽炎、支气管炎，严重时会使鼻中隔糜烂，甚至穿孔。

我国规定，铬酸雾的测试方法为二苯碳酰二肼分光光度法（HJ/T 29—1999），适用于固定污染源有组织排放和无组织排放的铬酸雾测定。

1. 原理

固定污染源有组织排放的铬酸雾用玻璃纤维滤筒吸附后，用水溶解；无组织排放的铬酸雾用水吸收。在酸性条件下，铬酸中的六价铬会与二苯基碳酰二肼作用，生成玫红色的化合物，该化合物的吸光度和六价铬的浓度成正比，在 540nm 波长处用分光光度法测定。无组织排放采样 60L 时，方法的检出限为 0.0005mg/m^3，线性范围为 0.0018～30.3mg/m^3；有组织排放采样 30L 时，方法的检出限为 0.005mg/m^3，线性范围为 0.018～12mg/m^3。

2. 测试步骤

（1）样品采集

将装有玻璃纤维滤筒的采样管伸入排气筒内的采样点，按颗粒物等速采样原理确定采样流量，根据铬酸雾浓度适当选择采样时间，同时测定必要的温度、压力等参数。采样完毕后，小心取出滤筒，放入具塞磨口锥形瓶中，并用少量蒸馏水冲洗采样嘴及弯管，洗涤液并入锥形瓶中，盖好瓶塞，带回实验室。采样嘴用棉签擦干，弯管用吸球吹干后备用。

（2）标准曲线绘制

移取不同体积铬标准溶液于比色管中，加入二苯碳酰二肼溶液，加蒸馏水稀释至标线，摇匀。放置10min后，在波长540nm处，以蒸馏水为参比，用1cm比色皿，测定各管的吸光度。用测得的吸光度扣除试剂空白（零浓度）吸光度后，作为纵坐标，以六价铬含量为横坐标，绘制标准曲线，并计算其线性回归方程。

（3）样品测定

在放有滤筒的锥形瓶中，加煮沸的蒸馏水，小心捣碎滤筒，振摇数分钟后，将溶液滤入容量瓶中，用适量热馏水洗涤滤筒残渣3~5次，洗涤液并入容量瓶中。待滤液冷却至室温后，用蒸馏水稀释至标线，摇匀，即为样品溶液。同时，取一个同批号的空白滤筒进行同样品处理，得到滤筒空白溶液。分别取出适量的样品溶液和滤筒空白溶液移入具塞比色管，按标准曲线绘制的步骤，测定样品和滤筒空白的吸光度。

3. 干扰和消除

在有还原性物质存在的条件下，铬酸雾的测定会受到明显干扰。

4. 注意事项

- 二苯碳酰二肼溶液应无色，若发生颜色变化，则放弃使用。
- 采样前，要彻底清洗采样管的采样嘴和弯管，并吹干。采样系统的连接管要尽可能短，并检查系统的气密性和可靠性。

三、汞及其化合物的测定

我国规定，固定污染源废气中汞的测试方法为冷原子吸收分光光度法（HJ 543—2009），该方法以酸性高锰酸钾溶液作为吸收液，可以将废气中的无机和有机等不同形态的汞及其化合物氧化为二价汞离子，再进行测定。

1. 原理

废气中的不同形态汞被酸性高锰酸钾溶液吸收并氧化形成汞离子，汞离子被氯化亚锡还原为原子态汞，用载气将汞蒸气从溶液中吹出带入测汞仪，用冷原子吸收分光光度法测定。方法检出限为0.025μg/25mL，当采样体积为10L时，检出限为0.0025mg/m^3，测定下限为0.01mg/m^3。

2. 测试步骤

（1）样品采集

在采样装置上串联两支各装10mL吸收液的大型气泡吸收管，以0.3L/min流量采样 5~30min。采样结束后，封闭吸收管进出气口，置于样品箱内运输，并注意避光（样品采集后应尽快分析。若不能及时测定，应置于冰箱内 0~4℃保存，5d 内测定），运输到实验室后，将两支吸收管中的吸收液合并移入容量瓶中，用吸收液洗涤吸收管 1~2 次，洗涤液并入容量瓶中，用吸收液稀释至标线，摇匀。另取两支装有吸收液吸收管带至采样点，不连接烟气采样器，其他与样品相同，采集全程空白样。

（2）标准曲线绘制

移取不同体积汞标准溶液加入到汞反应瓶中，用吸收液补齐到相同体积，将各瓶摇匀后放置 10min，滴加盐酸羟胺溶液至紫红色和沉淀完全退去为止。在瓶中加硫酸溶液至 25mL，再加氯化亚锡甘油溶液，迅速盖严瓶塞。按测汞仪操作程序进行测定，以仪器的响应值对汞含量绘制标准曲线。

（3）样品测定

吸取适量试样，放入汞反应瓶中，用吸收液稀释至 5.0mL。同法制备空白试料。按标准曲线的绘制步骤进行试料和空白试料的测定，并记录仪器的响应值，代入标准曲线方程计算汞含量。

3. 干扰和消除

全部玻璃器皿在使用前要用 10% 硝酸溶液浸泡过夜或用（1+1）硝酸溶液浸泡 40min，以除去器壁上吸附的汞。测定样品前必须做试剂空白试验，空白值应不超过 0.005μg 汞。

4. 注意事项

- 橡皮管对汞有吸附，采样管与吸收管之间采用聚乙烯管连接，接口处用聚四氟乙烯生料带密封；当汞浓度较高时，可使用大型冲击式吸收采样瓶。

- 温度对测定灵敏度有影响。当室温低于 10℃ 时，不利于汞的挥发，灵敏度较低，应采取增高操作间环境温度的办法来提高汞的气化效率，同时要注意标准溶液和试样温度的一致性。

四、颗粒物（一般性粉尘、玻璃棉尘、碳黑尘）的测定

颗粒物指燃料和其他物质在燃烧、合成、分解以及各种物料在机械处理中所产生的悬浮于排放气体中的固体和液体颗粒状物质，包括一般性粉尘、玻璃棉尘、碳黑尘等。我国规定，固定污染源废气中颗粒物的测试采用重量法（HJ 836—2017），它是一种低浓度颗粒物的测定方法，适用于各类燃煤、燃油、燃气锅炉、工业窑炉、固定式燃气轮机及其他固定污染源废气中颗粒物的测定。当测定结果大于 $50mg/m^3$ 时，表述为“$>50mg/m^3$”。GB/T 16157—1996 标准中规定了颗粒物的不同采样方法。采用重量法测定，对颗粒物浓度没有具体要求，即重量法可以用于不同浓度颗粒物的测定。采样方法包括等速采样法、移动采样法、定点采样法、间断采样法等，使用的采样设备有普通型采样管、皮托管、动态平衡型采样管、静压平衡型采样管等，可根据不同的

测试要求，选择不同的采样设备和采样方法。

1. 原理

该方法采用烟道内过滤的方法，使用包含过滤介质的低浓度采样头，将颗粒物采样管由采样孔插入烟道中，利用等速采样原理抽取一定量的含颗粒物的废气，根据采样头上所捕集到的颗粒物量和同时抽取的废气体积，计算废气中的颗粒物浓度。当采样体积为 $1m^3$ 时，方法检出限为 $1.0mg/m^3$。

2. 测试步骤

（1）采样前准备

采样前，在去离子水介质中用超声波清洗前弯管、密封铝圈和不锈钢托网，清洗 5min 后再用去离子水冲洗干净，以去除各部件上可能吸附的颗粒物。将上述部件放置在烘箱内烘烤，烘烤温度为 105～110℃，烘干至少 1 小时。石英材质滤膜应烘焙 1 小时，烘焙温度为 180℃或大于烟温 20℃（取两者较高的温度）。冷却后，将滤膜和不锈钢托网用密封铝圈同前弯管封装在一起，放入恒温恒湿设备平衡至少 24h。处理平衡后的采样头，在恒温恒湿设备内用天平称重，每个样品称量 2 次，两次称量间隔应大于 1 小时，2 次称量结果的最大偏差应在 0.20mg 以内。记录称量结果，以 2 次称量的平均值为准。当同一采样头在 2 次称量中的质量差大于 0.20mg 时，可将相应采样头再平衡至少 24h 后称量；如果第二次平衡后称量的质量同上次称量的质量差仍大于 0.20mg，可将相应采样头再平衡至少 24h 后称量；如果第三次平衡后称量的质量同上次称量的质量差仍大于 0.20mg，在确认平衡称量仪器和操作正确后，此滤膜作废。

（2）样品采集

根据现场实际测量的烟道尺寸，确定采样点数目。记录现场的基本情况，并清理采样孔处的积灰。将处理后的采样头装入组合式采样管，固定，记录采样头编号。检查系统是否漏气。采样步骤参见 GB/T 16157—1996 中采样步骤的要求，或按照相应仪器操作方法使用微电脑平行自动采样，采样过程中采样嘴的吸气速度与测点处的气流速度应基本相等，相对误差小于 10%。当烟气中的水分影响采样的正常进行时，应开启采样管上采样头固定装置的加热功能。加热温度不应超过 110℃，以保证采样顺利进行。采样结束后，取下采样头，用聚四氟乙烯材质堵套塞好采样嘴，将采样头放入防静电的盒或密封袋内，再放入样品箱。采集全程序空白。

（3）样品测定

采样头运回实验室后，用蘸有丙酮的石英棉对采样头外表面进行擦拭清洗，清洗过程应在通风橱中进行。清洗后，在烘箱内烘烤采样头，烘烤温度为 105～110℃，时间为 1 小时。待采样头干燥冷却后，放入恒温恒湿设备平衡至少 24h。应保证采样前后的恒温恒湿设备平衡条件不变。在恒温恒湿设备内用天平称重，称重步骤和要求同“（1）采样前准备”。采样前后采样头重量之差，即为所取的颗粒物量。应对称重后的采样头进行检查，即检查是否存在滤膜破损或其他异常情况，若存在异常情况，则样品无效。

3. 干扰和消除

在采样前、采样后平衡及称量时，应保证环境温度和环境湿度条件一致。应避免静电对称量造成的影响。为避免引起误差，应保证同一称量部件在采样前后使用同一天平称量，称量前后人员不变。

4. 注意事项

滤膜直径为（47±0.25）mm，应满足如下要求：①在最大期望流速下，对于直径为0.3μm的标准粒子，滤膜的捕集效率应大于99.5%，对于直径为0.6μm的标准粒子，滤膜的捕集效率应大于99.9%。②选择石英材质或聚四氟乙烯材质滤膜，滤膜材质不应吸收或与废气中的气态化合物发生化学反应。在最大的采样温度下，应保持热稳定，并避免质量损失。

五、石棉尘的测定

石棉材料以其热稳定性好、抗压强度高、隔热耐磨、绝热抗腐蚀等优良的物理化学性质，被广泛应用于建筑、造船、车辆制造、航空航天、供电消防以及国防建设等领域。它又是一种有害物质，可以悬浮在空气中，会污染环境，人体吸入后会危害健康。石棉尘是在石棉材料生产、加工和使用过程中产生的，主要指温石棉、青石棉、铁石棉、透闪石、直闪石、阳起石等石棉粉尘中能被吸入并沉着于肺泡内的呼吸性石棉，具体指宽度小于3μm、长度大于5μm、长宽比大于3∶1的石棉纤维。

我国规定的石棉尘测试方法为镜检法（HJ/T 41—1999）。该方法主要适用于固定污染源有组织排放、负荷量为100~600根/mm^2的石棉尘测定。

1. 原理

用采样滤膜抽取排气筒中含石棉尘的气体，石棉尘于滤膜上经透明固定后，在相衬显微镜下计测，可根据采气体积计算每标准立方厘米气体中石棉尘的根数。

2. 测试步骤

（1）样品采集

样品采集可参照颗粒物采样的方法和步骤进行，以预测流速法为宜，一般采用移动采样法。如果排气筒直径较小，只有一个采样点，则每个样品的采样时间应不少于10min。采样后滤膜上的负荷量范围应为100~600根/mm^2，据此可根据等速采样的流量和预计的排放浓度范围大致算出所需的采样时间。如果无法估算出所需的采样时间，则需在采样断面的中心位置进行预采样。采样结束后，应小心取下采样头，取出滤膜，受尘面向上放在滤膜储存盒中，不可折叠或叠放，带回实验室进行分析。在运输过程中，应避免振动，以防止石棉纤维脱落。带回实验室后，采有石棉纤维的微孔滤膜采用丙酮-甘油三醋酸酯法加以透明固定。透明化操作应在清洁的实验室中进行，在制备样品的过程中，要避免纤维性粉尘的污染。

（2）样品测定

从每盒滤膜中任意抽取一张空白滤膜，用与处理样品同样的方法进行透明固定和计测。在100个视野中不超过3根纤维时，认为是清洁滤膜，此盒滤膜可使用。

石棉纤维的计测用相衬显微镜进行。应先按照说明书将显微镜调节好。低倍扫视使用（10X）物镜在低放大倍数上扫视整个滤膜表面，被滤膜夹垫圈压住的滤膜边缘应无粉尘或纤维。所有视场粉尘及石棉纤维的分布应均匀。如果所观察的视场粉尘分布明显不均匀或有肉眼可见的粉尘或纤维堆积，该滤膜应舍弃。低倍扫视认可后，应将物镜换成高倍（40X）的，进行正式的计测。计测现场的选择应遵循随机原则。测定完一个视场后，移动推片器找下一个视场，应按行、列推动，不应有意挑选，而且要随机停留，以避免重复计数、减少系统误差。如果使用带栅格线的滤膜，计数视场中不能出现栅格线。

计数符合石棉尘几何尺寸的纤维。当一条纤维完全在计数视场（不论其是否与其他尘粒相接触）内时，计为一根，只有一端在计数视场内的，计为1/2根。在其长度方向上一点或多点可分，但在其余部分不可分为多根的纤维称为劈裂纤维；其余的因相交叉或接触而形成的纤维集合体称为纤维组。如果劈裂纤维整体符合规定，可算作一根纤维，其直径以不可分部分计算；如果纤维组中的单根纤维符合规定，可按单根纤维计算；如果没有一根纤维符合规定，但纤维组本身作为一个整体符合规定，则计数为一根。

如果视场数为20个，被记录纤维数已达到100根，可停止计数，如此时记录纤维数未达到100根，则应计数到100根纤维，并记录下相应的视场数。如果在100个视场内所测纤维数不到100根，则计测到30个视场为止。

3. 注意事项

计数人员上岗前应进行培训，并在培训结束时进行考核。考核方法：计数人员对同一滤膜切片按镜检法（HJ/T 41—1999）计数10次以上，计算各次读数的均值和标准偏差。读数的相对标准偏差≤23%为合格，若未达到此标准，应检查原因，切实改进后再进行考核，直到达标为止。

六、烟尘的测定

烟尘也是颗粒物，来源于燃煤和工业生产过程，主要成分是二氧化硅、氧化铝、氧化铁、氧化钙和未经燃烧的炭微粒等。未经净化处理的烟尘因为成分不同，往往呈现出不同颜色。例如：黑烟含有大量焦油、碳黑，主要来源于燃煤、燃油业；红烟含有大量氧化铁，主要来源于钢铁厂；黄烟含有大量氮氧化物，主要来源于化工厂；灰烟含有碳酸钙、氧化钙、二氧化硅和三氧化铁等，主要来源于水泥厂和石灰厂。

一般将冶金过程或化学过程形成的固体粒子气溶胶、燃烧过程产生的飞灰和黑烟

(碳黑尘) 统称为烟尘; 在其他情况或泛指固体粒子气溶胶时, 统称为粉尘 (一般性粉尘); 还有根据烟尘成分细分的玻璃棉尘和石棉尘等。这里所指的烟尘主要是燃煤锅炉排放气体中的烟尘。我国规定了锅炉烟尘测试方法 (GB 5468—91) 和物料衡算方法 (HJ/T 69—2001)。锅炉烟尘排放浓度测试采用等速采样重量法, 与“四、颗粒物的测定”中所述方法相同, 在计算时要注意公式的变化。物料衡算方法是指根据质量守恒定律来计算废气中的烟尘浓度, 准确度相对较差, 但是简便快速, 仍在广泛使用。

七、铅及其化合物的测定

铅是工业上广泛使用的一种有毒金属, 用于冶金、印刷、蓄电池、陶瓷、油漆、塑料、试剂、玻璃、制药等行业。铅及其化合物主要以蒸气、粉尘和烟雾的形式, 通过呼吸道和消化道进入人体, 会损害神经系统、消化系统、造血系统和肾脏。

我国规定, 固定污染源废气中铅的测定方法有火焰原子吸收分光光度法 (HJ 538—2009、HJ 685—2014) 和电感耦合等离子体质谱法 (HJ 657—2013)。温度低于 400℃ 废气中的铅及其化合物通常以颗粒物形式存在, 所以我国规定的废气中铅的测定方法都是采集废气中的颗粒物, 然后分析铅含量。

(一) 火焰原子吸收分光光度法 (HJ 538—2009、HJ 685—2014)

1. 原理

用石英纤维滤筒采集固定污染源废气中的颗粒物, 经硝酸-过氧化氢消解制备成溶液。此溶液中的铅在空气-乙炔火焰中原子化, 基态铅原子会吸收空心阴极灯发射的特征谱线 (283.3nm)。在一定范围内, 其吸光度与质量浓度呈线性关系。当采样体积为 $0.5m^3$、定容体积为 50.0mL 时, 方法的检出限为 $1.0\times10^{-2}mg/m^3$, 测定下限为 $4.0\times10^{-2}mg/m^3$。

2. 测试步骤

(1) 样品采集

采用等速采样法进行样品采集时, 当温度低于 400℃时, 在管道内等速采样, 当温度高于 400℃时, 铅以气态形式存在, 应将废气导出管道, 使温度降至 400℃ 以下再采集, 每次采样至少取两个同批号滤筒, 带到采样现场作为空白样品。

(2) 样品预处理

采样完毕, 小心取出滤筒, 将封口向内折叠, 竖直放回原滤筒盒, 带回实验室后用聚四氟乙烯剪刀将滤筒剪碎, 放入锥形瓶, 用少量水润湿, 加入硝酸溶液和过氧化氢, 插入小漏斗, 在电热板上加热至微沸, 保持 2h, 待冷却后再小心滴加 5mL 过氧化氢, 必要时可补加少量水, 继续微沸半小时, 冷却后抽滤。将滤液移入烧杯, 用硝酸溶液洗涤锥形瓶、滤渣及抽滤瓶 3 次以上。洗涤液与滤液合并后, 放在电热板上微沸蒸至近干。再加入 2mL 硝酸溶液, 加热使残渣溶解, 全部转移至容量瓶中, 用水定容至刻度, 摇匀, 待测。空白样品采用同样步骤进行预处理。

（3）标准曲线绘制

移取不同体积铅标准使用液到容量瓶中，用硝酸溶液稀释至标线，按原子吸收仪器说明书的操作步骤调试仪器并选择仪器参数，测定标准系列的吸光度，以吸光度对铅质量浓度绘制标准曲线。

（4）样品测定

按标准曲线绘制时的仪器工作条件测定并计算试样的浓度。当试样响应值处于标准曲线上限范围以外时，应使用硝酸溶液稀释至适当倍数，使其响应值降至标准曲线的线性范围内，然后计算铅浓度，同时测定空白样。

3. 注意事项

- 在试样溶液蒸发至近干时，温度不宜太高，以免迸溅。
- 实验用的玻璃和塑料器皿用洗涤剂洗净后，在硝酸溶液中浸泡，使用前用水冲洗干净。

（二）电感耦合等离子体质谱法（HJ 657—2013）

该方法不仅适用于固定污染源废气中铅的测定，也适用于环境空气 PM2.5、PM10、TSP 以及无组织排放和固定污染源废气颗粒物中的铅、镉、铍、镍等 24 种金属元素总量的测定。

1. 原理

使用滤膜采集环境空气中颗粒物，使用滤筒采集污染源废气中颗粒物，采集的样品经预处理（微波消解或电热板消解）后，利用电感耦合等离子体质谱仪（ICP-MS）测定各金属元素的含量。当空气采样量为 $150m^3$（标准状态），污染源废气采样量为 $0.6m^3$（标准状态干烟气）时，废气中铅的检出限为 $0.2\mu g/m^3$。

2. 测试步骤

（1）样品采集

采用等速采样法进行样品采集时，当温度低于 400℃时，在管道内等速采样，当温度高于 400℃时，铅以气态形式存在，应将废气导出管道，使温度降至 400℃以下再采集，每次采样至少取两个同批号滤筒，带到采样现场作为现场空白样品。

（2）样品预处理

以硝酸-盐酸混合酸作为消解试剂，在微波或者电加热板加热消解，然后浸提、过滤、定容。

（3）标准曲线绘制

在容量瓶中依次配制一系列待测元素标准溶液，介质为 1%硝酸。内标标准品溶液可直接加入各样品中，也可在样品雾化之前以另一蠕动泵加入，从而与样品充分混合。用 ICP-MS 进行测定，绘制标准曲线。标准曲线的浓度范围可根据测量需要进行调整。

（4）样品测定

每个样品测定前，应先用洗涤空白溶液冲洗系统直到信号降至最低（通常约 30

秒），待分析信号稳定后（通常约30秒）才可开始测定样品。样品测定时，应加入内标标准品溶液。若样品中待测元素浓度超出标准曲线范围，需稀释后重新测定。上机测定时，试样溶液中的酸浓度必须控制在2%以内，以降低真空界面的损坏程度，并减少各种同重多原子离子干扰。

3. 干扰和消除

● 在连续测定浓度差异较大的样品或标准品时，样品中待测元素沉积并滞留在真空界面、喷雾腔和雾化器上会导致记忆干扰，可通过延长样品测定前后的洗涤时间避免此类干扰的发生。

● 会产生干扰的分子、离子通常由载气或样品中的某些组分在等离子体或界面系统中形成，校正此干扰一般有两种方法，即由文献中查得自然界存在的同位素丰度，或通过调整标准溶液浓度，使仪器测得净同位素信号的变异系数小于1.0%等方式。

4. 注意事项

在样品测定过程中，必须对可能遭到质谱性基质干扰的元素进行检验，以确认是否有干扰发生。必须对所有可能影响数据准确性的质量同位素进行监控，在样品测定过程中，需保留相应的校正记录，以确保测定结果的准确性，且标准曲线方程应通过实验数据定期修正。

八、镉及其化合物的测定

镉主要用于电镀、电池、颜料、合金及焊条、核反应堆的镉棒、塑料稳定剂等，在镉冶炼、镉及化合物生产和应用中均有职业接触。镉的毒性较大，主要经呼吸道和胃肠进入人体，蓄积在肝和肾内，且代谢较慢。日本曾因镉中毒出现“痛痛病”。1993年，国际癌症研究机构将镉及其化合物列为一类致癌物。

我国规定，固定污染源废气中镉及其化合物的测定方法有火焰原子吸收法（HJ/T 64.1—2001）、石墨炉原子吸收法（HJ/T 64.2—2001）、对-偶氮苯重氮氨基偶氮苯磺酸分光光度法（HJ/T 64.3—2001）、电感耦合等离子体质谱法（HJ 657—2013）。其中，电感耦合等离子质谱法前文已介绍，这里主要介绍其他三种方法，它们均适用于大气固定污染源有组织和无组织排放中镉及其化合物的测定。

（一）火焰原子吸收法（HJ/T 64.1—2001）

1. 原理

将经硝酸-高氯酸消解后的试样溶液喷入空气-乙炔贫燃火焰中，于228.8nm处测定吸光值，根据特征谱线的光强度，可确定样品溶液中镉的浓度。当采集10m^3气体的滤膜制备成10mL样品时，最低检出限为3×10^{-6} mg/m^3，测定范围为0.05～1.0×10^3 mg/m^3。

2. 测试步骤

(1) 样品采集

采用玻璃纤维滤筒采集排气中的颗粒物，采样方法同“七、铅及其化合物的测定”。

(2) 样品预处理

将试样滤筒剪碎（切勿抖落尘粒），置于锥形瓶中，加入硝酸、高氯酸，瓶口插入一个小漏斗，于电热板上加热至微沸，保持微沸 2h。稍冷再加入硝酸，继续加热微沸至近干。如果样品消解不完全，可加入少量硝酸继续加热至样品颜色变浅。冷却，加入少量水，用定量滤纸过滤，用水洗涤锥形瓶、滤渣数次，合并洗涤液和滤液，加热浓缩后转移到容量瓶中，用水稀释至标线，即为试样溶液。

(3) 标准曲线绘制

移取不同体积的镉标准使用液到容量瓶中，然后用硝酸溶液稀释至标线，配制成工作标准溶液。按仪器说明书的操作步骤调试仪器并选择仪器参数，测定工作标准溶液的吸光度，以吸光度对镉浓度绘制标准曲线，并算出标准曲线的线性回归方程。

(4) 样品测定

按标准曲线绘制时的仪器工作条件，吸入硝酸溶液，将仪器调零，分别吸入空白溶液和试样溶液，记录吸光度。根据所测的吸光度，在标准曲线上查出或由线性回归方程算出试样溶液和空白溶液的浓度，并计算固定污染源排放中镉的含量。

3. 干扰和消除

当钙的浓度高于 1000mg/L 时，抑制镉的吸收，产生负干扰。

（二）石墨炉原子吸收法（HJ/T 64.2—2001）

1. 原理

用玻璃纤维滤筒和过氯乙烯滤膜采集的样品，经硝酸-高氯酸溶液加热浸取制备成样品溶液。根据特征谱线强度，确定样品溶液中镉的浓度。当采样体积为 $10m^3$ 时，将滤膜制备成 10mL 样品进行测定，检出限为 $3\times10^{-8}mg/m^3$，测定范围为 $0.5\sim10ng/m^3$。

2. 测试步骤

(1) 样品采集

按照颗粒物采样方法进行采样，结束后将滤筒或滤膜取出，编号后放入干燥洁净的器皿中，按采样要求做好记录。

(2) 样品预处理

滤筒样品：将滤筒剪碎置于锥形瓶中，用少量水润湿后加适量硝酸和高氯酸（以酸液浸过样品为宜，当酸液较少时，可用硝酸补充），瓶口插入一短颈玻璃漏斗，在电热板上加热至沸腾，蒸至近干时取下冷却。再加硝酸继续加热至近干（如果样品消解不完全，可加入少量硝酸继续加热至样品颜色变浅）。稍冷，加少量水过滤，每次转移洗涤液时应用玻璃棒将絮状纤维挤压干净，浓缩滤液至近干。冷却后，转移到容量瓶中，再用水稀释至刻度，此溶液即为试样溶液。

滤膜样品：将滤膜剪碎，其他步骤同滤筒的处理方法，所用酸量均减半。

空白样品按照相同办法进行预处理。

（3）标准曲线绘制

取不同体积镉标准使用溶液加入容量瓶，然后用硝酸溶液稀释至刻度。根据选定的原子吸收分光光度计工作条件（仪器参数可参照仪器说明书进行选择），测定溶液的吸光度。以吸光度对镉浓度绘制标准曲线。

（4）样品测定

按标准曲线绘制时的仪器工作条件，注入硝酸溶液，将仪器调零，分别注入空白溶液和样品溶液，记录吸光度。根据所测的吸光度，在标准曲线上查出或由线性回归方程计算出样品溶液和空白溶液中镉的浓度，计算大气污染源中镉的含量。

3. 注意事项

对于过氯乙烯滤膜，建议加硝酸后过夜，以免有机物过多加入高氯酸后发生爆炸。

（三）对-偶氮苯重氮氨基偶氮苯磺酸分光光度法（HJ/T 64.3—2001）

1. 原理

将采集样品后的滤膜或滤筒用硝酸-高氯酸消解制成样品溶液。在 pH 值为 9.5~11.5 的弱碱性溶液中，存在非离子表面活性剂的情况下，镉离子与对-偶氮苯重氮氨基偶氮苯磺酸作用生成稳定的红色络合物，于波长 532nm 处有最大吸光度。采气体积为 $2m^3$，定容体积为 25.0mL，使用光程 10mm 的比色皿。该方法最低检出浓度为 $1.0\times10^{-4}mg/m^3$。

2. 测试步骤

（1）样品采集

滤膜样品采集后对折放入干净纸袋中保存，待测。滤筒样品采集后，将封口向内折叠，竖直放回原采样盒中，待测。

（2）样品预处理

样品预处理方法同石墨炉原子吸收法。

（3）标准曲线绘制

取 6 支具塞比色管，依次加入镉标准使用溶液。向各管中分别加入氨缓冲液，曲力通 X-100 溶液、氰化钾-酒石酸钾钠混合掩蔽剂，用洗瓶冲洗一下比色管内壁，摇匀（不必用力摇晃，以免生成大量泡沫）。片刻后，加入显色剂、甲醛溶液，加水至标线，摇匀。放置 10min 后，于 532nm 波长处，用 10mm 比色皿以试剂空白溶液为参比测定吸光度。以吸光度对镉含量绘制标准曲线。

（4）样品测定

将处理后的样品溶液倒入锥形瓶，蒸发至近干，移入比色管，加入 NaOH 溶液，调节 pH 值至近中性，后续步骤同标准曲线绘制，以试剂空白为参比，测定吸光度。

3. 干扰和消除

氨-氯化铵缓冲体系可掩蔽锌、铝、锰、铅、铁等离子，氰化钾可掩蔽汞、铜、银、钴、镍等离子，酒石酸钾钠可掩蔽钙、镁、铁、铝等离子，防止在碱性介质中形成氢氧化物沉淀。铁、铝含量大于 500 微克的样品会干扰测定。采用碘化钠介质，甲基异丁基酮（MIBK）萃取分离消除干扰。

4. 注意事项

- 氰化钾为剧毒物质，操作时要十分小心。加入氰化钾-酒石酸钾钠掩蔽剂前，要保持待测体系为碱性，以免产生 HCN 气体，毒害人体。

- 对于用有机滤膜采集的样品或有机物含量高的样品，消解时应先用硝酸氧化有机物，然后加入高氯酸，以避免爆炸。样品消解时，应尽量赶尽高氯酸烟，否则过滤时易使滤纸破损，直接显色时还会影响滤液酸度。

九、铍及其化合物的测定

铍及其化合物一般无色，具有全身毒性，可溶性铍化合物（如 $BeCl_2$、BeF_2、$BeSO_4$ 等）的毒性高于不溶性化合物（BeO、$BeCO_3$ 等）。它们以粉尘、烟雾形式经呼吸道进入人体，初期会导致肺硬化、肺泡上皮组织变形，后期可发生恶性肿瘤。从事金属铍熔炼、铸造、加工的工人吸入 $BeSO_4$ 和 BeF_2 达 1mg 时，即可发生急性中毒。慢性中毒潜伏期约数周到 10 年以上，即使停止接触，仍会发病。

我国规定，铍及其化合物测定方法标准有石墨炉原子吸收分光光度法（HJ 684—2014）和电感耦合等离子体质谱法（HJ 657—2013）。后一种方法与铅及其化合物的测试相同，这里主要介绍石墨炉原子吸收分光光度法。

1. 原理

用石英纤维滤筒采集固定污染源废气中的颗粒物，经硝酸-过氧化氢消解后制备成溶液。此溶液中的铍在石墨炉原子化器中，经高温原子化，基态铍原子会吸收空心阴极灯发射的特征谱线（234. 9nm），在一定范围内，其吸光度与质量浓度呈线性关系。当采样体积为 0. 5m^3、定容体积为 50mL 时，铍的检出限为 0. 03$\mu g/m^3$，测定下限为 0. 12$\mu g/m^3$。

2. 测试步骤

（1）样品采集

采用等速采样法，按照颗粒物采集步骤进行采集，同时采集空白样品。采样完毕后，小心取出滤筒，将封口向内折叠，竖直放回原滤筒盒内，放入干燥器中保存。

（2）样品预处理

采用聚四氟乙烯剪刀将滤筒剪碎，放入锥形瓶，用少量水润湿，加入硝酸溶液、过氧化氢，插入小漏斗，在电热板上加热至微沸，保持 2h，待冷却后小心滴加过氧化氢，必要时可补加少量水，继续微沸半小时，冷却后抽滤。将滤液移入烧杯，用硝酸溶液洗涤锥形瓶、滤渣及抽滤瓶3次以上，洗涤液与滤液合并，放在电热板上微沸蒸至近干，再加入硝酸溶液，加热使残渣溶解，全部转移至容量瓶中，用水定容至标线，摇匀，待测。

（3）标准曲线绘制

移取不同体积铍标准使用液加入容量瓶，用硝酸溶液稀释至标线，依次向石墨管中注入铍标准溶液、硝酸铝溶液。按照所选定的原子吸收分光光度计工作条件，逐个测量其吸光度。以吸光度对铍浓度绘制标准曲线。

（4）样品测定

按标准曲线绘制时的仪器工作条件测定并计算试样的浓度。当试样响应值处于标准曲线上限范围以外时，应使用硝酸溶液稀释至适当倍数，使其响应值降至标准曲线的线性范围，同时测定空白样品。

当测定值小于1μg/m^{3}时，结果保留两位小数，当测定值大于1μg/m^{3}时，结果以三位有效数字表示，单位为μg/m^3。

3. 干扰和消除

试样溶液中1000mg/L的铜和镍不干扰铍的测定，1000mg/L的钠、钾会降低铍的吸收从而导致测定值偏低。加入硝酸铝作为基体改进剂，能够有效消除基体干扰。

4. 注意事项

- 在试样溶液蒸至近干时，温度不宜太高，以免迸溅。
- 基体改进剂硝酸铝溶液不能预先加到试样中，必须分别注入石墨炉原子化器，使反应在原子化器中进行。

十、镍及其化合物的测定

常见的镍及其化合物有氧化镍（NiO）、氢氧化镍［$Ni(OH)_2$］、氢氧化高镍［$Ni(OH)_3$］、硫酸镍（$NiSO_4$）、氯化镍（$NiCl_2$）及硝酸镍［$Ni(NO_3)_2$］等。氧化物和氢氧化物不溶或微溶于水，其盐类则易溶于水。金属镍几乎没有急性毒性，一般的镍盐毒性也较低，但羰基镍却能产生很强的毒性。羰基镍以蒸汽形式迅速由呼吸道吸收，也能由皮肤少量吸收，浓度达到3.5μg/m^{3}时就会使人感到不适，出现头晕、头痛、恶心、呕吐、高烧、呼吸困难、胸部疼痛等症状，引发呼吸道癌。接触高浓度羰基镍时，会发生急性化学肺炎，最终出现肺水肿和呼吸道循环衰竭而致死亡。在采矿、冶炼、电镀、化工、石油提炼、染料及硬币制造等生产过程中，也会产生含镍的粉尘和蒸汽。

我国规定，固定污染源废气中镍及其化合物的测试方法有火焰原子吸收法（HJ/T 63.1—2001）、石墨炉原子吸收法（HJ/T 63.2—2001）、对-偶氮苯重氮氨基偶氮苯磺酸吸收分光光度法（HJ/T 63.3—2001）、电感耦合等离子体质谱法（HJ 657—2013）。这几种方法都可用于有组织或无组织排放废气的测定，电感耦合等离子体质谱法前文已经介绍过，测试步骤同样适用于废气中镍及其化合物的测试，这里不再赘述。

（一）火焰原子吸收法（HJ/T 63.1—2001）

1. 原理

用玻璃纤维滤筒和过氯乙烯滤膜采集的样品，经硝酸-高氯酸溶液加热浸取制备成样品溶液。根据特征谱线强度，可确定样品溶液中镍的浓度。当采样体积为 $10m^3$ 时，将滤膜制备成 10mL 样品进行测定，检出限为 $3\times10^{-5}mg/m^3$，测定范围为 $10\sim500\mu g/m^3$。

2. 测试步骤

（1）样品采集

采样方法“铍及其化合物的测定”。采样结束后，将滤筒或滤膜取出，编号后放入干燥洁净的器皿。

（2）样品预处理

滤筒或滤膜样品剪碎后，用硝酸和高氯酸进行消解，具体步骤同“镉及其化合物的测定”的样品预处理，空白样品处理方法相同。

（3）标准曲线绘制

移取不同体积镍标准溶液到容量瓶中，用硝酸溶液稀释至刻度。根据选定的原子吸收分光光度计工作条件测定溶液的吸光度，以吸光度对镍浓度绘制标准曲线。

（4）样品测定

按标准曲线绘制时的仪器工作条件，注入硝酸溶液，将仪器调零，分别注入空白溶液和样品溶液。根据所测的吸光度及标准曲线方程计算出样品溶液和空白溶液中镍的含量，并计算大气污染源中镍的含量。

（二）石墨炉原子吸收法（HJ/T 63.2—2001）

石墨炉原子吸收法的测试原理、测试步骤与火焰原子吸收法相同，但是石墨炉原子吸收法在同样的采样和测试条件下，检出限比火焰原子吸收法低一个数量级，达到 $3\times10^{-6}mg/m^3$，可以检测更低浓度范围 $5\sim200ng/m^3$。该方法适用于有组织或无组织排放的废气。

（三）对-偶氮苯重氮氨基偶氮苯磺酸吸收分光光度法（HJ/T 63.3—2001）

1. 原理

用过氯乙烯滤膜采集无组织排放颗粒物样品，用玻璃纤维滤筒采集有组织排放中的颗粒物样品，用硝酸-高氯酸消解后制成样品溶液。将样品溶液用丁二酮肟-正丁醇萃取分离后，在氨溶液中，碘存在的情况下，镍与丁二酮肟作用形成酒红色络合物，在 440nm 波长处进行分光光度测定。当采样体积为 50L 时，将滤膜或滤筒制备成 25mL 样品溶液进行测定，检出限为 0.002mg/L，测定范围为 0.4~1.6mg/L。当铁、铜、钴、锰、铝的高价态离子超过一定浓度时，对镍离子测定有干扰。

2. 测试步骤

（1）样品采集

该方法的样品采集方法与火焰原子吸收法相同，样品采集后的保存和预处理也与其相同。

（2）标准曲线绘制

移取不同体积的镍标准使用溶液倒入6个梨形分液漏斗，加入水和丁二酮肟乙醇溶液、柠檬酸铵溶液、盐酸羟胺溶液，摇匀。加2滴酚酞溶液，加入氨水使溶液呈粉红色，再加入氯化铵-氨水缓冲溶液，加水使总体积至30mL，摇匀。用正丁醇萃取保留有机相，用氨水洗涤保留有机相，用盐酸洗涤后保留水相。将水相完全转入容量瓶中，加入氢氧化钠溶液使溶液呈中性，再依次加入柠檬酸铵溶液、碘溶液、丁二酮肟溶液、2Na-EDTA溶液，加水至标线，摇匀，放置5min。在440nm波长处，以试剂空白为参比，测定10min内溶液的吸收度，以吸光度对镍含量绘制标准曲线。

（3）样品测定

取适量预处理得到的样品溶液和空白溶液，按标准曲线绘制步骤进行萃取显色，测定吸光度，代入标准曲线方程计算镍含量。

3. 注意事项

- 加入碘溶液后，必须加水至约20mL摇匀，否则加入丁二酮肟后不能正常显色。必须在加入丁二酮肟溶液并摇匀后，再加入2Na-EDTA溶液，否则将不能正常显色。
- 用氢氧化钠溶液中和样品至中性后，应立即加入柠檬酸铵溶液，因样品在中性介质中不稳定。

十一、锡及其化合物的测定

锡是人体不可缺少的微量元素之一，对人们进行各种生理活动和维护人体健康具有重要影响，可抗肿瘤，促进身体发育、组织生长和创伤愈合等。人体缺锡会导致侏儒症。虽然无机锡化合物毒性较低，但人们食入或者吸入过多，可能出现头晕、腹泻、恶心、胸闷、呼吸急促、口干等不良症状，严重时还能引发肠胃炎，导致神经系统、肝功能、皮肤黏膜等受到损害。有机锡化合物多数有害，可损害中枢神经系统，引起严重疾病。

锡及其化合物可用作催化剂（二丁基锡、辛酸亚锡）、稳定剂（如二甲基锡、二辛基锡、四苯基锡）、农用杀虫剂、杀菌剂（如二丁基锡、三丁基锡、三苯基锡）及日常用品的涂料和防霉剂等。

我国规定，固定污染源废气中锡及其化合物的测试方法为石墨炉原子吸收分光光度法（HJ/T 65—2001），可以用于有组织或无组织排放的监测。该方法样品采集与预处理方法和测试步骤与其他金属化合物一样。使用滤膜或者滤筒进行等速采样，然后用硝酸-高氯酸进行消解，消解后的试样溶液注入石墨炉原子化器的石墨管。于

286.3nm 处测定吸光值，根据特征谱线的光强度，可确定样品溶液中锡的浓度。当将采集 $10m^3$ 气体的滤膜制备成 10mL 样品时，检出限为 $0.003\mu g/m^3$，测定范围为 $0.005\sim0.1\mu g/m^3$。共存的镁离子（Mg^{2+}）浓度高于 500mg/L 时会干扰测试。

十二、沥青烟的测定

沥青烟是指生产、制造和使用沥青的企业在生产活动中产生的液态烃类颗粒物质和少量气态烃类物质的混合烟雾。它的成分比较复杂，有菲、酚、吡啶、咔唑、吲哚、芦等 100 多种，其中有几十种属于致癌物质，尤其是苯并（a）芘，对人体、植物和动物的伤害最大，是一种非常强的致癌物。

我国规定，沥青烟的测定方法为重量法（HJ/T 45—1999），用于固定污染源有组织排放的沥青烟测定。

1. 原理

将排气筒中的沥青烟收集于已恒重的玻璃纤维滤筒，除去水分后，根据采样前后玻璃纤维滤筒的增量计算沥青烟的浓度。若沥青烟气中含有显著的固体颗粒物，则用环已烷提取并测定提取液中的沥青烟。检出限为 5.1mg，线性范围为 17～2000mg。

2. 测试步骤

（1）样品采集

使用准备好的玻璃纤维滤筒，按照颗粒物采样方法进行采样。采样完毕后，取出采样嘴和前弯管，将其外部所粘烟垢擦净，把玻璃纤维滤筒收入带编号的样品盒中，将采样嘴、前弯管和采样管一并带回实验室进行分析。

（2）样品测定

将采样后的滤筒放入干燥器平衡 24h 后，用天平称至恒重。恒重要求间隔 24h 的两次称重之差不大于 5mg。当沥青烟浓度较高时，采样管会截留少量沥青烟，用环已烷洗涤采样嘴、前弯管和采样管，将洗涤液合并置于已称重的烧杯中，盖上滤纸，使其在室温常压下自然蒸发。待环已烷蒸发完，将烧杯移至干燥器中 24h 至恒重，记下烧杯的增重。利用滤筒增重和烧杯增重计算沥青烟浓度。

3. 干扰和消除

沥青烟样品具有一定的挥发性，应及时处理和分析。样品保存要有专用的干燥器，采有样品的和未经使用的滤筒、烧杯等要放置在不同的干燥器中，以防相互沾污。用采样管采集浓度高的沥青烟样品后，用环已烷或其他溶剂彻底清洗后方可重复使用。

4. 注意事项

- 沥青烟中含多种有毒物质，故采样和分析人员要注意自身防护和操作安全。样品的收集和处理要有专用工具和器皿；测试完毕的样品要专门收集，予以销毁。衣服用品要彻底清洗，以防二次污染。
- 若沥青烟气中夹带的尘粒较多，应将采样后的滤筒经环已烷提取后，进行沥青烟含量测定。

- 由于市售3#玻璃纤维滤筒质量参差不齐，应注意选用重量为1.1±0.1g、口径为25mm、长度为70mm、质地紧密而均匀的产品。

第七节　气态污染物的测定

一、二氧化硫

二氧化硫为无色、易溶于水、有刺激性气味的气体，会引发呼吸系统疾病，进入呼吸道后，大部分会被阻滞在上呼吸道，生成具有腐蚀性的亚硫酸、硫酸和硫酸盐，使刺激作用增强。二氧化硫可被吸收进入血液，对全身产生毒副作用——破坏酶的活力，影响碳水化合物及蛋白质的代谢，对肝有一定的损害；附着于颗粒物上，对肺部的损伤成倍增加。二氧化硫还是酸雨的重要来源，对土壤、水体、森林、建筑、名胜古迹等人文景观均会造成严重危害，不仅会带来重大经济损失，更会危及人类生存和发展。

二氧化硫主要来源于煤炭等化石燃料的燃烧。我国是煤炭生产和消耗大国，各行各业均分布着大量燃煤锅炉等热源设施，其他生物质加工等行业也会释放一定量的二氧化硫。

我国规定的固定污染源废气中二氧化硫的测定方法有碘量法（HJ/T 56—2000）、定电位电解法（HJ/T 57—2017）、非分散红外吸收法（HJ 629—2011）、便携式紫外吸收法（HJ 1131—2000）。另外，对于不同用途的燃煤锅炉，我国规定了计算二氧化硫排放总量的物料衡算方法（HJ/T 69—2001）。

（一）碘量法（HJ/T 56—2000）

该方法适用于测定固定污染源排气中二氧化硫的浓度及排放速率。

1. 原理

烟气中的二氧化硫被氨基磺酸铵混合溶液吸收，用碘标准溶液滴定。按滴定量计算二氧化硫浓度，反应式如下：

$$SO_2+H_2O=H_2SO_3$$

$$H_2SO_3+H_2O+I=H_2SO_4+2HI$$

测定范围：100~6000mg/m^3。在测定范围内，方法的批内误差不大于±6%。

2. 测试步骤

用两个75mL多孔玻板吸收瓶串联采样，每瓶各加入30~40mL吸收液（氨基磺酸铵混合液），以0.5L/min流量采样。可在吸收瓶外用冰浴或冷水浴控制吸收液温度，以提高吸收效率。为保证具有较高的吸收效率，测定不同烟气二氧化硫浓度，要选择不同的采样时间。当烟气中的二氧化硫浓度低于1000mg/m^{3}时，采样时间应为20~

30min；当烟气中的二氧化硫浓度高于 1000mg/m^3 时，采样时间应为 13~15min。加有稳定剂的吸收液，在测定范围内，其吸收效率大于 96%。在同一工况下，应连续测定 3 次，取平均值作为测量结果。

采样后，应尽快对样品进行滴定。样品放置时间不应超过 1h。将两个吸收瓶中的样品全部转入碘量瓶，用少量吸收液分别洗涤吸收瓶两次，洗涤液也转入碘量瓶，摇匀。加 2g/L 淀粉溶液，用碘标准溶液滴定至蓝色，记录消耗量 V（mL）。另取相同体积吸收液，同法进行空白滴定，记录消耗量 V_0（mL）。若烟气二氧化硫浓度较高，可取部分吸收液进行滴定。

排放浓度和排放速率计算方法参考本章第四节。

3. 注意事项

在测定时，锅炉燃料在正常工况燃烧时，烟气中 H_2S 等还原性物质含量极少，对测定的影响可忽略不计；吸收液中的氨基磺酸铵可消除二氧化氮的影响。采样时，要将采样管加热至 120℃，以防止二氧化硫被冷凝水吸收，使测定结果偏低。

（二）定电位电解法（HJ/T 57—2017）

该方法适用于固定污染源废气中二氧化硫的测定。与之配套的仪器设备，国家也规定了技术条件（HJ/T 46），明确了仪器组成、技术要求和性能测试方法等。

1. 原理

抽取样品注入主要由电解槽、电解液和电极（敏感电极、参比电极和对电极）组成的传感器。二氧化硫通过渗透膜扩散到敏感电极表面，在敏感电极上发生氧化反应：$SO_2+2H_2O \rightarrow SO_4^{2-}+4H^++2e^-$，由此产生极限扩散电流（$i$）。在规定的工作条件下，电子转移数（Z）、法拉第常数（F）、气体扩散面积（S）、扩散系数（D）和扩散层厚度（δ）均为常数，极限扩散电流（i）的大小与二氧化硫浓度（C）成正比，所以可由极限扩散电流来测定二氧化硫浓度。方法检出限为 3mg/m^3，测定下限为 12mg/m^3。

2. 测试步骤

（1）校准

按仪器使用说明书正确连接分析仪、采样管、导气管等，达到仪器工作条件后检查气密性，进行零点和量程校准。

（2）测试

将测定仪采样管前端置于排气筒的采样点上，堵严采样孔，使之不漏气。启动抽气泵，以测定仪规定的采样流量取样测定，待测定仪稳定后，按分钟保存测定数据，取连续 5~15min 测定数据的平均值，作为一次测量值。一次测量结束后，依照仪器说明书的规定用零气清洗仪器。取得测量结果后，用零气清洗测定仪，待其示值回到零点附近后，关机断电，结束测定。

3. 干扰及消除

- 待测气体中的颗粒物、水分和三氧化硫等易在传感器渗透膜表面凝结并造成传感器损坏，从而影响测定；应采用滤尘装置、除湿装置、滤雾器等进行滤除，消除影响。

• 氨、硫化氢、氯化氢、氟化氢、二氧化氮等会对样品测定产生一定干扰，可采用磷酸吸收、乙酸铅棉吸附、气体过滤器滤除等措施减小干扰。

• 一氧化碳干扰显著，测定样品时需同时测定一氧化碳浓度。当一氧化碳浓度不超过 50μmol/mol 时，可用该方法测定样品。当一氧化碳浓度超过 50μmol/mol 时，二氧化硫测定仪初次使用前，应开展一氧化碳干扰试验；在干扰试验确定的二氧化硫浓度最高值和一氧化碳浓度最高值范围内，可用该方法测定样品。

4. 注意事项

测定仪应在规定的环境温度、环境湿度等条件下工作。进入定电位电解法传感器的废气温度应不高于 40℃。应及时排空除湿装置的冷凝水，防止影响测定结果。应及时清洁采样滤尘装置，防止阻塞气路。测定仪应具有抗负压能力，保证采样流量不低于其规定的流量范围。测定仪应装有可充电电池，能自动显示剩余电量，且使用中应保证电量充足；测定仪长期不用时，每月应至少通电开机运行一次，以保持传感器的极化条件。

（三）非分散红外吸收法（HJ 629—2011）

该方法适用于固定污染源有组织排放废气中二氧化硫的瞬时监测和连续监测。

1. 原理

二氧化硫气体在 6.82~9μm 波长红外光谱具有选择性吸收特性。一束恒定波长为 7.3μm 的红外光通过二氧化硫气体时，其光通量的衰减与二氧化硫的浓度符合朗伯-比尔定律。该方法的检出限为 3mg/m^3，测定下限为 10mg/m^3。

2. 测试步骤

（1）校准

开启仪器泵电源开关，预热，将高纯氮气经相应的减压阀和流量调节器，以仪器规定的流量通入进气口，待仪器指示稳定后，进行零点校准。测量浓度较高的气体样品时，也可用新鲜空气进行零点校准。由于非分散红外法二氧化硫分析仪的灵敏度会随时间推移而变化，为保证测试精度，至少每三个月对仪器的测定量程进行一次校准（校准程序参见仪器说明书）。

（2）测定

将采样管插入烟道采样点位，开动抽气泵，以仪器规定的采样流量连续采样，用烟气清洗采样管道，抽取烟气进行测定，待仪器读数稳定后，即可记录分析仪读数，同一工况下应连续测定三次，取平均值作为测量结果。

3. 干扰及消除

在室温下，样品含水量或水蒸气低于饱和湿度时对测定结果无干扰，但更高的含水量或水蒸气会对测定结果产生负干扰，需采用除湿装置对气体样品进行除湿处理。

4. 注意事项

- 为防止采样气体中的水分在连接管和仪器中冷凝干扰测定，应在采样前将采样管及除湿装置加热至120℃以上。

- 连接带加热和除湿装置的采样管与仪器进气孔时，连接管线应尽可能短一些，当使用较长管线时，应注意防止样气中水分冷凝。

- 样品气体在进入分析仪前应进行过滤，以除去颗粒物。测定前，应检查除湿器和输气管路，并清洁采样预处理器的颗粒物过滤器，必要时应更换滤料。在测量过程中，应随时监控采气流速的变化，及时清洗、更换烟尘过滤装置。

（四）便携式紫外吸收法（HJ 1131—2000）

该方法适用于固定污染源废气中二氧化硫的测定。对于与该方法配套的测量仪器——固定污染源烟气便携式紫外吸收法测量仪器，国家也规定了技术要求及检测方法（HJ 1045），明确了仪器的组成结构、技术要求、性能指标和仪器检测评价方法等。

1. 原理

二氧化硫对紫外光区内190~230nm或280~320nm特征波长光具有选择性吸收特性。根据朗伯-比尔定律，可定量测定废气中二氧化硫的浓度。方法检出限为2mg/m^3，测定下限为8mg/m^3。

2. 测试步骤

（1）校准

按仪器使用说明书，连接分析仪、采样管、导气管等，开启仪器电源，经仪器预热稳定后，检查气密性，校准仪器零点和量程。

（2）测定

把采样管插入采样点位，以仪器规定的采样流量连续自动采样，待仪器读数稳定后即可记录读数，每分钟保存一个均值，连续取样5~15min，测定数据的平均值可作为一个样品测定值。测定结束后，进行零点漂移、全系统示值误差、量程漂移的检查，检查合格，测试结果有效，否则测试结果无效。

3. 干扰和消除

- 废气中的颗粒物容易污染吸收池，应通过高效过滤器除尘等方法消除或减少废气中颗粒物对仪器的污染，过滤器滤料的材质应避免与二氧化硫发生物理吸附或化学反应。

- 废气中的水蒸气在采样过程中遇冷产生冷凝水会吸收样品中的二氧化硫，导致测定结果偏低。应通过加热采样管和导气管、冷却装置快速除湿或测定热湿废气样品等方法，消除或减少废气中水汽冷凝等对仪器的污染和造成的二氧化硫吸附及溶解损失。

4. 注意事项

- 仪器应在规定的环境温度、环境湿度等条件下工作。

• 测定前应确保采样管和导气管畅通，并清洁颗粒物过滤装置，必要时应更换滤料。

• 测定前应检查采样管加热系统是否正常工作，采样管是否加热到预设温度，仪器必须充分地预热。

• 如有除湿冷却装置，测定前应确保正常运行，测定全过程应注意观察冷凝水，及时排出，防止影响测定结果。

• 当监测点位负压过大时，容易导致仪器无法正常采集烟气，影响测试结果的准确性。应选择抗负压能力大于烟道负压的仪器或将负压烟道气引到平衡装置内等手段消除影响，然后进行测定。在测定过程中，应做好随时监控。

二、氮氧化物

氮氧化物种类很多，常见的有一氧化氮、二氧化氮、一氧化二氮、五氧化二氮等。在常态下，除五氧化二氮为固体外，其他氮氧化物都呈气态。空气污染中的氮氧化物（NO_x）常指 NO 和 NO_2。人为活动排放的 NO_x 主要来自化石燃料的燃烧过程，如汽车、飞机、内燃机及工业窑炉的燃烧过程；少部分来自生产环节和使用硝酸的过程，如氮肥生产、有机中间体合成、有色及黑色金属冶炼企业等。NO_x 对环境的损害极大，它既是形成酸雨的主要物质之一，也是形成大气中光化学烟雾的重要物质和消耗 O_3 的一个因子。

我国规定，固定污染源废气中氮氧化物的测试方法有酸碱滴定法（HJ 675—2013）、盐酸萘乙二胺分光光度法（HJ/T 43—1999）、定电位电解法（HJ 693—2014）、非分散红外吸收法（HJ 692—2014）、紫外分光光度法（HJ/T 42—1999）和便携式紫外吸收法（HJ 1132—2020）。我国对便携式紫外吸收法使用的仪器也制定了技术标准（HJ 1045—2019）。

（一）酸碱滴定法（HJ 675—2013）

该方法适用于火炸药工业硝烟尾气中一氧化氮、二氧化氮及其他氮氧化物的测定。

1. 原理

以过氧化氢吸收液吸收火炸药工业硝烟尾气中的一氧化氮、二氧化氮及其他氮氧化物，氮氧化物被氧化后，生成硝酸。用氢氧化钠标准溶液滴定吸收液中的硝酸，根据其消耗体积计算氮氧化物浓度。方法检出限为 $50mg/m^3$，测定范围为 200 ~ $20000mg/m^3$。

2. 测试步骤

将采样后的真空采样瓶置于往返振荡器上（或用人工）振荡 10 ~ 15min，放置 10 ~ 15min。测量瓶内余压，记录室温。将全部吸收液转入干燥的容器中，用移液管吸取 50 ~ 100mL 试样溶液于干燥的 250mL 锥形瓶中，加 4 ~ 5 滴混合指示液，用氢氧化钠标准溶液滴定至溶液呈亮绿色，记录消耗体积。同时，吸取相同体积的过氧化氢吸收液做空白试验，记录试剂空白消耗体积。

3. 干扰及消除

该方法受其他酸碱性气体的干扰。当气体样品中含有硝酸雾时，采样瓶前应连接1~2支内装中性玻璃棉的三连球管，以滤除硝酸雾。

4. 注意事项

- 现场测定应准备全程序空白。此空白测定值应小于方法检出限。
- 采样前应仔细检查采样系统是否漏气。用启动泵抽真空至一定程度后关紧活塞，观测真空表，1min 内其读数变化应小于 1.33kPa（或 10mm 汞柱）。采样后，应在样品恢复至室温后再进行分析，这样在计算采样体积时可以不计饱和蒸气压的影响。
- 因为该方法规定的采样操作要在很短的时间内完成，采样体积相当小，所以所获得的结果将是氮氧化物的瞬间测量，仅仅当排放气体混合均匀、浓度变化不大时，才能代表其排放状态。为保证样品具有代表性，要同时采集多个样品，取平均值。

（二）盐酸萘乙二胺分光光度法（HJ/T 43—1999）

该方法适用于固定污染源有组织排放的氮氧化物测定。在臭氧浓度大于氮氧化物浓度5倍，二氧化硫浓度大于氮氧化物浓度100倍条件下，对氮氧化物测定有干扰。

1. 原理

在采样时，气体中的一氧化氮等低价氧化物首先被三氧化铬氧化成二氧化氮，二氧化氮被吸收液吸收后，生成亚硝酸和硝酸，其中亚硝酸与对氨基苯磺酸起重氮化反应，再与盐酸萘乙二胺偶合生成一种玫红色化合物，根据颜色深浅，用分光光度法测定。当采样体积为1L时，该方法的定性检出浓度为 0.7mg/m^3，定量测定的浓度范围为 2.4~208mg/m^3。更高浓度的样品，可以用稀释的方法进行测定。

2. 测试步骤

（1）绘制标准曲线

在 25mL 比色管中制备亚硝酸钠标准色列。与显色液混匀后，避开直射阳光，放置15min，在波长 540nm 处，用 1cm 比色皿，以水为参比，测定吸光度。以吸光度对亚硝酸根浓度绘制标准曲线，并得到线性回归方程。

（2）样品测定

采样后，分别取两个吸收瓶中的吸收液，于 1cm 比色皿中按绘制标准曲线相同条件测定吸光度，同时测定空白吸收液的吸光度。若样品溶液的吸光度超过测定上限，则取适量样品溶液，用空白吸收液进行适当稀释后再测定吸光度。

3. 注意事项

- 吸收液应避光且不能长时间暴露在空气中，以防光照使吸收液显色或因吸收空气中的氮氧化物而使空白值增高。
- 氧化管适于在相对湿度为 30%~70%时使用。当空气中相对湿度大于 70%，应勤换氧化管；当空气中相对湿度小于 30%时，则在使用前，用经过水面的潮湿空气通过氧化管，平衡1h。在使用过程中，应经常注意氧化管是否吸湿引起板结或变成绿色。若氧化管板结，会使采样系统阻力增大，影响流量；若变成绿色，表示氧化管已失效。各支氧化管的阻力差别应不大于1.33kPa。

- 吸收液若受三氧化铬污染，呈黄棕色，则样品应报废。
- 绘制标准曲线，向各管中加亚硝酸钠标准使用液时，应以均匀、缓慢的速度加入，曲线的线性较好。一般情况下，该方法标准曲线的剩余标准偏差为0.002~0.007，对应的系数 r 为0.9999~0.999。
- 当管道排烟温度为常温时，可不必将采样瓶放置于冰浴内采样。

（三）定电位电解法（HJ 693—2014）

该方法适用于固定污染源废气中氮氧化物的测定。

1. 原理

抽取废气样品放入主要由电解槽、电解液和电极（包括三个电极，分别为敏感电极、参比电极和对电极）组成的传感器。NO或 NO_2 通过渗透膜扩散到敏感电极表面，在敏感电极上发生氧化或还原反应，在对电极上发生还原或氧化反应。反应式如下：

$$NO+2H_2O \rightarrow HNO_3+3H^++3e^-$$

$$NO_2+2H^++2e^- \rightarrow NO+H_2O$$

$$NO_2+2e^- \rightarrow NO+O^{2-}$$

与此同时，产生极限扩散电流（i）。在一定的工作条件下，电子转移数（Z）、法拉第常数（F）、气体扩散面积（S）、扩散常数（D）和扩散层厚度（δ）均为常数，因此在一定范围内极限扩散电流（i）的大小与NO或 NO_2 的浓度（ρ）成正比。可以用式（3-27）表示：

$$i=\frac{Z\times F\times S\times D}{\delta}\times\rho \qquad (3-27)$$

该方法检出限为一氧化氮3mg/m^3（以 NO_2 计），二氧化氮3mg/m^3；测定下限为一氧化氮12mg/m^3（以 NO_2 计），二氧化氮12mg/m^3。

2. 测试步骤

（1）校准

按照仪器说明书连接仪器，进行量程校准和零点校准。

（2）样品测试

零点校准完毕后，将仪器的采样管前端置于排气筒中，堵严采样孔，使之不漏气。待仪器示值稳定后，记录示值，每分钟至少记录一次监测结果。取5~15min平均值作为一次测定值。在测定期间内，为保护传感器，应每测定一段时间后，按照仪器使用说明书，用清洁的环境空气或氮气清洗传感器。取得测定结果后，将采样管置于清洁的环境空气或氮气中，使仪器示值回到零点附近。关机，切断电源，拆卸仪器的各部分连接，测定结束。

3. 干扰和消除

废气中的颗粒物和水分易在传感器渗透膜表面凝结，从而影响测定结果。该方法采用滤尘装置、除湿冷却装置等对废气中的颗粒物和水分进行预处理，以去除影响。CO_2、NH_3、CO、SO_2、H_2、HCl、CH_4、C_2H_4 等气体会对测定产生不同程度的干扰，干扰显著的，在仪器的计算程序中进行修正。

4. 注意事项

被测废气温度应不高于仪器说明书的规定或加热冷却装置的温度上限。测定结果应为仪器校准量程的20%~100%。在测定过程中，当仪器采样流量低于仪器规定值时，可采用外加抽气泵的方式解决。应及时排空除湿冷却装置的冷凝水，防止影响测定结果。应及时清洁滤尘装置，防止阻塞气路。

（四）非分散红外吸收法（HJ 692—2014）

该方法适用于固定污染源废气中氮氧化物的测定。

1. 原理

利用 NO 气体对红外光谱区，特别是 5.3μm 波长光的选择性吸收特性，根据朗伯-比尔定律定量测定废气中 NO 和 NO_2 通过转换器还原为 NO 后的浓度。该方法一氧化氮（以 NO_2 计）的检出限为 $3mg/m^3$，测定下限为 $12mg/m^3$。

2. 测试步骤

（1）校准

非分散红外吸收法氮氧化物测定仪（以下简称“仪器”）的组成：主机（含流量控制装置、抽气泵、检测器等）、NO_2 转换器、采样管（含滤尘装置和加热装置）、导气管、除湿冷却装置等。按照仪器说明书连接好装置，进行量程校准和零点校准。

（2）测定

把采样管插入烟道采样点位，以仪器规定的采样流量连续自动采样，用废气清洗采样管，抽取废气进行测定，待仪器读数稳定后记录读数，每分钟至少记录一次监测结果。测定结束后，将采样管置于清洁的环境空气或高纯氮气中，使仪器示值回到零点后关机。

（3）NO_2 至 NO 转化率测定

将一定浓度的 NO_2 标准气体通入转换器后再进入仪器进行测定，测定结果与标准气体的浓度比值即为 NO_2 至 NO 转化率。

3. 干扰及消除

该方法可通过串联型气动检测器或气体滤波相关技术消除干扰气体的干扰。废气中的颗粒物和水气的干扰，以及废气温度对测定的影响，可通过过滤器除尘、除湿冷却装置快速除水和废气降温消除或减少至可接受的程度。

4. 注意事项

● 测定前应检查除湿冷却装置和输气管路，并清洁颗粒物过滤装置，必要时应更换滤料；检查采样管加热系统是否正常工作。

● 及时排空除湿冷却装置的冷凝水，防止影响测定结果。

● 采气流速的变化直接影响仪器的测定读数，测定过程中要做好随时监控。

● 测定结果应处于仪器校准量程的 20%～100%。过高浓度的 NO_2 会影响转换器的正常工作，建议进入转换器的 NO_2 浓度不大于 200μmol/mol。

（五）紫外分光光度法（HJ/T 42—1999）

该方法适用于固定污染源有组织排放的氮氧化物的测定。

1. 原理

样品气体被收集在一个盛有稀硫酸-过氧化氢吸收液的瓶中，氮氧化物被氧化和吸收，成为 NO_3^- 存在于吸收液中，于 210nm 处测定 NO_3^- 的光吸收。当采样体积为 1L 时，该方法的氮氧化物检出限为 $10mg/m^3$，定量测定的浓度下限为 $34mg/m^3$，在不作稀释的情况下，测定的浓度上限为 $1730mg/m^3$。

2. 测定步骤

（1）样品采集

连接好采样装置，吸收瓶内装入吸收液，检查装置的气密性。将吸收瓶内的真空度抽至-90～70kPa，旋转三通阀活塞，使吸收瓶关闭，用采样管抽取排气筒内的气体，清洗管道约 3min，再旋转三通阀活塞，使采样管内的气体迅速进入吸收瓶。关闭吸收瓶，将吸收瓶连三通阀一起从采样装置中拆下，摇动 5min 后（注意避免阳光直射）带回实验室。记录吸收瓶抽真空时和采样后的温度和大气压力。采好样的吸收瓶应放置于阴暗处，时间不少于 16h。

（2）绘制标准曲线

在 5 个 100mL 容量瓶中分别加入不同体积的 KNO_3 标准使用液，向每支容量瓶加入适量吸收液，用水稀释至标线。在紫外分光光度计 210nm 处，以空白为参比测定吸光度。以吸光度为纵坐标，以对应的 NO_2 含量为横坐标，绘制标准曲线，并得到线性回归方程。

（3）测定

带回实验室的样品放置 16h 以后，摇动 2min，然后开启三通阀活塞并取下三通阀，从每一个样品中准确吸取 5mL 吸收液，注入 100mL 容量瓶，用水稀释至刻度。之后按绘制标准曲线相同步骤进行样品分析。

3. 注意事项

对于浓度过高的样品，可以在采样前降低吸收瓶的抽真空程度，或减少取出进行分析的吸收液体积；对于浓度过低的样品，可增加取出分析的吸收液体积，从而扩大测定范围，但应注意使标准系列与样品溶液的基本组分相同。

（六）便携式紫外吸收法（HJ 1132—2020）

该方法适用于固定污染源废气中氮氧化物的测定。

1. 原理

一氧化氮对紫外光区内 200～235nm 特征波长光，二氧化氮对紫外光区内 220～250nm 或 350～500nm 特征波长光具有选择性吸收特性，根据朗伯-比尔定律定量测定废气中一氧化氮和二氧化氮的浓度。一氧化氮的方法检出限为 $1mg/m^3$，测定下限为 $4mg/m^3$；二氧化氮的方法检出限为 $2mg/m^3$，测定下限为 $8mg/m^3$。

2. 测试步骤

（1）校准

紫外吸收法测量仪器的组成结构、技术要求、性能指标和仪器检测评价方法要符合 HJ 1045 标准要求。按仪器使用说明书，连接分析仪、采样管、导气管等，开启仪器电源，经仪器预热稳定后，检查气密性，校准仪器零点和校准量程。

（2）测定

把采样管插入采样点位，以仪器规定的采样流量连续自动采样，待仪器读数稳定后记录读数，每分钟保存一个均值，连续取样 5～15min 测定数据的平均值可作为一个样品测定值。在测定过程中，如发现二氧化氮浓度超过该方法测定下限，应中止测定，按照要求使用二氧化氮标准气体校准仪器，重新进行测定。

3. 干扰和消除

- 废气中的颗粒物容易污染吸收池，应通过高效过滤器除尘等方法消除或减少废气中颗粒物对仪器的污染，过滤器滤料的材质应避免与氮氧化物发生物理吸附或化学反应。
- 废气中的水蒸气在采样过程中遇冷产生冷凝水会吸收样品中的二氧化氮，导致测试结果偏低，应通过加热采样管和导气管、冷却装置快速除湿或测定热湿废气样品等方法，消除或减少废气中水汽冷凝等对仪器的污染和造成的氮氧化物吸附及溶解损失。

三、一氧化碳

一氧化碳是煤、石油等含碳物质不完全燃烧的产物。它主要来源于冶金工业中炼焦、炼铁及化学工业中合成氨、甲醇等的生产过程，如矿井放炮和煤矿瓦斯爆炸事故、汽车等交通工具尾气、锅炉中燃料的不完全燃烧等。在短时间内吸入过量的高浓度一氧化碳会造成急性一氧化碳中毒，使人出现中毒症状，引起脑、心、肝、肾、肺及其他组织的继发性营养不良性损伤。中毒者会很快昏迷，因呼吸困难和呼吸肌麻痹而迅速死亡，甚至电击样死亡。

我国规定，固定污染源废气中一氧化碳的测定方法有定电位电解法（HJ 973—2018）和非色散红外吸收法（HJ/T 44—1999）。

（一）定电位电解法（HJ 973—2018）

该方法适用于固定污染源废气中一氧化碳的测定。

1. 原理

抽取样品放入主要由电解槽、电解液和电极（敏感电极、参比电极和对电极）组成的传感器。一氧化碳通过渗透膜扩散到敏感电极表面，在敏感电极上发生氧化反应（$CO+2H_2O \rightarrow CO_3^{2-}+4H^++2e^-$），由此产生极限扩散电流（$i$）。在规定工作条件下，电子转移数（Z）、法拉第常数（F）、气体扩散面积（S）、扩散系数（D）和扩散层厚度（δ）均为常数，在一定范围内极限扩散电流（i）的大小与一氧化碳的浓度（C）成正比，所以可根据式（3-28）由极限扩散电流（i）来测定一氧化碳的浓度（C）。

$$i=\frac{Z \times F \times S \times D}{\delta} \times C \tag{3-28}$$

该方法的检出限为 $3mg/m^3$，测定下限为 $12mg/m^3$。

2. 测试步骤

（1）校准

定电位电解法一氧化碳测定仪（简称“测定仪或仪器”）组成：分析仪（含气体流量计和控制单元、抽气泵、传感器等）、采样管（含滤尘装置等）、导气管、除湿装置、便携式打印机等。按仪器使用说明书，正确连接分析仪、采样管、导气管等，达到仪器工作条件后检查气密性，进行零点校准和量程校准。

（2）测定

将测定仪采样管前端置于排气筒的采样点上，堵严采样孔，使之不漏气。启动抽气泵，以测定仪规定的采样流量取样测定，待测定仪稳定后，按分钟保存测定数据，取连续 5~15min 测定数据的平均值，作为一次测量值。一次测量结束后，依照仪器说明书的规定，用零气清洗仪器。待其示值回到零点附近，关机断电，结束测定。

3. 干扰和消除

• 待测气体中的颗粒物、水分等易在传感器渗透膜表面凝结并造成传感器损坏，从而影响一氧化碳的测定；应采用滤尘装置、除湿装置等进行滤除，消除影响。酸性气体对样品测定有干扰，测定仪应内置化学过滤器将其滤除，消除影响。

• 氢气对一氧化碳测定干扰显著，测定仪安装的一氧化碳传感器应具有抗氢气干扰功能。

• 乙烯对样品测定有干扰，当测定含乙烯浓度超过 100μmol/mol 的样品气体时，应慎用该方法。

4. 注意事项

• 测定仪应在规定的环境温度、环境湿度等条件下工作。进入定电位电解法传感器的废气温度应不高于 40℃。

• 测定仪应具有抗负压能力，保证采样流量不低于其规定的流量范围。

• 测定仪应装有可充电电池，能自动显示剩余电量，且使用中应保证有足够电量。测定仪长期不用时，每月应至少通电开机运行一次，以保持传感器的极化条件。应及时清洁测定仪滤尘装置，防止阻塞气路。

（二）非色散红外吸收法（HJ/T 44—1999）

该方法适用于固定污染源有组织排放的一氧化碳测定。

1. 原理

一氧化碳（CO）对 4. 67μm、4. 72μm 两波长处的红外辐射具有选择性吸收特性，在一定波长范围内，吸收值与一氧化碳的浓度呈线性关系（遵循朗伯-比尔定律），应根据吸收值确定样品中一氧化碳的浓度。检出限为 $20mg/m^3$，定量测定的浓度范围为 $60\sim15\times10^4mg/m^3$。

2. 测试步骤

（1）采样

连接好采样装置，将采样管头部插入排气筒采样点位置，用排气筒中的气体清洗采样管 2~3 次，即可直接通入仪器进行测定（仪器自身带有抽气泵）。如果使用铝泊复合薄膜袋采样，应将待测气引入采气袋，用烟气清洗 3 次，然后采满气袋，用弹夹夹住入口。应根据烟气温度和含湿量选用不同的除湿装置。采集到气袋中的样品应尽快分析，室温下保存最长不超过 36h。

（2）仪器调零与校正

通常以环境空气为零气，开启仪器泵电源开关，此时抽取的是环境空气，可视为零点校正气，如果环境中的一氧化碳浓度大于待测样品浓度的 1%，需用纯氮校零。以一定浓度的标准气体为基准，对仪器的各量程范围进行校正，校正气浓度应为满量程的 90%~100%。

（3）测定

测定前，应装配好实验装置，保证所有部位连接牢固不漏气。将采样管插入烟道采样点位，开动抽气泵。用烟气清洗采样管道，然后开始抽样，记录分析仪读数。用气袋采集的样品，可直接接入仪器进气口，开启仪器泵电源，将气袋中的样品气抽入仪器即可进行测定。

3. 注意事项

- 采样时，如遇负压锅炉，需接大功率泵，仪器本身泵关闭。
- 采样时要注意安全，对一氧化碳浓度较高的采样点，采样开孔应安装防喷装置，采样人员要站在上风处，防止一氧化碳中毒。
- 室温下的饱和水蒸气对测定无干扰，但更高的含湿量对测定有正干扰，需采取适当除湿措施。

四、氯气的测定

氯气是一种有强烈刺激性气味的剧毒气体，常温常压下呈黄绿色，能与有机物和无机物进行取代反应和加成反应生成多种氯化物，主要用于生产塑料（如 PVP）、合成纤维、染料、农药、消毒剂、漂白剂溶剂及各种氯化物。它主要通过呼吸道侵入人体，会对上呼吸道黏膜造成损伤，刺激黏膜发生炎性肿胀，造成呼吸困难，症状严重时会发生肺水肿。当空气中氯气浓度超过 0.001mg/L 时，会引起人体中毒。氯气具有很强的腐蚀性，能与许多金属发生反应，污染水体、土壤和空气，对所有植物和动物均具有致命性，尤其是动物，致死率甚至可达 100%。

我国规定，固定污染源废气中氯气的测定方法有碘量法（HJ 547—2017）和甲基橙分光光度法（HJ/T 30—1999）。碘量法主要用于固定污染源有组织排放废气中氯气的测定，甲基橙分光光度法可用于有组织排放和无组织排放废气中氯气的测定。

（一）碘量法（HJ 547—2017）

该方法适用于固定污染源有组织排放废气中氯气的测定，不适用于无组织排放废气中氯气的测定。

1. 原理

废气中的氯气被氢氧化钠溶液吸收，生成次氯酸钠（$2NaOH+Cl_2 \rightarrow NaCl+H_2O+NaClO$）。采样后，加入碘化钾，用盐酸酸化，释放出的游离氯（$NaClO+HCl \rightarrow NaOH+Cl_2$）会将碘离子氧化成碘（$Cl_2+2KI \rightarrow 2KCl+I_2$），用硫代硫酸钠标准溶液滴定（$I_2+2Na_2S_2O_3 \rightarrow 2NaI+Na_2S_4O_6$）。根据消耗的硫代硫酸钠标准溶液的量和采样体积，可计算出废气中氯气的浓度。当采样体积为 10L 时，方法检出限为 $12mg/m^3$，测定下限为 $48mg/m^3$。

2. 测试步骤

（1）采样

串联两个内装氢氧化钠吸收液的多孔玻板吸收瓶，将其连接到采样系统中，恒流量采样（空白样：另取两个吸收瓶，装入氢氧化钠吸收液后串联，带至采样现场，不与采样器连接，采样结束后，将其与所采集样品一同带回实验室）。当排气中含有固体颗粒物时，应将滤膜置于滤膜夹内，接装在采样管前端，当废气温度高于环境温度或含湿量较大时，需要加热滤膜夹内的滤膜及采样管，保持采样管保温夹套温度在 120℃，防止水分凝结。记录采样流量、时间、温度、气压等信息。采样完毕后，用连接管密封吸收瓶出口，避光运回实验室。当氯气浓度高、含湿量大（烟气含湿量在 25%以上）时，需进行等速采样。

（2）样品预处理

将第一级吸收瓶的吸收液转移至容量瓶中，用第二级吸收瓶中的吸收液洗涤第一瓶后转入容量瓶，再用少量水洗涤两个吸收瓶和吸收管，洗涤液一并转入容量瓶中，加水至标线，混匀，待测。空白样也进行同样的操作。

（3）测定

吸取适量试样于碘量瓶中，加入等体积水，加入碘化钾，待溶解后，加入盐酸溶液，塞紧、混匀，于暗处放置 5min。用硫代硫酸钠标准使用液滴定至淡黄，记录标准使用液体积。空白样进行同样的操作。

（4）结果计算

废气中氯气的浓度按式（3-29）计算：

$$C=\frac{(V-V_0)\times C_0\times 35.5}{V_{nd}}\times\frac{V_t}{V_a}\times 1000 \tag{3-29}$$

式中：C——废气中氯气的浓度，mg/m^3；

V——滴定样品溶液所消耗硫代硫酸钠标准使用液的体积，mL；

V_0——滴定试剂空白溶液所消耗硫代硫酸钠标准使用液的体积，mL；

C_0——硫代硫酸钠标准使用液的浓度，mol/L；

35.5——氯气（$1/2Cl_2$）的摩尔质量，g/mol；

V_{nd}——换算成标准状态下（0℃，101.325kPa）干排气的采气体积，L；

V_t——试样溶液总体积，mL；

V_a——滴定时所取试样溶液体积，mL。

当测量结果$<100mg/m^3$时，保留到整数位；当测量结果$\geq 100mg/m^3$时，保留三位有效数字。

3. 干扰和消除

废气中的氟化氢和氯化氢不干扰测定；颗粒物会影响测定，可在采样管前加装滤膜去除；当废气中含有其他氧化性或还原性气体时，对测定有干扰。

4. 注意事项

采样时，吸收瓶进气口端和串联的两个吸收瓶之间不可用乳胶管连接，应采用聚四氟乙烯软管或聚乙烯塑料管以内接外套法连接，即将塑料管插入吸收瓶管口，用聚四氟乙烯胶带缠好后，外面再用一段硅橡胶管接好管口。连接管应尽量短。

（二）甲基橙分光光度法（HJ/T 30—1999）

该方法适用于固定污染源有组织排放和无组织排放的氯气测定。

1. 原理

含溴化钾、甲基橙的酸性溶液和氯气反应，氯气会将溴离子氧化成溴。溴能在酸性溶液中将甲基橙溶液的红色减退，可用分光光度法测定其退色的程度，进而确定氯气的含量。当采集的无组织排放样品体积为 30L 时，方法检出限为 $0.03mg/m^3$，定量测定的浓度范围为 0.086~3.3mg/mL；当采集的有组织排气样品体积为 5L 时，方法检出限为 $0.2mg/m^3$，定量测定的浓度范围为 $0.52\sim 20mg/m^3$。

2. 测试步骤

（1）样品采集

有组织排放样品采集：按采样管、样品吸收装置、流量计量装置和抽气泵的顺序连接好采样系统，连接管要尽可能短，检查采样系统的气密性和可靠性。将采样管头部塞适量玻璃棉后，插入排气筒采样点，用两支串联，内装甲基橙吸收液的多孔玻板吸收管，以 0.2L/min 的流量采样。当吸收液颜色有明显减退时，即可停止采样。如不退色，采样时间选择 60min。采样后，将两管样品溶液全部转移到容量瓶中，用水洗涤吸收管，合并转移到此容量瓶中。用水稀释至标线，混匀，待测定。该样品显色完成后，溶液颜色稳定，常温下至少可保存 15 天。

（2）标准曲线绘制

在一系列容量瓶中，各加入一定量的甲基橙吸收液，并按次序分别移入不同量溴酸钾标准使用溶液，用水稀释至刻度，混匀。放置 40min 后，用 1cm 比色皿，在波长 507nm 处，以水为参比，测定吸光度。以吸光度对氯含量绘制标准曲线，并计算得到标准曲线的线性回归方程。

（3）样品测定

采样后转移到容量瓶中的溶液，放置 40min 后，用 1cm 比色皿，在波长 507nm 处，以水为参比，测定吸光度。将测定的吸光度代入标准曲线方程，计算氯气含量。

3. 干扰和消除

游离溴有和氯相同的反应，会产生正干扰，微量二氧化硫对测定有明显负干扰。

4. 注意事项

- 当温度低于 20℃时，标准曲线绘制和样品测定都必须延长反应显色时间，或将反应后的吸收液置于 20～30℃恒温水浴中 40min。
- 在现场采样时，如氯气浓度较高，则操作人员应在上风向并戴好防毒口罩操作，严防氯气中毒。

五、氯化氢的测定

氯化氢又称无水盐酸，是一种无色有刺激性气味的气体。氯化氢与水不反应，但易溶于水，也能溶于其他多种有机物。在空气中，氯化氢常以盐酸烟雾的形式存在。干燥氯化氢的化学性质很不活泼；湿的氯化氢气体的化学性质却相当活泼，能与多种金属及氧化物发生反应。氯化氢在化学工业、电子工业等行业被广泛使用。氯化氢气体对呼吸系统有刺激作用，可导致鼻中隔溃疡，引起结膜炎及浅表性角膜炎；会刺激皮肤，引起暂时性的刺激炎症。在 1500ppm 左右高浓度的氯化氢气体中停留 1 小时可使人死亡。

我国规定，固定污染源废气中氯化氢的测定方法有硝酸银容量法（HJ 548—2016）、离子色谱法（HJ 549—2016）和硫氰酸汞分光光度法（HJ/T 27—1999）。其中，硝酸银容量法主要适用于固定污染源有组织排放的废气且废气中含氯化氢浓度比较高的情况，硫氰酸汞分光光度法和离子色谱法均可用于固定污染源和环境空气中氯化氢的测定。

（一）硝酸银容量法（HJ 548—2016）

1. 原理

氯化氢被氢氧化钠溶液吸收后，在中性条件下，以铬酸钾为指示剂，用硝酸银标准溶液滴定，生成氯化银沉淀，过量的银离子与铬酸钾指示剂反应生成浅砖红色铬酸银沉淀，指示滴定终点。当采样体积为 15L（标准状态）时，方法检出限为 $2mg/m^3$，测定下限为 $8.0mg/m^3$。

2. 测试步骤

（1）样品采集

采样时，串联两支内装氢氧化钠吸收液的吸收瓶，按照气态污染物采集方法，以一定流量连续 1 小时采样，或在 1 小时内以等时间间隔采集 3~4 个样品。在采样过程中，应保持采样保温夹套温度为 120℃，以避免水汽在采样管路中凝结。采样完毕后，用连接管密封吸收瓶，待测。同时，要采集全程空白样。

（2）测定

采样后，将两支吸收瓶中的样品溶液分别转入两个锥形瓶中，用少量水洗涤吸收瓶内壁，洗液并入对应的锥形瓶中。加入 1 滴酚酞指示剂，滴加硝酸溶液至红色消失；加入铬酸钾指示剂，在不断摇动锥形瓶的同时，用硝酸银标准溶液滴定，至产生不消失的淡砖红色沉淀为止。分别记录两个锥形瓶中样品所消耗的硝酸银标准溶液的体积。同时测定空白样。计算得到的结果，当固定污染源废气中氯化氢浓度 $<10mg/m^3$ 时，结果保留至小数点后 1 位；当固定污染源废气中氯化氢浓度 $\geqslant 10mg/m^3$ 时，结果保留3 位有效数字。

3. 干扰和消除

- 当废气中含有硫化物、二氧化硫时，会对该方法产生正干扰。加入 1mL 的过氧化氢，可以消除干扰。

- 颗粒态的氯化物会对该方法产生正干扰；当废气中硫酸雾浓度 $>15g/m^3$ 时，该方法在滴定过程中会产生白色沉淀，从而影响滴定过程的终点判定；当待测液中铁含量 $>10mg/L$ 时，会对该方法滴定过程的终点判定产生影响。上述干扰可在采样时通过滤膜过滤去除。

- 当废气中共存氯气时，可与氢氧化钠反应生成等量的氯离子和次氯酸根离子，干扰氯化氢的测定。用碘量法测定次氯酸根，从总氯化物中减去其含量，即获得氯化氢含量。

4. 注意事项

- 用硝酸银标准溶液滴定时，样品溶液应为中性或微碱性（pH = 6.5 ~ 10.5）。当样品溶液 pH 值偏低时，会导致滴定体积增大，产生正误差；当样品溶液 pH 值偏高时，Ag^+ 形成 Ag_2O 沉淀，从而影响滴定终点判定。若样品溶液中存在 NH_4^+，需将样品溶液的 pH 值控制在 6.5~7.2 的范围内，因为碱性条件下 Ag^+ 与 NH_3 易形成 $Ag(NH_3)_2^+$ 配离子。

• 滴定时必须剧烈摇动，以防止 Cl 被 AgCl 吸附，使溶液中 Cl 浓度降低，导致终点提前产生，引起负误差。

（二）离子色谱法（HJ 549—2016）

该方法适用于环境空气和废气中氯化氢的测定。

1. 原理

用水或碱性吸收液分别吸收环境空气或固定污染源废气中的氯化氢，将形成含氯离子的试样注入离子色谱仪进行分离测定。用电导检测器检测，根据保留时间定性，根据峰面积或峰高定量。对于环境空气，当采样体积为 60L（标准状态）、定容体积为 10. 0mL 时，方法检出限为 0. 02mg/m^3，测定下限为 0. 08mg/m^3。对于固定污染源废气，当采样体积为 10L（标准状态）、定容体积为 50. 0mL 时，方法检出限为 0. 2mg/m^3，测定下限为 0. 80mg/m^3。

2. 测试步骤

（1）样品采集

用水预先清洗冲击式吸收瓶至洗液电导率小于 1. 0μS/cm，置于洁净的环境中晾干备用。采样前，装入吸收液，并用连接管密封保存和运输。串联两支装有吸收液的吸收瓶，按照气态污染物采集方法，以 0. 5～1. 0L/min 的流量，连续 1 小时采样，或在 1 小时内以等时间间隔采集 3～4 个样品，采样前后流量偏差应≤5%。在采样过程中，应保持采样管保温夹套温度为 120℃，以避免水汽在进入吸收瓶之前凝结。若排气中含有颗粒态氯化物，应在吸收瓶之前接装放入滤膜的滤膜夹。每次采集样品应至少带两套全程序空白样品。将同批次装好吸收液的吸收瓶带至采样现场，不与采样器连接，采样结束后带回实验室待测。

（2）样品预处理

将两支吸收瓶中的吸收液分别转入两支具塞比色管中，用少量水洗涤吸收瓶内壁，将洗液并入比色管，稀释定容至标线，摇匀。用一次性注射器抽取适量，在注射器前端套上微孔滤膜，轻推试样过柱，弃去初始的 3mL 试样，收集剩余的洗脱液，待测。空白样按照相同方法处理。

（3）标准曲线绘制

分别移取不同体积的氯化物标准溶液置于一组容量瓶中，用水定容至标线，摇匀。该标准溶液系列中氯离子浓度从低到高依次进样，可得到不同浓度氯离子的色谱图。以氯离子的浓度为横坐标，以峰高或峰面积为纵坐标，绘制标准曲线。

（4）样品测定

将样品（空白）注入离子色谱仪，按照与绘制标准曲线相同的色谱条件和步骤测定 Cl^- 含量。当样品中 Cl^- 含量超出标准曲线绘制范围时，应用水稀释后重新测定。

3. 干扰和消除

颗粒态氯化物对测定有干扰，采样时可用聚四氟乙烯滤膜或石英滤膜去除其干扰。氯气对测定有干扰，可使用酸性吸收液串联碱性吸收液采样，分别吸收氯化氢和氯气，去除干扰。

4. 注意事项

- 当固定污染源废气中氯化氢浓度高于 $100mg/m^3$ 时，吸收液浓度可适当增加，但测定时应稀释至与淋洗液浓度相当。
- 当固定污染源废气中含有氯气时，串联四支吸收瓶，前两支装硫酸吸收液，后两支装碱性吸收液，分别吸收氯化氢气体和氯气，以避免氯气干扰。高浓度 SO_4^{2-} 会对色谱柱有干扰，使用后应及时清洗。
- 当固定污染源废气中湿度较大，氯化氢吸湿并主要以盐酸雾形式存在时，布点和采样应符合 GB/T 16157—1996 中有关颗粒物采集的相关规定。
- 吸收瓶、连接管及各器皿均应用实验用水反复洗涤并防止被污染，末次洗液的电导率应小于 1.0μS/cm。操作中应防止自来水、空气微尘及手上氯化物的干扰。
- 采样器与滤膜夹、滤膜夹与吸收瓶、吸收瓶之间的连接管均应尽可能短，并检查系统的气密性和可靠性。
- 每次分析样品结束后，应用淋洗液清洗仪器管路。实验结束后，应用实验用水清洗仪器泵及抑制器，以免其被淋洗液腐蚀。如仪器分析精度下降，应检查柱效及抑制器工作状态，必要时进行更换，以确保分析数据的准确性。

（三）硫氰酸汞分光光度法（HJ/T 27—1999）

该方法适用于固定污染源有组织排放和无组织排放的氯化氢测定，也适用于环境空气中氯化氢的测定。

1. 原理

用稀氢氧化钠溶液吸收氯化氢（HCl）。吸收溶液中的氯离子和硫氰酸汞反应，可生成难电离的二氯化汞分子，置换出的硫氰酸根与三价铁离子反应，会生成橙红色硫氰酸铁络离子，根据颜色深浅，用分光光度法测定。在无组织排放样品分析中，当采气体积为 60L 时，氯化氢的检出限为 $0.05mg/m^3$，定量测定的浓度范围为 0.16～$0.80mg/m^3$；在有组织排放样品分析中，当采气体积为 10L 时，氯化氢的检出限为 $0.9mg/m^3$，定量测定的浓度范围为 3～$24mg/m^3$。

2. 测试步骤

（1）样品采集

串联两支多孔玻板吸收瓶，以 0.5L/min 流量采样 5～30min。在采样过程中，根据排气温度和湿度调节采样管保温夹套温度，以避免水汽于吸收瓶之前凝结。若排气中含有氯化物颗粒性物质，应在吸收瓶之前接装滤膜夹，否则可不装滤膜夹。如果样品采集后不能当天测定，应将试样密封后置于冰箱 3～5℃保存，保存期不超过 48h。

（2）标准曲线绘制

取不同体积氯化钾标准溶液于具塞比色管中，在上述各管中加入硫酸铁铵溶液，混匀，加硫氰酸汞-乙醇溶液，混匀。在室温下放置20~30min，于波长460nm处，以水为参比，测定各管的吸光度。以扣除空白的吸光度为纵坐标，以氯化氢含量为横坐标，绘制标准曲线。

（3）测定

将吸收后的样品溶液分别转入两支50mL容量瓶中，用少量吸收液洗涤吸收瓶，洗涤液并入容量瓶，然后用吸收液定容。摇匀后，从各瓶吸取适量样品溶液，分别置于10mL干燥的具塞比色管中，加吸收液至5mL。之后按标准曲线绘制步骤进行分光光度测定。样品吸光度扣除空白后，代入标准曲线方程计算氯化氢浓度。

3. 注意事项

- 分析时所用的试剂及去离子水中均含有微量氯离子，使试剂空白液吸光度较高。
- 采样管与第一吸收瓶、第一吸收瓶与第二吸收瓶之间不可用乳胶管连接，应用聚乙烯管或用聚四氟乙烯塑料管以内接外套法连接，即将塑料管插入吸收瓶管口，用聚四氟乙烯胶带缠好后，外面再用一段硅橡胶管接好管口。当废气中含有固体氯化物颗粒时，应在第一吸收瓶之前增加滤膜夹。
- 用过的吸收瓶、具塞比色管、连接管等，将溶液倒出后，直接用去离子水洗涤，不要用自来水洗涤；在操作过程中应注意防尘，手指不要触摸吸收瓶管口、比色管磨口处，以防氯化物沾污。
- 采样分析时，样品溶液、标准溶液和空白对照必须用同一批试剂同时操作，试剂量也要准确。
- 当试剂空白液吸光度较高且不够稳定时，应多次测定其吸光度，在获得稳定数值后，再绘制标准曲线及测定样品。

六、氟化物的测定

废气中的氟化物指气态氟与尘氟的总和。我国规定，固定污染废气中氟化物的测定方法为离子选择电极法（HJ/T 67—2001）。该方法不能测定氟利昂等碳氟化物。

1. 原理

使用滤筒、氢氧化钠溶液为吸收液采集尘氟和气态氟，滤筒捕集尘氟和部分气态氟。用盐酸溶液浸溶后制备成试样，用氟离子选择电极测定；当溶液的总离子强度为定值且足够大时，其电极电位与溶液中氟离子活度的对数呈线性关系。当采样体积为150L时，检出限为0.06mg/m^3，测定范围为1~1000mg/m^3。

2. 测试步骤

（1）样品采集

当污染源中尘氟和气态氟共存时，采用烟尘采样方法进行等速采样，在采样管的出口串联三个大型冲击式吸收瓶，分别捕集尘氟和气态氟。若污染源中只存在气态氟，可采用烟气采样方法，在采样管出口串联两个多孔玻板吸收瓶，以 0.5~2.0L/min 的流速采集 5~20min。采样管与吸收瓶之间的连接管应尽量短。可选用聚四氟乙烯管、聚乙烯塑料管和橡胶管。采样结束后，应将滤筒取出，编号后放入干燥洁净的器皿中。吸收瓶中的样品全部转移至聚乙烯瓶，并用少量水洗涤三次吸收瓶，洗涤液并入聚乙烯瓶。样品在常温下可保存一周。

（2）标准曲线绘制

取不同体积含氟标准溶液到聚乙烯烧杯中，各放入一个搅拌子，加入三滴溴甲酚绿指示剂，用盐酸溶液调节 pH 值，在溶液刚刚变为蓝绿色时停止（此时溶液的 pH 值为 5.5 左右），加总离子强度调节缓冲溶液（TISAB）、水，使总体积为 40mL。将烧杯置于磁力搅拌器上，插入氟离子选择电极及甘汞电极，从低到高浓度依次测定。每个样品搅拌数分钟，待读数稳定（每分钟电极电位变化小于 0.1mV）后停止搅拌，静置 1 分钟后读取毫伏值。用半对数坐标纸以等距坐标表示毫伏值，以对数坐标表示氟含量，绘制标准曲线。

（3）气态氟样品测定

将吸收瓶中的样品进行定容后测定。根据浓度大小移取适量样品于聚乙烯烧杯中，其余步骤同标准曲线绘制，读取毫伏值后，在标准曲线上查出相应的氟含量。测定样品与绘制标准曲线时的温度之差不应超过±2℃。

将采样管及其连接管的冲洗液进行定容后测定，测定同吸收瓶中的样品测定方法。

空白值的测定：移取与样品等量的氢氧化钠溶液于聚乙烯烧杯中，加入氟化钠标准溶液 5 微克，测定同上。结果减去 5 微克作为空白值。

气态氟含量为样品和采样管之和减去空白值。

（4）尘氟样品的测定

将超细玻璃纤维滤筒剪成小块，置于聚乙烯烧杯中，加入盐酸溶液后，用超声波或用聚乙烯棒充分搅动，放置 3h 后用定性滤纸滤入容量瓶，用水洗涤聚乙烯烧杯及滤筒残渣，洗涤液并入容量瓶，用水定容至标线，摇匀，转移至聚乙烯瓶中。根据浓度高低移取适量试样于聚乙烯烧杯中，余下步骤同标准曲线绘制。

取同批号空白滤筒，制备成空白滤筒试样，按尘氟试样进行测定，计算出空白滤筒的氟含量。

氟化物含量等于气态氟和尘氟含量总和。

3. 注意事项

- 滤筒的空白值要均匀且要低。
- 要按照电极的使用说明对其进行清洁与维护。

七、氰化氢的测定

氰化氢，标准状态下为液体。氰化氢易在空气中均匀弥散，在空气中可燃烧，当氰化氢在空气中的含量达到5.6%~12.8%时，具有爆炸性。氰化氢属于剧毒类。急性氰化氢中毒的临床表现为患者呼出气中有明显的苦杏仁味。轻度中毒主要表现为胸闷、心悸、心率加快、头痛、恶心、呕吐、视物模糊。重度中毒时呈深昏迷状态，呼吸浅快，阵发性抽搐，甚至强直性痉挛。在第二次世界大战中，纳粹德国常把氰化氢作为毒气室的杀人毒气使用。氰化氢主要应用于电镀业（镀铜、镀金、镀银），采矿业（提取金银），船舱、仓库的烟熏灭鼠，丙烯酸树酯、甲基丙烯酸树酯等行业制造各种树脂单体。此外，也可在制备氰化物的生产过程中接触到该物质。

我国规定，废气中氰化氢的测定方法为异烟酸-吡唑啉酮分光光度法（HJ/T 28—1999）。该方法可用于有组织排放和无组织排放空气中氰化氢的测定。

1. 原理

用氢氧化钠溶液吸收氰化氢，在中性条件下，可与氯胺T作用生成氯化氰。氯化氰与异烟酸反应，经水解生成戊烯二醛，再与吡唑啉酮进行缩聚反应，生成蓝色化合物，用分光光度法测定。当无组织排放样品采集30L时，方法检出限为0.002mg/m^3，线性范围为0.005~0.17mg/m^3；当有组织排放样品采集5L时，检出限为0.09mg/m^3，线性范围为0.29~8.8mg/m^3。

2. 测试步骤

（1）样品采集

串联两支吸收瓶，接入采样系统，伸入排气筒采样点采集样品，记录采样流量、时间、温度、气压等，密封吸收瓶进出口，避光运回实验室。

（2）标准曲线绘制

取不同体积的氰化钾标准溶液加入比色管，补充氢氧化钠溶液到5mL，再分别加1滴酚酞指示剂，摇匀后逐渐滴加乙酸溶液，至酚酞指示剂刚好褪色，加磷酸盐缓冲溶液后摇匀，再加氯胺T溶液，立即盖好瓶塞，轻轻摇动后放置5min，加异烟酸-吡唑啉酮溶液后，立即盖好瓶塞摇匀，用水稀释至标线。在25~35℃放置40min。于波长638nm处，用1cm比色皿，以水为参比，测定吸光度，绘制标准曲线。

（3）样品测定

将两个吸收瓶中的吸收液转入容量瓶，用少量水洗涤吸收瓶并将洗涤液并入容量瓶，用水稀释至标线。吸取5mL样品溶液于具塞比色管中，余下步骤同标准曲线绘制。

3. 干扰和消除

氧化剂和硫化氢对测定有干扰。当氧化剂存在量较大时，该方法无法测定；当氧化剂存在量较小时，可以加入亚硫酸钠消除干扰。可以采用预蒸馏的方法去除硫化氢。

4. 注意事项

- 氰化氢易挥发且有剧毒，操作时要盖严比色管瓶塞；废液需要加三价铁盐或者漂白粉处理后排放。
- 标准曲线绘制和样品测定时的温度之差应小于3℃。

- 为降低空白值，实验中选用无色的 N，N-二甲基甲酰胺。

八、苯系物（苯、甲苯、二甲苯、苯乙烯）的测定

苯系物包括苯、甲苯、乙苯、邻二甲苯、间二甲苯、对二甲苯、异丙苯和苯乙烯等。其中，苯、甲苯、二甲苯、苯乙烯在常温下易挥发，被列入应税大气污染物名单。它们对生物体具有神经毒性和遗传毒性，直接危害人类健康，长期接触可以导致贫血和白血病，被世界卫生组织列为 2B 类致癌物。但是，它们作为优良的有机溶剂被广泛应用于油漆、脱脂、干洗、印刷、纺织、合成橡胶等工业，在生产、储运和使用过程中均会由于挥发而造成大气污染。

我国规定，低浓度废气中苯系物的测试方法有固体吸附/热脱附-气相色谱法（HJ 583—2010）和活性炭吸附/二硫化碳解吸-气相色谱法（HJ 584—2010）。这两种方法的测试原理相同，均是富集采样，解吸后可用带有氢火焰离子化检测器（FID）的气相色谱仪测定。二者的采样和解吸方法不同：前者用填充聚 2，6-二苯基对苯醚采样管富集废气中的苯系物，采样管连入热脱附仪进行热解吸；而后者用活性炭采样管富集废气中的苯系物，用二硫化碳（CS_2）解吸。这两种方法不仅可以用于废气的测定，也可用于环境空气的测定。

（一）固体吸附/热脱附-气相色谱法（HJ 583—2010）

1. 测试步骤

（1）样品采集

采样前应对采样器进行流量校准，采样管要进行老化处理。在采样现场，将一支采样管与采样装置相连，仅用于调节流量，不用于采样分析。在常温下，将老化后的采样管与采样器相连，以 10～200mL/min 的流量采集空气 10～20min。若颗粒物较多，可在采样管前连接过滤头。记录采样器流量、当前温度和气压等信息。采样结束后，取下采样管，立即用聚四氟乙烯帽将采样管两端密封，于 4℃避光密闭保存，30d 内分析。每次采集样品，都应采集至少一个现场空白样品。

（2）标准曲线绘制

分别取适量的标准贮备液，用甲醇稀释定容。将老化后的采样管连接于其他气相色谱仪的填充柱进样口，或类似于气相色谱填充柱进样口功能的自制装置，设定进样口（装置）温度为 50℃，用注射器进样 1μL，通载气 5min 后迅速取下采样管，用聚四氟乙烯帽将采样管两端密封，得到标准曲线系列采样管。将标准曲线系列采样管按吸附标准溶液时气流相反方向接入热脱附仪进行分析，根据目标组分质量和响应值绘制标准曲线。

若热脱附仪带有液体标准物质进样口，可直接注射一定量的标准溶液，用于标准曲线绘制。

当选用的热脱附装置只具有一级脱附功能时，宜选用带有填充柱的气相色谱仪；

当选用的热脱附装置具有二级脱附功能时，应选用带有毛细管柱的气相色谱仪。

（3）样品测定

将样品采样管安装在热脱附仪上，样品管内载气流的方向与采样时的方向相反，调整分析条件，在目标组分脱附后，经气相色谱仪分离，由 FID 检测。根据保留时间定性分析，根据标准曲线方程计算目标组分的含量。现场空白管与已采样的样品管同批测定。

当测定结果<0. 1mg/m^3 时，保留到小数点后四位；当测定结果≥0. 1mg/m^3 时，保留三位有效数字。

2. 注意事项

• 选择毛细管柱时，根据二级脱附聚焦管的推荐热脱附流量选择毛细管柱内径。一般情况下，当流量<2. 0mL/min 时，可选用 0. 25mm 内径的毛细管柱；当流量>2. 0mL/min 时，可选用 0. 32mm 内径以上的毛细管柱。

• 主要污染来自 Tenax 采样管的样品残留。采样前应充分老化采样管，以去除样品残留，残留量应小于标准曲线最低点的 1/4。在运输和贮存过程中，采样管应密闭保存。

（二）活性炭吸附/二硫化碳解吸-气相色谱法（HJ 584—2010）

1. 测试步骤

（1）样品采集

采样前应对采样器进行流量校准，并将一支采样管用于调节流量。敲开活性炭采样管的两端，与采样器相连，采样 5～10min。当颗粒物较多时，连接过滤头，同时记录采样器流量、当前温度、气压及采样时间和地点等信息。每次采集样品都应至少带一个现场空白样品。采样完毕后，取下采样管，立即用聚四氟乙烯帽将活性炭采样管的两端密封，避光密闭保存，室温下于 8h 内测定；否则，应放入密闭容器中，保存于-20℃冰箱中，保存期限为 1d。

（2）标准曲线绘制

分别取适量的标准贮备液，稀释到 1mL 二硫化碳中。分别取标准系列溶液 1μL 注射到气相色谱仪进样口。根据各目标组分质量和响应值绘制标准曲线。

（3）样品测定

将活性炭采样管中 A 段和 B 段取出，分别放入磨口具塞试管中，每个试管中加入 1mL 二硫化碳密闭，轻轻振动，在室温下解吸 1 小时后，待测。取制备好的试样 1μL 注射到气相色谱仪中，调整分析条件，目标组分经色谱柱分离后，由 FID 进行检测。根据保留时间定性。根据标准曲线方程计算目标组分含量。结果表示与 HJ 583—2010 要求一致。

2. 注意事项

• 主要干扰来自二硫化碳的杂质。在使用二硫化碳前，应用气相色谱仪鉴定是否存在干扰峰，如有干扰峰，应对二硫化碳进行提纯。

- 当空气中水蒸气或水雾太大，以致在活性炭管中凝结时，会影响活性炭管的穿透体积及采样效率，空气湿度应小于 90%。

九、苯并（a）芘的测定

苯并（a）芘在工业上无生产和使用价值，一般只作为生产过程中形成的副产物随废气排放。它主要存在于煤焦油、各类炭黑和煤、石油等燃烧产生的烟气、香烟烟雾、汽车尾气中，对眼睛、皮肤有刺激作用，是多环芳烃中毒性最大的一种强致癌物。

我国规定，废气中苯并（a）芘的测试方法为高效液相色谱法（HJ/T 40—1999）。

1. 原理

用无胶玻璃纤维滤筒或玻璃纤维滤膜采集样品，用环已烷提取苯并（a）芘，提取液通过费罗里硅土层析柱，然后用二氯甲烷和丙酮的混合溶剂洗脱吸附在柱上的苯并（a）芘，经浓缩后，在配有荧光检测器的高效液相色谱仪上测定。当采气体积为 $1m^3$ 时，检出限为 $2ng/m^3$，线性范围为 $7.6\sim4.0\mu g/m^3$。

2. 测试步骤

（1）样品采集

按 GB 16157—1996 的规定采集样品，采集好的样品需避光保存，或用黑纸包好放入 3~5℃冷藏箱中保存，应在 24h 内处理（提取、净化和浓缩），处理好的样品在 1 个月内分析完毕。

（2）校准-外标法

吸取标准储备液于容量瓶中，用环己烷或二氯甲烷稀释至标线。由于使用的仪器灵敏度或分析样品浓度不同，此标准使用液浓度应按需要调整。使用标准样品进行周期性的重复校准，一般每个工作日测定 1 次或 2 次，或者在每测定 5 个样品后校准一次。标准样品和试样在进样体积上最好相同，响应值也应接近。在仪器运转正常的情况下，连续两次进标准样品的响应值（峰高或峰面积）的相对偏差不大于 5%，即可认为仪器处于稳定状态。

以响应值对进样量做标准曲线，可得一条通过原点的直线。响应值与进样量的比值为常数，可用平均比值或响应因子代替标准曲线来计算测定结果。

（3）样品测定

按照仪器测试条件进样（自动或手动），得到色谱图，进行定性和定量分析。主要依据保留时间进行定性，也可采用标准样品添加法［即在欲定性的样品中添加苯并（a）芘标样使峰高叠加的方法］，或可借助其他仪器（样品分离后，收集组分送红外光谱、质谱、核磁共振波谱等进行权威性定性）进行验证。

定量分析主要依据峰高、半高峰宽或峰面积。可用单点比较法和标准曲线法进行定量分析。使用单点比较法进行定量分析时，应符合以下条件：标准样品和被测样品同时进行分析，进样体积相同；被测样品的响应值与标准样品的响应值接近；一个样品连续进样三次，测定值的相对偏差小于5%，取测定平均值，代入公式计算。使用标准曲线定量方法时，依据所测得的未知样品中苯并（a）芘峰高或峰面积，根据标准曲线方程计算出苯并（a）芘的量。

3. 注意事项

● 苯并（a）芘是最危险的强致癌物之一，操作时必须极其小心。不允许人体与苯并（a）芘固体物质、溶剂萃取物及标准品接触。本实验所用的甲醇、环己烷、二氯甲烷及丙酮等均为易燃的有机溶剂，应在通风橱中操作。

● 本实验应在避开直接阳光照射下进行。实验废液不能随意丢弃，应集中回收在玻璃容器中，统一处理。

十、醛类化合物（甲醛、乙醛、丙烯醛）的测定

甲醛、乙醛和丙烯醛均属于醛类化合物，作为溶剂或者中间体被广泛应用于化工生产中，均易挥发，可以通过呼吸道等进入人体。甲醛的危害众所周知，乙醛和丙烯醛的危害更大。其中，乙醛被称为“隐形杀手”，会刺激皮肤、眼睛和上呼吸道黏膜，损害呼吸系统和肝脏，具有致癌、遗传毒性；丙烯醛毒性更大，有强烈刺激性，不但会损害呼吸系统，严重时还可导致休克、肾炎及心力衰竭，甚至死亡。

我国规定，废气中醛类化合物的测试方法为溶液吸收-高效液相色谱法（HJ 1153—2020）。该方法适用于固定污染源有组织排放废气中甲醛、乙醛、丙烯醛、丙酮、丙醛、丁烯醛、2-丁酮、正丁醛、苯甲醛、异戊醛、正戊醛、正己醛 12 种醛、酮类化合物的测定，以及环境空气中醛类化合物的测定。我国还规定了甲醛分析方法——乙酰丙酮分光光度法（GB/T 15516—1995），该方法主要适用于树脂制造、涂料、人造纤维、塑料、橡胶、染料、制药、油漆、制革等行业排放废气中甲醛的测定。

（一）溶液吸收-高效液相色谱法（HJ 1153—2020）

1. 原理

固定污染源有组织排放废气中的醛、酮类化合物在酸性介质中会与吸收液中的 2, 4-二硝基苯肼（DNPH）发生衍生化反应，生成 2, 4-二硝基苯腙类化合物，用二氯甲烷-正己烷混合溶液或二氯甲烷萃取、浓缩后，更换溶剂为乙腈，经高效液相色谱分离，紫外或二极管阵列检测器检测。根据保留时间定性，以外标法定量。当试样定容体积为 10mL、进样量为 10μL 时，醛、酮类化合物的最低检出量为 0. 13~0. 29μg。当采集有组织排放废气 20L（标准状态下干烟气）时，方法的检出限为 0. 01~0. 02mg/m^3，测定下限为 0. 04~0. 08mg/m^3。

2. 测试步骤

（1）样品采集

串联三支各装有 DNPH 饱和吸收液的棕色气泡吸收瓶，与烟气采样器连接，按照

气态污染物采集方法，连续采集3~4个样品。可根据样品浓度，适当延长或缩短采样时间。采样过程中，应保持采样管保温夹套温度不低于120℃，以避免采集气体中的水汽于吸收瓶之前凝结。采样结束后，切断采样泵和吸收瓶之间的气路，抽出采样管，取下吸收瓶，用密封帽密封、避光保存。样品应于4℃以下密封避光冷藏保存，样品采集后3日之内完成试样制备，制备好的试样在3日内完成分析。

（2）样品预处理

将吸收瓶中的样品转移至分液漏斗中，用少量二氯甲烷清洗吸收瓶，再分别用水和二氯甲烷清洗，清洗液一并转移至分液漏斗，加入二氯甲烷或二氯甲烷-正己烷混合溶液，振摇3min，静置分层，收集有机相于三角瓶中。再用二氯甲烷或二氯甲烷-正己烷混合溶液重复萃取水相，合并有机相，加入无水硫酸钠至硫酸钠颗粒可自由流动，脱水干燥。将样品提取液转移至浓缩装置中，于45℃以下浓缩至近干，更换溶剂为乙腈，并用乙腈定容，充分混合后，经滤膜过滤至样品瓶中待测。如果测定浓度过高，可以适当加以稀释。

（3）标准曲线绘制

取一定量醛、酮类-DNPH衍生物标准使用液，用乙腈稀释，配制成不同浓度（以醛、酮类化合物计）的标准系列溶液。由低浓度至高浓度注入高效液相色谱仪，按仪器参考条件进行测定，得到不同浓度目标化合物的色谱图，记录保留时间和峰面积。以醛、酮类化合物浓度为横坐标，以对应化合物的峰面积为纵坐标，绘制标准曲线。

（4）样品测定

按照标准曲线绘制相同的仪器条件进行试样的测定，记录目标化合物的峰面积和保留时间。在同样条件下，完成空白样品的测定。根据保留时间、样品的紫外光谱和标准溶液的紫外谱图的比较进行定性。根据化合物的峰面积，采用外标法定量，将样品中丙烯醛和丁烯醛以其腙及腙聚合物双峰面积之和代入标准曲线进行定量。

3. 干扰和消除

具有相同保留时间且在360nm处有吸收的其他有机化合物会干扰测定，可以通过改变流动相组成等方式改善分离条件，避免干扰。

4. 注意事项

丙烯醛在DNPH饱和吸收液中衍生化生成丙烯醛腙及其聚合物，在色谱图中出现双峰，需使用丙烯醛标准使用液制备丙烯醛腙及其聚合物进行定性分析。丁烯醛在DNPH饱和吸收液中衍生化也会生成丁烯醛腙及其聚合物，在乙腈-水二元体系条件下的色谱图中出现双峰，需使用丁烯醛标准使用液制备丁烯醛腙及其聚合物进行定性分析。

（二）乙酰丙酮分光光度法（GB/T 15516—1995）

1. 原理

甲醛气体经水吸收后，在pH=6的乙酸-乙酸铵缓冲溶液中，与乙酰丙酮作用。在沸水浴条件下，会迅速生成稳定的黄色化合物，在波长 413nm 处进行测定。当采样体积为 0.5~10.0L 时，测定范围为 0.5~800mg/m^3。

2. 测试步骤

（1）样品采集

以蒸馏水为吸收液，并装入采样管，连接到废气采样装置进行采集。同时测量温度、压力并校准流量。采集好的样品于 2~5℃贮存，应在 2 天内分析完毕，以防止甲醛被氧化。

（2）标准曲线绘制

在具塞比色管中加入不同体积的甲醛标准使用液，用水稀释定容，加乙酰丙酮溶液后沸水浴加热 3min，取出冷却至室温后，用 1cm 比色皿，以水为参比，于波长 413nm 处测定吸光度。以扣除试剂空白的吸光度为纵坐标，以甲醛含量为横坐标，绘制标准曲线。

（3）样品测定

将吸收后的样品溶液移入容量瓶，用水稀释定容，取少量试样于比色管中，用水定容，然后按照标准曲线绘制步骤进行分光光度测定。扣除空白后，代入标准曲线方程计算浓度。

3. 注意事项

日光照射能使甲醛氧化，因此在采样时，应选用棕色吸收管，在样品运输和存放过程中，应采取避光措施。

十一、甲醇的测定

甲醇是基础的有机化工原料和优质燃料，在精细化工、塑料、农药、医药等工业广泛使用。它有剧毒，具有易燃易爆危险性，其蒸汽与空气可形成爆炸性混合物，遇明火、高热能引起燃烧爆炸，与氧化剂接触会发生化学反应或引起燃烧。

我国规定，废气中甲醇的测试方法为气相色谱法（HJ/T 33），适用于固定污染源有组织排放和无组织排放的甲醇测定。

1. 原理

载气携带含有甲醇的试样通过装有固定相的色谱柱，流出色谱柱的甲醇由氢火焰离子化检测器测定。以标准样品色谱峰的保留时间定性，以峰高（或峰面积）定量。当色谱进样量为 1mL 时，方法检出限为 2mg/m^3，线性范围为 5~10^4mg/m^3。

2. 测试步骤

（1）样品采集

按照废气样品采集要求连接好采样装置，在采样管头部塞适量玻璃棉，并将其伸入排气筒采样点，启动抽气泵，首先将采样系统管路用排气筒内的气体充分清洗，其次抽动注射器，反复抽洗 5~6 次后，抽满所需体积的气体。迅速用橡皮帽（内衬聚四氟乙烯薄膜）密封，带回实验室。为便于存放和运输，可将注射器中的样品气充入储气袋存放。采集样品后应尽快分析，如不能及时分析，可于冰箱中冷藏，一星期内分析完毕。

（2）标准曲线绘制

取甲醇标准气，根据待测样品的浓度，在甲醇的线性范围内用干净空气或高纯氮气稀释配制 3~5 个浓度的标准气，各进样 1mL，每个浓度的标准气重复进样 3 次，取峰高（或峰面积）的平均值和对应的标准气浓度绘制标准曲线，并得到标准曲线方程。

（3）样品测定

用 1mL 注射器取样品气，反复置换 3 次后进行分析。每个样品平行分析两次，以峰高（或峰面积）平均值进行定量计算。根据甲醇标样色谱峰的保留时间进行定性分析。

3. 注意事项

- 方法的检出限和定量测定的浓度下限均与仪器性能有关。采用性能较好的仪器，该方法的检出限可降至 0.5mg/m^3。
- 如发现样品浓度过高，应于测定前用高纯氮或干净空气稀释。

十二、酚类的测定

酚类化合物是指在苯环结构中具有羟基（-OH）取代基的化合物总称，包括苯酚、甲酚等。酚类化合物用途极为广泛，在煤气、焦化、炼油、冶金、机械制造、玻璃、石油化工、木材纤维、有机合成、塑料、医药、农药、油漆等工业领域都能发现它们的身影。酚是一种中等强度的化学毒物，可经皮肤黏膜、呼吸道及消化道进入人体，与细胞原浆中的蛋白质发生化学反应。当酚的浓度较低时，可使细胞变性，引起慢性中毒，出现头晕、头痛、精神不安、食欲不振、呕吐腹泻等症状；当酚的浓度较高时，可使蛋白质凝固，引起急性中毒以致昏迷死亡。

我国规定，固定污染源排气中酚类化合物的测定方法为 4-氨基安替比林分光光度法（HJ/T 32—1999）。根据废气中酚类化合物浓度高低，该方法分为直接比色法和萃取比色法。当有组织排放的固定污染源废气中酚类浓度较高时，宜用直接比色法测试。

1. 原理

该方法用氢氧化钠吸收液采集样品，在 pH = 10.0±0.2，有铁氰化钾存在的情况下，酚类化合物会与 4-氨基安替比林反应，生成红色的安替比林染料，可根据颜色的深浅进行比色测定。当采样体积为 10L、吸收液体积为 50mL 时，检出限为 0.3mg/m^3，线性范围为 1.0~80mg/m^3。

2. 测试步骤

（1）样品采集

按照废气采样方法连接好采样装置进行采样，采集好的样品最好于当天分析完毕。

在室温不超过25℃、干扰物质影响不大时，碱性样品可存放3天。

（2）标准曲线绘制

取不同体积酚标准使用液加入比色管，然后依次加入氨-氯化铵缓冲液、4-氨基安替比林溶液、铁氰化钾溶液，放置10min，在波长510nm处，用1cm比色皿，以蒸馏水为参比，测定吸光度。以扣除空白的吸光度对酚含量绘制标准曲线，并计算标准曲线的线性回归方程。

（3）样品测定

将采样溶液倒入一个小烧杯，并用少量水洗涤采样瓶三次，洗涤液并入小烧杯。当连接管内有水蒸气凝聚时，用氢氧化钠吸收液慢慢淋洗连接管内壁，淋洗液并入小烧杯。用盐酸溶液调节样品液的pH值至7~8，然后将调好的pH样品液转移至容量瓶中，定容。定容好的样品液转移到玻璃蒸馏瓶中，采样管头部的玻璃棉也置于瓶中。加数滴甲基橙指示剂，用磷酸溶液调节pH值为4（溶液呈橙红色），加硫酸铜溶液及数粒玻璃珠，加热蒸馏。用100mL容量瓶收集蒸馏液，当蒸馏出约90mL时停止加热，放冷后加水定容。

取10mL馏出液，按照标准曲线绘制步骤进行测定，记录样品吸光度。根据样品扣除空白的吸光度计算酚类化合物含量。

3. 干扰和消除

• 当二氧化硫、硫化物存在时，应用一次蒸馏预处理除去干扰，碱性样品放置一天分析，上述干扰可以削弱。

• 有氯气存在的碱性样品，测试时间长会导致结果严重偏低，需要在4h内完成分析。

• 4-氨基安替比林易受潮并氧化，使空白值偏高。因此，该试剂应置于干燥器内避光保存，水溶液也应妥善保管并经常更换。

4. 注意事项

• 显色反应受pH值影响很大。如所测水样中含有挥发性酸，经蒸馏，馏出液仍带酸性，在加入缓冲液前，应先用氨水调节馏出液pH值至7~8，再进行下一步骤分析。

• 在分析过程中，当加入三种显色用试剂时，每加入一种必须摇匀后再加入后一种，否则会严重影响分析结果。

十三、苯胺类的测定

苯胺类化合物是指氨上的一个或几个氢原子被苯及其衍生物取代后形成的化合物。该类化合物常用于染料制造、印染、橡胶、制药、塑料和油漆等工业领域。它可以通过呼吸道、皮肤吸收等进入人体，影响组织细胞供氧、损害神经系统，某些苯胺类化合物还具有致癌作用。

我国规定，气体中苯胺类化合物的测定方法有气相色谱法（HJ/T 68—2001）和盐酸萘乙二胺分光光度法（GB/T 15502—1995）。气相色谱法主要用于固定污染源有组织和无组织排放废气中的苯胺、N, N-二甲基苯胺、2, 5-二甲基苯胺、o/m/p-硝基苯胺等6种苯胺化合物的测定。盐酸萘乙二胺分光光度法主要用于工业废气和环境空气中苯胺（芳香伯胺）类化合物的总量测定。

（一）气相色谱法（HJ/T 68—2001）

1. 原理

用硅胶吸附管采样苯胺类化合物，然后用无水乙醇的二氯甲烷溶液解吸，将解吸液注入带有氢火焰离子化检测器的气相色谱仪进行测试。根据色谱峰的出峰顺序和保留时间进行定性分析，采用标准曲线法或者单点校正法进行定量分析。当采样体积为12L时，用1mL解吸溶剂解吸，方法的检出限为0.05～0.2mg/m^3，可检测浓度达10^3mg/m^3。

2. 测试步骤

（1）样品采集

按照GB 16297—1996标准要求连接采样装置进行采样，采样后，立即用聚四氟乙烯塑料帽（或内衬聚四氟乙烯膜的橡皮帽）将硅胶吸附管两端套封，速送实验室分析。如不能及时分析，应置于2～5℃下避光保存，6天内有效。同时记录采样流量、采样时间及采样点的温度和大气压等信息。

（2）解吸

将采样后的硅胶吸附管中的A段硅胶（包括管口的石英玻璃棉）和B段硅胶分别移入两支具塞带刻度离心管中，各准确加入1mL解吸溶剂，盖上瓶盖，放置30min，在放置过程中轻轻摇动2～3次，作为样品解吸溶液，供色谱分析用。

（3）测定

取待测样品A段解吸溶液注入气相色谱仪进行测定，分别测定苯胺类化合物各组分的色谱峰高，再根据峰高在校正曲线上查出相应的浓度值（或通过峰高-浓度回归方程计算浓度值）；当待测样品中各组分浓度变化范围不大、方法线性好、截距可忽略不计时，采用单点校正法定量。根据标准色谱图中苯胺、N, N-二甲基苯胺、2, 5-二甲基苯胺、o-硝基苯胺、m-硝基苯胺、p-硝基苯胺的保留时间，确定被测样品中的各组分。

3. 注意事项

在测定硅胶吸附管A段的同时，取B段按相同的操作步骤进行色谱测定。当B段解吸溶液中苯胺类化合物含量小于等于A、B两段含量之和的5%时，两段解吸溶液中苯胺类化合物含量之和即为排气样品中苯胺类化合物各组分的含量；当B段解吸溶液中苯胺类化合物含量大于5%时，需重新采样测定。

（二）盐酸萘乙二胺分光光度法（GB/T 15502—1995）

1. 原理

苯胺气体经硫酸溶液吸收后，在 pH 值为 2~3、温度为 15~20℃的条件下，经亚硝酸钠重氮化，过量的亚硝酸钠用氨基磺酸铵除去，苯胺重氮化后与盐酸萘乙二胺偶合生成紫红色化合物，在波长 550nm 处测定。当采样体积为 0.5~10.0L 时，吸收效率达 99%，测定范围为 0.5~600mg/m^3。

2. 测试步骤

（1）样品采集

采样方法同气相色谱法，采集好的样品应避光保存，在 2 天内分析完毕，在 2~5℃可存放一周。同时记录测量温度、压力等信息。

（2）标准曲线绘制

将以上标准色列置于 15~20℃水浴条件下，加入亚硝酸钠溶液，摇匀。静置 10min，再加入氨基磺酸铵溶液摇匀，振荡两次，静置驱尽气泡后，加入盐酸萘乙二胺溶液摇匀，静置 45min 后从水浴中取出与室温平衡，用 1cm 吸收池，以蒸馏水为参比，在 550nm 处测定吸光度。以扣除试剂空白（零浓度）后的吸光度为纵坐标，以苯胺含量为横坐标，绘制标准曲线。“零”浓度不参与计算。

（3）测定

将吸收后的样品溶液转移到容量瓶中，用吸收液稀释定容，摇匀后，取适量于具塞比色管中，用吸收液调整体积至 10mL，按标准曲线绘制步骤进行吸光度测定。将扣除空白的吸光度代入标准曲线，计算苯胺含量。

3. 注意事项

日光照射能使苯胺氧化，因此在采样时应选用棕色吸收管，在样品运输和存放过程中应采取避光措施。

十四、氯苯类的测定

氯苯类有机物种类较多，作为重要的化工原料和农药中间体被广泛使用。此类化合物具有致癌、致畸、致突变作用，对人类的健康危害较大；通过呼吸系统进入人体后，会损害神经系统，引发中毒性肝炎。

我国规定，废气中氯苯类化合物的测定方法为气相色谱法（HJ 1079—2019）。该方法可用于测定固定污染源废气和无组织排放监控点空气中氯苯、2-氯甲苯、3-氯甲苯、4-氯甲苯、1, 3-二氯苯、1, 4-二氯苯、1, 2-二氯苯、1, 3, 5-三氯苯、1, 2, 4-三氯苯、1, 2, 3-三氯苯 10 种氯苯类化合物。

1. 原理

固定污染源废气和无组织排放监控点空气中氯苯类化合物经 GDX-103 吸附剂（苯乙烯-二乙烯基苯聚合物）或活性炭吸附剂富集后，用二硫化碳解吸，解吸液经毛细管气相色谱分离，以氢火焰离子化检测器检测，根据保留时间定性，以外标法定量。当有组织排放采样体积为 10L（标准状态）、解吸液体积为 2mL 时，方法检出限为 0.02～0.04mg/m^3，测定下限为 0.08～0.16mg/m^3；当无组织排放监控点空气采样体积为 30L（标准状态）、解吸液体积为 1mL 时，方法检出限为 0.007～0.01mg/m^3，测定下限为 0.028～0.04mg/m^3。

2. 测试步骤

（1）样品采集

按照采样方法连接采样装置，采样结束后立即用胶帽密封吸附采样管两端，避光保存。同时记录采样流量、采样时间、采样系统内气体的温度和气压，以及生产工况等信息。样品应避光保存，在 4℃下冷藏可保存 7d；冷藏保存的样品，在预处理前应恢复至室温。

（2）解吸

将采集固定污染源废气样品的吸附采样管或活性炭吸附采样管去掉两端密封胶帽，A 段、B 段吸附剂分别转移至具塞玻璃试管中，在每个试管中各加入 2mL 二硫化碳，密封，于超声清洗仪中超声解吸 1min，静置约 30min，待测。

（3）标准曲线绘制

移取氯苯类化合物标准使用溶液，用二硫化碳配制成不同质量浓度（1～20μg/mL）的标准系列溶液。设置好气相色谱分析条件，从低浓度到高浓度依次对标准系列溶液进样测定，以目标化合物的质量浓度为横坐标，以与其对应的峰面积（或峰高）为纵坐标，绘制氯苯类化合物的标准曲线。

（4）样品测定

按照与标准曲线绘制相同的条件，对固定污染源废气试样、无组织排放监控点空气试样、全程序空白试样进行测定。当试样中氯苯类化合物的浓度超出标准曲线上限时，应对试样进行稀释后再测定。根据目标化合物的保留时间定性。

3. 注意事项

- 每批样品至少进行 1 个空白加标回收试验，各组分的加标回收率应为 70%～120%。
- 每测定 20 个样品或每批次（少于 20 个样品/批）应测定 1 个全程序空白和 1 个实验室空白样品，空白样品中目标化合物的浓度应低于方法检出限。

十五、硝基苯的测定

硝基苯作为一种重要的化工原料，常用于生产染料、香料、炸药等有机合成工业。它的毒性较强，被世界卫生组织认定为 2B 类致癌物。吸入大量含硝基苯的蒸汽或皮肤大量沾染硝基苯，可引起急性中毒，出现头痛、恶心、呕吐等症状。

我国规定，气体中硝基苯的测定方法有气相色谱法（HJ 738—2015）、气相色谱-质谱法（HJ 739—2015）和锌还原-盐酸萘乙二胺分光光度法（GB/T 15501—1995）。这三种方法均可用于环境空气或者废气的测定，前两种方法主要用于无组织排放废气的测定，第三种方法可用于有组织排放废气的测定。这里主要介绍第三种方法。该方法主要用于制药、染料、香料等行业排放废气中能还原为苯胺（芳香伯胺）类化合物的一硝基和二硝基苯类化合物的测定。

1. 原理

用稀乙醇溶液吸收的硝基苯，在常温酸性条件下，由锌粉反应产生的初生态氢还原成苯胺，经重氮化后与N-盐酸萘乙二胺偶合反应生成紫红色偶氮染料。该染料的色度与硝基苯的含量成正比，在550nm波长处用分光光度法测定。当采样体积为0.5~10.0L时，测定范围为6~1000mg/m^3。

2. 测试步骤

（1）样品采集

采样方法同“十四、氯苯类的测定”，采集好的样品应避光保存。为了防止硝基苯挥发，需在2天内完成分析。若在2~5℃下存放，分析时间可延长到一周。同时记录测量温度、压力等信息。

（2）标准曲线绘制

移取不同体积硝基苯标准溶液于比色管中，加硫酸铜溶液、盐酸溶液，用乙醇溶液定容。然后加0.2~0.3g锌粉，颠倒混匀，打开管塞，放置30min，干滤纸干漏斗过滤，弃去最初的滤液，取2mL滤液于比色管中，用水稀释定容。将上述盛标准色列的比色管置于水浴中，加入亚硝酸钠溶液、氨基磺酸铵溶液，摇匀振荡两次，放置驱尽气泡后加入盐酸萘乙二胺溶液，摇匀放置45min，从水浴中取出室温平衡后，在波长550nm处，以水为参比，用1cm吸收池，测定吸光度。以扣除试剂空白（零浓度）后的吸光度为纵坐标，以硝基苯含量为横坐标，绘制标准曲线。“零”浓度不参与计算。

（3）样品测定

将吸收后的样品溶液移入容量瓶，用乙醇吸收液定容，摇匀后取适量样品于比色管中，之后按标准曲线绘制步骤进行分光光度测定。将吸光度代入标准曲线，计算硝基苯含量。

3. 干扰和消除

对于气体中含有苯胺（芳香伯胺）类化合物的干扰测定，一般在样品测定时，吸取样品体积的1/5于比色管中，按照苯胺测定方法测定苯胺含量，按苯胺量×1.332=硝基苯量折算硝基苯含量进行样品干扰扣除。

4. 注意事项

光照射和气温过高都会引起吸收液和硝基苯的挥发，以至浓度变化，因此在采样、样品输送和存放过程中，应采取避光和低温措施。

十六、丙烯腈的测定

丙烯腈是合成纤维、合成橡胶和合成树脂的重要原料，具有易燃性，其蒸气与空气可形成爆炸性混合物，遇明火、高热易引起燃烧并放出有毒气体，与氧化剂、强酸、强碱、胺类、溴反应剧烈。丙烯腈被世界卫生组织认定为2B类致癌物，人体吸收后会损害中枢神经系统，出现头晕、头痛、呕吐、胸闷、抽搐、昏迷等症状。

我国规定，废气中丙烯腈的测定方法为气相色谱法（HJ/T 37—1999），可用于固定污染源有组织排放和无组织排放的丙烯腈测定。

1. 原理

用活性炭常温吸附富集，再经二硫化碳常温解吸，解吸液中各组分通过色谱柱分离后进入氢火焰离子化检测器，根据测得的丙烯腈色谱峰高（或面积），对解吸液中丙烯腈浓度定量，最后结合解吸液体积、浓度和采样体积计算出气体样品中丙烯腈的浓度。当采样体积为30L时，方法的检出限为0.2mg/m^3，线性范围为0.26~33mg/m^3。

2. 测试步骤

（1）样品采集

参照方法标准连接好采样装置，在采样管口塞适量玻璃棉，然后将其伸入排气筒内的采样点位置，启动抽气泵，先使排气筒内的气体由旁路吸附管流通，以充分洗涤采样管路，然后使排气通过吸附管，记录采样时间、温度和流量等信息。采样完毕后，应立即取下吸附管，用塑料帽盖将两端盖紧，带回实验室分析。采样管在避光、低温条件下保存不超过7天。

（2）标准曲线绘制

取不同体积丙烯腈标准使用液于容量瓶中，分别加入二硫化碳稀释至标线，配制标准系列溶液，摇匀待测。设定好气相色谱操作条件，分别取上述标准系列溶液注入气相色谱仪，测定峰高（或峰面积）。每个浓度的溶液重复进样3次，取平均值，以浓度与对应峰高（或面积）绘制标准曲线。

（3）样品解吸

将采集样品后的活性炭吸附管两端的帽盖打开，A段活性炭（包括上端玻璃棉）和B段活性炭（包括海绵）分别转移到试管内，分别加入二硫化碳进行解吸，要使二硫化碳与活性炭充分接触混和，30min后测定。

（4）样品测定

按绘制标准曲线相同的气相色谱条件调节仪器，取A段和B段活性炭解吸液的上层清液，分别注入气相色谱进行测定。每次进样量同标准曲线，重复进样3次，取丙烯腈色谱峰高（或面积）的平均值定量。

3. 干扰和消除

甲醇、乙醛、丙烯醛、乙腈、丙腈等一般不干扰测定。若干扰物质量稍大而影响丙烯腈出峰，可将色谱柱内填充剂改为80~100目小粒径，即可有效分离干扰物。

4. 注意事项

- 二硫化碳沸点较低，极易挥发，因此在配制标准溶液和对样品进行解吸时，均应注意随时盖紧容器的磨口塞。注意室内温度不要超过 30℃，否则应将盛有解吸液的试管置于冷水中。

- 二硫化碳不溶于水，使用过的玻璃仪器可用热的稀碱溶液清洗，然后用清水冲洗干净，干燥备用。

十七、氯乙烯的测定

氯乙烯是塑料工业的重要原料，用于生产聚氯乙烯等多种聚合物，也可用作冷冻剂、染料及香料的萃取剂。它是有毒物质，被世界卫生组织认定为一类致癌物。吸入氯乙烯可能引发肝癌。氯乙烯易与空气形成爆炸混合物，储运和使用均非常危险。

我国规定，废气中氯乙烯的测试方法为气相色谱法（HJ/T 34—1999），可用于固定污染源有组织排放和无组织排放的氯气烯测定。连接好采样装置，用采样管采集氯乙烯，然后注入气相色谱仪，经色谱柱分离后，用氢火焰离子化检测器测定，以色谱峰的保留时间定性，以峰高（或峰面积）定量。当色谱进样量为 3mL 时，方法的检出限为 $0.08mg/m^3$，线性范围为 $0.26 \sim 10000mg/m^3$。丁二烯（1,2）和丁二烯（1,3）会干扰测定，可以通过调整色谱柱和色谱工作条件消除干扰。

十八、光气的测定

光气又称碳酰氯（$COCl_2$），是一种重要的有机中间体，化学性质非常活泼，广泛用于聚氨酯、农药、医药、涂料、染料的合成。它容易水解，有剧毒，是剧烈窒息性毒气，吸入人体后会损害呼吸道，引发支气管炎、肺炎、肺水肿等。

我国规定，光气的测定方法为苯胺紫外分光光度法（HJ/T 31—1999）。该方法可用于固定污染源有组织排放和无组织排放的测定。

1. 原理

含光气的气体先经装有硫代硫酸钠和无水碳酸钠的双联玻璃球，以除去氯、二氧化氮、氨等干扰组分，然后用苯胺溶液吸收，生成 1,3-二苯基脲，用正己烷、二氯甲烷和异戊醇混合溶液在酸性条件下萃取，在波长 257nm 处测定吸光度，其值与光气含量成正比。当采样体积为 15L 时，光气的检出限为 $0.4mg/m^3$，线性范围为 $1.2 \sim 20mg/m^3$。

2. 测试步骤

（1）样品采集

参照标准方法连接好采样装置，按照设定流量采气 30～60L，取下吸收管于 3～5℃冷藏，12h 内测定完毕。

（2）标准曲线绘制

移取不同体积的 1，3-二苯基脲标准使用液于比色管中，分别加入硫酸溶液，混匀后加入混合萃取剂，振摇、静置分层后将上层有机相澄清液移入 1cm 石英比色皿中，在波长257nm处，以混合萃取剂为参比，测定吸光度。以扣除空白的吸光度对光气含量绘制标准曲线。

（3）测定

采样后，将第二级吸收瓶中的吸收液倒入第一级吸收瓶中，定容，摇匀。分取一定量的样品测定。以下步骤同标准曲线绘制。将吸光度代入标准曲线，计算光气含量。

3. 干扰和消除

当氯气浓度大于1600mg/m^{3}时，会对光气测定产生正干扰。为消除干扰，可在吸收管（瓶）前装一双联玻璃球管，两球内分别加入硫代硫酸钠和无水碳酸钠。玻璃球管两端分别用无碱玻璃棉塞住，中间用无碱玻璃棉隔开。

4. 注意事项

- 在现场采样时，如排气管道处于正压且浓度较高，应在采样孔装防喷阀门，操作人员应在上风向并佩戴防毒口罩操作，严防光气中毒。
- 萃取时，为使有机相与水相分离完全，可在振摇后将上层有机相移入离心管，离心分离后，取澄清液比色。

十九、硫化氢、甲硫醇、甲硫醚、二甲二硫的测定

硫化氢等四种化合物均属于有毒易燃危化品，与空气混合能形成爆炸性混合物，吸入人体后会损害神经系统、呼吸系统，使人体出现头痛、恶心、肺水肿，甚至死亡等症状。它们都是重要的化工原料，用于多种有机合成工业。甲硫醇用作有机合成及喷气机添加剂、杀虫剂的原料、催化剂等。甲硫醚，也称为二甲基硫醚、硫化二甲基、二甲硫醚、二甲基硫，作为食用香料，可用于配制玉米、番茄、土豆、奶制品、菠萝和橘子类果香及清香型香精。二甲二硫，也称为二甲基二硫醚、二甲基二硫、二硫化二甲基，具有恶臭气味，用作溶剂、催化剂的钝化剂、农药中间体、结焦抑制剂等。

我国规定，它们的测定方法为气相色谱法（GB/T 14678—93），可用于恶臭污染源排气和环境空气中四种组分的同时测定。用真空处理的1L采气瓶采集无组织排放源恶臭气体或环境空气样品，以聚酯塑料袋采集排气筒内恶臭气体样品，避光运回实验室，在24h内完成分析。硫化物含量较高的气体样品可直接用注射器取样，注入安装火焰光度检测器的气相色谱仪进行分析。当直接进样低于仪器检出限时，则需以浓缩管在以液氧为致冷剂的低温条件下对1L气体样品中的硫化物进行浓缩后再进行定量分析。在一定浓度范围内，各种硫化物含量的对数与色谱峰高的对数成正比。四种成分检出限为$0.2\times10^{-9}\sim1.0\times10^{-9}$mg/m^3，当气体样品中四种成分浓度高于1.0mg/m^{3}时，可取1~2mL气体样品直接注入气相色谱仪进行分析。对1L气体样品进行浓缩，四种成分的方法检出限为$0.2\times10^{-9}\sim1.0\times10^{-9}$mg/m^3。

实验中使用的苯、二硫化碳、硫化氢均属有毒物质，易损伤神经系统，其他所用试剂均属易燃、气味较大的物质，因而对试剂、标准样品的使用和保管要绝对注意安

全。采样瓶使用前，要认真检查有无破损迹象，以免炸裂。

二十、氨的测定

氨在常温下是一种无色气体，有强烈的刺激性气味，是制造硝酸、化肥、炸药的重要原料。在氨的生产、运输、贮存、使用过程中，容易发生管道、阀门、贮罐等损坏泄漏情况，人体接触后能够腐蚀皮肤黏膜，吸入人体后会损害呼吸系统，引起肺肿胀，甚至导致中毒死亡。

我国规定，空气中氨的测定方法有纳氏试剂分光光度法（HJ 533—2009）、次氯酸钠-水杨酸分光光度法（HJ 534—2009）、离子选择电极法（GB/T 14669—93）、离子色谱法（HJ 1076—2019）。纳氏试剂分光光度法和次氯酸钠-水杨酸分光光度法易受到测试环境干扰，方法的线性范围较小，比较适合低浓度分析；离子选择电极法和离子色谱法抗干扰能力较强，尤其是离子选择电极法，线性范围很大，高低浓度样品均可采用。

（一）纳氏试剂分光光度法（HJ 533—2009）

该方法适用于制药、化工、炼焦等工业行业废气中氨的测定，也可以用于环境空气分析。

1. 原理

用稀硫酸溶液吸收空气中的氨，生成的铵离子与纳氏试剂反应会生成黄棕色络合物。该络合物的吸光度与氨的含量成正比，在420nm波长处测量吸光度，可根据吸光度计算空气中氨的含量。当吸收液体积为50mL、采气10L时，氨的检出限为0.25mg/m^3，线性范围为1~20mg/m^3。当吸收液体积为10mL、采气体积为45L时，氨的检出限为0.01mg/m^3，线性范围为0.04~0.88mg/m^3。

2. 测试步骤

（1）样品采集

按照标准方法要求连接好采样装置，采集气体样品。采样后应尽快分析，若不能立即分析，在2~5℃可保存7d。

（2）标准曲线绘制

准确移取相应体积的标准使用液到比色管中，加水至10mL，在各管中分别加入酒石酸钾钠溶液、纳氏试剂，摇匀。在波长420nm下，用10mm比色皿，以水为参比，测定吸光度。以氨含量为横坐标，以扣除试剂空白的吸光度为纵坐标，绘制标准曲线。

（3）样品测定

取一定量的样品溶液（吸取量视样品浓度而定）于比色管中，用吸收液稀释至10mL，后续步骤同标准曲线绘制。

3. 干扰和消除

当三价铁等金属离子、硫化物和有机物存在时，会干扰测定。加入酒石酸钾钠溶液络合掩蔽，可消除三价铁等金属离子的干扰，加入稀盐酸可消除硫化物的干扰，吸收液酸化后煮沸，可消除有机物质的干扰。

4. 注意事项

为了保证纳氏试剂有良好的显色能力，配制时务必控制 $HgCl_2$ 的加入量，至微量 HgI_2 红色沉淀不再溶解时为止。配制 100mL 纳氏试剂所需 $HgCl_2$ 与 KI 的用量之比约为 2.3∶5。在配制时，为了加快反应速度、节省配制时间，可低温加热进行，防止 HgI_2 红色沉淀的提前出现。

（二）次氯酸钠-水杨酸分光光度法（HJ 534—2009）

该方法适用于环境空气中氨的测定，以及恶臭源厂界空气中氨的测定。

该方法检出限为 0.1μg/10mL 吸收液。当吸收液总体积为 10mL、采样体积为 1~4L 时，氨的检出限为 $0.025mg/m^3$，测定范围为 $0.1\sim12mg/m^3$。当吸收液总体积为 10mL、采样体积为 25L 时，氨的检出限为 $0.004mg/m^3$，测定下限为 $0.016mg/m^3$。

1. 原理

氨被稀硫酸吸收液吸收后，生成硫酸铵。在亚硝基铁氰化钠存在的情况下，铵离子与水杨酸和次氯酸钠反应生成蓝色络合物，在波长 697nm 处测定吸光度。吸光度与氨的含量成正比，根据吸光度计算氨的含量。

2. 测试步骤

（1）样品采集

按照标准方法要求连接好采样装置，检查气密性，采集气体样品。采样后应尽快分析，若不能立即分析，在 2~5℃可保存 7d。

（2）标准曲线绘制

移取不同体积铵标准使用液到比色管，用水稀释至标线，分别加入水杨酸-酒石酸钾钠溶液、亚硝基铁氰化钠溶液、次氯酸钠使用液，摇匀，放置 1 小时。用 10mm 比色皿，于波长 697nm 处，以水为参比，测定吸光度。以扣除试剂空白的吸光度为纵坐标，以氨含量为横坐标，绘制标准曲线。

（3）样品测定

采样后补加适量水，将样品溶液定容。准确吸取一定量样品溶液于比色管，用吸收液稀释，余下步骤同标准曲线绘制。同时测量空白样品，将扣除空白的吸光度代入标准曲线，计算氨的含量。

3. 干扰和消除

当有机胺浓度大于 $1mg/m^3$ 时，对测定有干扰，不适用该方法。

4. 注意事项

为避免吸收管中的吸收液被污染，在运输和贮存过程中，应勿将吸收管倾斜或倒置，并及时更换吸收管的密封接头。

（三）离子选择电极法（GB/T 14669—93）

该方法适用于测定空气和工业废气中的氨。

1. 原理

氨气敏电极为复合电极，以 pH 玻璃电极为指示电极，以银-氯化银电极为参比电极。将此电极对置于盛有 0.1mol/L 氯化铵内充液的塑料套管中，管底用一张微孔疏水薄膜与试液隔开，并使透气膜与 pH 玻璃电极间有一层很薄的液膜。在吸收液中加入强碱，使铵盐转化为氨，由扩散作用通过透气膜，使氯化铵电质液膜层内 $NH_4^+ \rightleftharpoons NH_3 + H^+$ 的反应向左移动，引起氢离子浓度改变，由 pH 玻璃电极测得其变化。在恒定的离子强度下，测得的电极电位与氨浓度的对数呈线性关系。由此，可由测得的电位值确定样品中氨的含量。该方法检测限为 0.7μg/10mL 吸收溶液。按能斯特方程，氨浓度每变化 10 倍，电极电位变化约 60mV。

2. 测试步骤

（1）样品采集

采样方法同次氯酸钠-水杨酸分光光度法。

（2）标准曲线绘制

吸取 10.0mL 浓度分别为 0.1mg/L、1.0mg/L、10.0mg/L、100.0mg/L、1000.0mg/L 的铵标准溶液于小烧杯中，浸入电极后加入碱性缓冲液，在搅拌下，读取稳定的电位值 E（在 1min 内变化不超过 1mV 时，即可读数），在半对数坐标纸上绘制 E-logC 的标准曲线。

（3）样品测定

采样后，将吸收管中的吸收液倒入容量瓶，再以少量吸收液清洗吸收管，加入容量瓶，最后以吸收液定容，将容量瓶中的吸收液放入小烧杯，以下步骤与标准曲线绘制相同，由测得的电位值在标准曲线上查得气样吸收液中氨的含量，然后计算出大气中氨的浓度（mg/m^3）。

（四）离子色谱法（HJ 1076—2019）

该方法不仅适用于环境空气和固定污染源无组织排放监控点空气中氨的测定，也适用于甲胺、二甲胺和三甲胺的测定。

1. 原理

环境空气样品经滤膜过滤，目标化合物被稀硫酸吸收液吸收后，用阳离子色谱柱交换分离，用电导检测器检测，以保留时间定性，以外标法定量。当环境空气采样体积为 30L、吸收液体积为 10mL 时，氨、三甲胺的检出限分别为 $0.003mg/m^3$、$0.007mg/m^3$，测定下限分别为 $0.012mg/m^3$、$0.028mg/m^3$。

2. 测试步骤

（1）样品采集

按照标准要求进行采样，样品采集后，用硅胶管封闭多孔玻板吸收管的进气口和出气口，直立置于清洁容器内运输和保存。若不能及时测定，样品应于 4℃以下冷藏、避光和密封保存，7d 内完成分析测定。

（2）样品预处理

将样品全量转入具塞比色管，用适量水淋洗吸收管并转移至具塞比色管，定容至标线，摇匀。用微孔滤膜过滤，弃去初始液，收集滤液至具塞样品瓶中，待测。

（3）标准曲线绘制

移取不同体积标准使用液配制五个浓度点的标准系列。由低浓度到高浓度依次移取注入离子色谱仪。当采用抑制型离子色谱时，用甲磺酸作为淋洗液；当采用非抑制型离子色谱时，以硝酸作为淋洗液。以标准系列溶液中目标化合物的浓度为横坐标，以峰高或峰面积为纵坐标，绘制标准曲线。

（4）样品测定

按照与标准曲线绘制相同的步骤及离子色谱条件进行试样和空白的测定，代入标准曲线方程进行计算。

3. 注意事项

实际样品的酸度会影响色谱柱的使用寿命，应选择容量大、耐酸性良好的色谱柱。当样品浓度较高时，可适当稀释，以保证色谱柱的寿命。

二十一、三甲胺的测定

三甲胺为无色、有鱼油臭的气体，是一种重要的有机化工原料，主要用于农药、染料、医药及有机合成等。现阶段，三甲胺是我国允许使用的食用香料。它属于一级易燃品，能与空气结合形成爆炸性混合物，有强腐蚀性，吸入人体后，对眼、鼻、咽喉和呼吸道等有刺激性作用。

我国规定，气体中的三甲胺测定方法有离子色谱法（HJ 1076—2019、HJ 1041—2019）、溶液吸收-顶空气相色谱法（HJ 1042—2019）和气相色谱法（GB/T 14676—93）。离子色谱法（HJ 1046—2019）前面已经介绍过，包括了抑制型离子色谱法（HJ 1041—2019）的测试条件，这里不再介绍。其余两种气相色谱法的采样方法、样品预处理存在差异，除测试采用氢火焰离子化检测器外，HJ 1042—2019 标准还规定了氮磷检测器。

（一）气相色谱法（GB/T 14676—93）

该方法适用于恶臭污染源排气及厂界环境空气中三甲胺的测定。

1. 原理

以涂着草酸的玻璃微珠作为吸附剂，装填在采样管中，用于采集恶臭污染源排气和厂界环境空气中的三甲胺。通过向采样管中注入饱和氢氧化钾溶液和氮气，使采集的三甲胺游离成气态并进入经真空处理的解吸瓶，取瓶内气体直接注入气相色谱仪，根据三甲胺的色谱峰面积（或峰高）对其进行定量分析。当采样体积为 10L 时，检出限为 $2.5\times10^{-3}mg/m^3$。

2. 测试步骤

（1）样品采集及预处理

按照标准要求采集样品，带回实验室后，将采样管前端塑料帽取下，安上 9 号尼龙针头并插入解吸瓶。从采样管后塞处注入饱和氢氧化钾溶液静置 1min（外部空气不得进入系统），再从采样管后塞处插入与氮气袋相接的针头，使氮气通过采样管将全部碱液导入瓶内，并使解吸瓶内充满氮气至常压。

（2）标准曲线绘制

分别取三甲胺储备液至容量瓶中，配制成 5 个浓度水平的标准溶液。分别取不同浓度标准样品溶液注入采样管入气口端玻璃微珠中，按样品预处理的方式操作解吸，用气密性注射器取比重瓶内气体注入色谱仪进行分析，根据采样管内标准样品加入量和色谱峰面积（或峰高）绘制标准曲线。

（3）样品测定

将解吸瓶内样品注入色谱仪进行测定，色谱条件与标准曲线绘制相同。将色谱峰面积（或峰高）代入标准曲线进行定量分析，根据保留时间进行定性分析。

在实测样品分析过程中，应视仪器的稳定性确定校准周期，通常在测定 2~3 个样品后，以与实测样品成分量相当的标准样品进行校正分析。

3. 注意事项

平行采集样品数不得少于 2 个，每次实验操作条件要严格保持一致，饱和氢氧化钾溶液使用前应通一段时间氮气赶出杂质，采样后需在一周内分析完毕。

（二）溶液吸收-顶空气相色谱法（HJ 1042—2019）

该方法适用于环境空气、固定污染源无组织排放监控点空气和有组织排放废气中三甲胺的测定。

1. 原理

环境空气和废气中的三甲胺经稀酸吸收后，将吸收液转移至顶空瓶内，加碱处理。在一定温度下，样品中三甲胺向液上空间挥发，在气液两相达到热力学动态平衡后，气相中的三甲胺浓度与液相中的浓度成正比。经气相色谱分离，用氢火焰离子化检测器/氮磷检测器进行检测。根据色谱峰保留时间进行定性分析，根据外标法进行定量分析。

采用氢火焰离子化检测器时，当空气采样体积为 20L（参比状态）、吸收液体积为 10mL 时，方法检出限为 0.004mg/m^3，测定下限为 0.016mg/m^3；当废气采样体积为 20L（标准状态）、吸收液体积为 50mL 时，方法检出限为 0.04mg/m^3，测定下限为 0.16mg/m^3。

采用氮磷检测器时，当空气采样体积为 20L（参比状态）、吸收液体积为 10mL 时，方法检出限为 0.0007mg/m^3，测定下限为 0.0028mg/m^3；当废气采样体积为 20L（标准状态）、吸收液体积为 50mL 时，方法检出限为 0.006mg/m^3，测定下限为 0.024mg/m^3。

2. 测试步骤

（1）样品采集

按照标准要求连接好采样装置进行采样，样品采集后应尽快完成分析，否则应于4℃以下密封冷藏保存，7d 内完成分析。

（2）标准曲线绘制

氢火焰离子化检测器：分别取适量的三甲胺标准使用液，用适量吸收液稀释，配制至少 5 个浓度点的标准系列，按照样品顶空处理方法处理后上机分析，按照仪器参考条件进行测定。按浓度由低到高的顺序依次进样，以标准系列的浓度为横坐标，以对应的色谱峰峰面积为纵坐标，绘制标准曲线。

氮磷检测器：分别取适量的三甲胺标准使用液，用适量吸收液稀释，配制至少 5 个浓度点的标准系列，顶空处理后上机分析。按浓度由低到高的顺序依次进样，以标准系列的浓度为横坐标，以对应的色谱峰峰面积为纵坐标，绘制标准曲线。

（3）样品测定

将两支吸收瓶中的样品溶液定容后，取适量吸收液转入装有氯化钠、硫酸钾的顶空瓶中，再加入氢氧化钠溶液和氨水，立即密封顶空瓶，轻摇至盐溶解。按照标准曲线绘制的色谱条件进行测定。将色谱峰峰面积代入标准曲线进行定量分析，根据保留时间进行定性分析。

3. 注意事项

在加入氨水和氢氧化钠溶液后，应放在顶空瓶底部，避免目标化合物的逸失。顶空进样器与气相色谱仪之间的连接管线应全部处于加热及保温状态，确保无冷点。应在每批样品分析序列最后加入纯水样品，用于顶空及连接管路的清洗，避免顶空进样针及六通阀的堵塞。

二十二、二硫化碳的测定

二硫化碳可用于制造人造丝、杀虫剂、促进剂等，也可用作溶剂。二氧化硫有腐败臭鸡蛋味，有极强的挥发性、易燃性和爆炸性，是一种广泛使用的酶抑制剂，对神经、心血管、生殖、胃肠道、泌尿等系统均有毒害作用，主要经呼吸道进入人体，浓度高时可被皮肤吸收。

我国规定，空气中二硫化碳的测试方法为二乙胺分光光度法（GB/T 14680—93），适用于恶臭源厂界空气及环境空气中二硫化碳的测定。

1. 原理

用含铜盐、二乙胺的乙醇溶液采样，在铜离子存在下，二硫化碳与二乙胺作用可生成黄棕色的二乙基二硫代氨基甲酸铜，于 435nm 波长处进行分光光度测定。方法检出限为 0.3μg/10mL，当采样体积为 10~30L 时，最低检出浓度为 0.03mg/m^3。

2. 测试步骤

（1）样品采集

按照标准要求采集样品。

（2）标准曲线绘制

移取不同体积二硫化碳标准溶液加入比色管，用吸收液补充到 10mL，混合均匀后放置 20min，在波长 435nm 处，用 3cm 比色皿，以无水乙醇为参比，测定吸光度，以二氧化硫含量为横坐标，以吸光度为纵坐标，绘制标准曲线。

（3）样品测定

采样后，将样品放至室温，合并两管吸收液并定容，取适量样品于 10mL 具塞比色管中，加吸收液至标线，摇匀。以下按标准曲线绘制的操作步骤进行，在标准曲线上查出二硫化碳的量。

3. 干扰和消除

进行硫化氢干扰测定时，可在采样时用乙酸铅脱脂棉过滤管排除。

4. 注意事项

采样时，除硫化氢过滤管有 2/3 变为黑灰色时，应更换。

二十三、挥发性有机物的测定

挥发性有机物（Volatile Organic Compounds，VOCs）是一类有机物的统称，目前还没有一致的定义。世界卫生组织规定，熔点低于室温、沸点为 50~260℃的有机化合物统称为挥发性有机物。美国环保署规定，任何参加大气光化学反应的碳化合物（不包括一氧化碳、二氧化碳、碳酸、金属碳化物、碳酸盐），都是挥发性有机物。我国在 GB 37822—2019 标准中将挥发性有机物定义为：参与大气光化学反应的有机化合物，或者根据有关规定确定的有机化合物。大多数 VOCs 具有令人不适的特殊气味，并有毒性、刺激性，可致畸和致癌，对人体健康会造成很大的伤害。VOCs 也是影响大气环境的重要因子，参与臭氧和二次气溶胶的形成，会引发灰霾和光化学烟雾。VOCs 主要来源于煤化工、石油化工、燃料涂料、有机溶剂的生产与使用等。

我国规定，固定污染源废气中的 VOCs 测试方法有固相吸附-热脱附/气相色谱-质谱法（HJ 734—2014）和便携式傅里叶红外检测方法（HJ 1011—2018）。此外，我国颁布了《泄漏和敞开液面排放的挥发性有机物检测技术导则》（HJ 733—2014），规定了源自设备泄漏和敞开液面排放的 VOCs 的检测技术要求，以及设备泄漏和敞开液面等无组织排放源的 VOCs 的检测方法、仪器设备要求、质量保证与控制等。

（一）固相吸附-热脱附/气相色谱-质谱法（HJ 734—2014）

该方法并不适用于对固定污染源废气中 VOCs 的总量进行测定，而适用于对某一种挥发性有机物进行测定。目前，该方法标准中规定了 24 种挥发性有机物，即丙酮、异丙醇、正己烷、乙酸乙酯、苯、六甲基二硅氧烷、3-戊酮、正庚烷、甲苯、环戊酮、乳酸乙酯、乙酸丁酯、丙二醇单甲醚乙酸酯、乙苯、对/间二甲苯、2-庚酮、苯乙烯、邻二甲苯、苯甲醚、苯甲醛、1-癸烯、2-壬酮、1-十二烯。其他挥发性有机物经过验证后也可使用该方法。

1. 原理

使用填充了合适吸附剂的吸附管直接采集固定污染源废气中的挥发性有机物（或先用气袋采集，再将气袋中的气体采集到固体吸附管中），将吸附管置于热脱附仪中进行二级热脱附，脱附气体经气相色谱分离后用质谱检测，根据保留时间、质谱图或特征离子进行定性分析，根据内标法或外标法进行定量分析。当采样体积为300mL时，标准中规定的24种挥发性有机物的检出限为0.001～0.01mg/m^3，测定下限为0.004～0.04mg/m^3。

2. 测试步骤

（1）样品采集

在测试固定源挥发性有机物排气前，应调查污染源信息，包括公司名称、原材料、中间体、产品、副产品、生产工艺、排气筒采样孔位置、总有机碳（或非甲烷总烃）排放浓度等，以及行业排放标准所列的常见有机污染物。预监测确定各固定污染源废气中挥发性有机物的组分，然后使用吸收管现场直接采样；也可以使用气袋采样，8h内带回实验室并通入吸收管吸收。用吸附采样管采样后，立即用密封帽将采样管两端密封，4℃避光保存，7日内完成分析。

（2）标准曲线绘制

参考标准或者厂家说明设置热脱附仪、气相色谱仪和质谱仪测试参数。用微量注射器分别移取不同体积的标准贮备溶液至容量瓶，用甲醇稀释定容至标线，配制成系列不同浓度混合标准溶液。将老化好的吸附管装到热脱附标样加载平台上（注意吸附管进气端朝向注射器），用微量注射器取1μL混标溶液注入空白吸附管，同时在吸附管中加入内标使用液，用氮气吹扫吸附管后迅速取下吸附管，用密封帽将吸附管两端密封，得到标准系列吸附管。将标准系列吸附管放进热脱附仪，按照仪器参考条件，依次从低浓度到高浓度进行分析测定，根据目标物/内标物质量比和目标物/内标物特征质量离子峰面积（或峰高）比，用最小二乘法或者相对响应因子绘制标准曲线。

（3）样品测定

参照标准曲线绘制步骤和仪器参数条件，在采好样品的吸附管中加入内标物，对样品进行加载分析，得到气相色谱-质谱图。以保留时间和质谱图比较进行定性分析。根据内标标准曲线法或曲线各点的平均相对响应因子均值计算目标组分的含量。

3. 干扰和消除

水蒸气对采样管样品采集有干扰，可在吸附采样管前加一个冰水浴小型撞击式水分收集器或半导体制冷除湿装置。水分收集器中的水应同时用HJ 639—2012标准进行分析，含量计入样品中。

4. 注意事项

• 如果没有标样加载平台，可将老化好的吸附管连接于气相色谱仪的填充柱进样口，用微量注射器分别注射混标溶液和内标使用液，得到标准系列吸附管。

• 当采样前后流量变化大于等于5%但小于10%时，应进行修正；当流量变化大于等于10%时，应重新采样。

（二）便携式傅里叶红外监测方法（HJ 1011—2018）

该标准规定了挥发性有机物组分便携式傅里叶红外监测仪的组成结构、技术要求、性能指标和检测方法。Ⅰ型仪器用于环境空气污染事故应急监测，选用甲烷、乙烷、乙烯、丙烯、乙炔、苯、甲苯、乙苯、苯乙烯气体单标或混标，检测范围最大不超过15μmol/mol；Ⅱ型仪器用于固定污染源废气监测，选用苯系物（苯、甲苯、二甲苯）气体混标，检测范围最大不超过100μmol/mol。

1. 原理

傅里叶变换红外光谱技术（FTIR）利用分光束干涉原理，光源发出的红外光入干涉仪调制成干涉光谱，再进入测量池，在测量池内多次反射并被被测气体吸收，其强度变化幅度与气体组分浓度成正比。

2. 样品测定

（1）样品采集

便携式分析仪自带样品采集部件，具有加热、保温和反吹净化功能。参考仪器说明进行采样即可。

（2）仪器校准

单点校准时，需采用组分浓度约等于（±10%以内）污染物排放限值或仪器检测范围50%的标准物质；采用多点校准时，至少应有一个点的浓度满足上述要求。校准方法参考仪器说明。

（3）样品测定

将校准气体通入仪器，待示值稳定后，再通入零气，等待仪器示值回零，然后通入样品气体进行检测，待示值稳定后，直接读取VOCs浓度值。

3. 注意事项

为防止颗粒物污染分析仪，在气体样品进入分析仪之前，宜设置精细过滤器；过滤器滤料的材质应不吸附并不与气态污染物发生反应，过滤器应至少能过滤0.5~1μm粒径的颗粒物。

第八节　大气污染物自动监测

固定污染源在线自动监测系统包括SO_2、NO_x、颗粒物三种应税污染物的自动监测，其他类型应税污染物目前还无法实现自动监测，主要依靠前几节的手工监测方法。

本节介绍 SO_2、NO_x、颗粒物的在线自动监测方法。

一、SO_2、NO_x、颗粒物在线监测系统

（一）系统的定义与组成

1. 定义

烟气排放连续监测（Continuous Emission Monitoring，CEM）是指对固定污染源排放的颗粒物和（或）气态污染物的排放浓度和排放量进行连续、实时的自动监测。烟气排放连续监测系统（Continuous Emission Monitoring System，CEMS）是指连续监测固定污染源颗粒物和（或）气态污染物排放浓度及排放量所需要的全部设备。

2. 组成

CEMS 由颗粒物监测单元和（或）气态污染物 SO_2 和（或）NO_x 监测单元、烟气参数监测单元、数据采集与处理单元组成。系统测量烟气中颗粒物浓度、气态污染物 SO_2 和（或）NO_x 浓度、烟气参数（温度、压力、流速或流量、湿度、含氧量等），同时计算烟气中污染物的排放速率和排放量，显示（可支持打印）和记录各种数据和参数，形成相关图表，并通过数据、图文等方式传输至管理部门。

（二）系统结构

依据 CEMS 测量方式和原理的不同，CEMS 系统结构主要包括样品采集和传输装置、预处理设备、分析仪器、数据采集和传输设备及其他辅助设备等。

1. 样品采集和传输装置

样品采集和传输装置主要包括采样探头、样品传输管线、流量控制设备和采样泵等；采样装置的材料和安装应不影响仪器测量。一般采用抽取测量方式的 CEMS 均有样品采集和传输装置，且满足以下技术要求：

- 样品采集装置有加热、保温和反吹净化功能。加热温度一般在 120℃以上，且高于烟气露点温度 10℃以上，其实际温度值能在机柜或系统软件中查询。采集装置应选用耐高温、防腐蚀、不吸附、不与气态污染物发生反应的材料，且应不影响待测污染物的正常测量。

- 气态污染物样品采集装置有颗粒物过滤功能。采样设备的前端或后端有便于更换或清洗的颗粒物过滤器，过滤器滤料的材质不吸附且不与气态污染物发生反应，过滤器至少能过滤 5～10μm 粒径以上的颗粒物。

- 样品传输管线长度适中，不吸附且不与气态污染物发生反应。当使用伴热管线时，有稳定、均匀加热和保温的功能；加热温度一般设置在 120℃以上，且高于烟气露点温度 10℃以上，其实际温度值能够在机柜或系统软件中查询。

- 样品传输管线内至少包覆两根气体传输管，一根用于样品气体的采集传输，另一根用于标准气体的全系统校准；CEMS 样品采集和传输装置有完成 CEMS 全系统校准

的功能。

- 采样泵具备克服烟道负压的足够抽气能力，并且保障采样流量准确可靠、相对稳定。

- 采用抽取测量方式的颗粒物 CEMS，其抽取采样装置有自动跟踪烟气流速变化、调节采样流量的等速跟踪采样功能，等速跟踪吸引误差不超过±8%。

2. 预处理设备

预处理设备主要包括样品过滤设备和除湿冷凝设备等。预处理设备的材料和安装不影响仪器测量。部分采用抽取测量方式的 CEMS 有预处理设备，其具体技术要求如下：

- CEMS 预处理设备及其部件方便清理和更换，不吸附、不与气态污染物发生反应。

- CEMS 除湿设备的设置温度保持在 4℃左右（设备出口烟气露点温度≥4℃），正常波动在±2℃以内，其实际温度数值能够在机柜或系统软件中查询。

- 除湿设备在除湿过程中产生的冷凝液，采用自动方式通过冷凝液收集和排放装置及时、顺畅排出。

- 为防止颗粒物污染气态污染物分析仪，在气体样品进入分析仪之前，可设置精细过滤器；过滤器滤料使用不吸附、不与气态污染物发生反应的疏水材料，过滤器至少能过滤 0.5~2μm 粒径以上的颗粒物。

3. 分析仪器

分析仪器用于对采集的污染源烟气样品进行测量分析。

- CEMS 应能用手动或自动方式进行零点和量程校准。采用抽取测量方式的气态污染物 CEMS，有固定的、便于操作的标准气体全系统校准功能，即能够完成从样品采集和传输装置到预处理设备和分析仪器的全系统校准。

- 采用直接测量方式的气态污染物 CEMS，具备稳定可靠、便于操作的标准气体流动等效校准功能，即能够通过内置或外置的校准池，完成对系统的等效校准。

4. 数据采集和传输设备

数据采集和传输设备用于采集、处理和存储监测数据，并能按中心计算机指令传输监测数据和设备工作状态信息。数据采集和传输设备的具体技术要求如下：

- 有数字信号输出功能。显示和记录零点以下和量程以上至少 10%的数据值。当测量结果在零点以下和量程以上 10%时，数据记录存储其最小值或最大值。

- 有显示、设置系统时间和时间标签功能，数据为设置时段的平均值。

- 能显示实时数据，有查询历史数据的功能，并能以报表或报告形式输出，相关日报表、月报表和年报表的格式符合标准要求。

- 有中文数据采集、记录、处理和控制软件。在仪器掉电后，能自动保存数据；恢复供电后，系统可自动启动，恢复运行状态并正常工作。

5. 辅助设备

采用抽取测量方式的CEMS，其辅助设备主要包括尾气排放装置、反吹净化及其控制装置、稀释零空气预处理装置以及冷凝液排放装置等；采用直接测量方式的CEMS，其辅助设备主要包括气幕保护装置和标气流动等效校准装置等。各种辅助设备的具体技术要求如下：

- CEMS排气管路应规范敷设，不应随意放置，以防止排放的尾气污染周围环境。当室外环境温度低于0℃时，CEMS尾气排放管应配套加热或伴热装置，确保排放尾气中的水分不冷凝或结冰，造成尾气排放管堵塞和排气不畅。

- CEMS应配备定期反吹装置，用于定期对样品采集装置等其他测量部件进行反吹，避免出现由于颗粒物等累积造成的堵塞状况。

- CEMS应有防止外部光学镜头和插入烟囱或烟道内的反射或测量光学镜头被烟气污染的净化系统（即气幕保护系统）；净化系统应能克服烟气压力，保持光学镜头的清洁；对净化系统使用的净化气体，应进行适当预处理，以确保不影响测量结果。

- 有除湿冷凝设备的CEMS，其除湿过程产生的冷凝液应通过冷凝液排放装置及时、顺畅排出。

- 具备稀释采样系统的CEMS，其稀释零空气必须配备完备的气体预处理系统，主要包括气体的过滤、除水、除油、除烃及除二氧化硫和氮氧化物等环节。

- CEMS机柜内部气体管路及电路、数据传输线路等应规范敷设，同类管路应尽可能集中汇总设置；不同类型的管路或不同作用、方向的管路，应采用明确标识加以区分；各种走线应安全合理，便于查找、维护和维修。

（三）技术要求

1. 外观

- CEMS应有产品铭牌，铭牌上标有仪器名称、型号、生产单位、出厂编号、制造日期等信息。仪器表面完好无损，无明显缺陷，各零、部件连接可靠，各操作键、按钮使用灵活，定位准确。外壳或外罩应耐腐蚀、密封性能良好、防尘、防雨。

- 主机面板显示清晰，涂色牢固，字符、标识易于识别，没有影响读数的缺陷。

2. 环境要求

室内环境温度15～35℃；室外环境温度-20～50℃；相对湿度≤85%；大气压80～106kPa；供电电压AC 220±22V，50±1Hz。

3. 安全要求

- 绝缘电阻，系统电源端子对地或机壳的绝缘电阻不小于20MΩ。

- 绝缘强度，系统在1500V（有效值）、50Hz正弦波实验电压下持续1min，不应出现击穿或飞弧现象。

- 系统有漏电保护装置及良好的接地措施，能防止雷击等对系统造成损坏。

（四）性能指标

1. 实验室检测

• 气态污染物监测单元：分析仪器仪表响应时间≤120s；重复性（相对标准偏差）≤2%；线性误差不超过±2%满量程；24h 零点漂移和量程漂移不超过±2%满量程；一周零点漂移和量程漂移不超过±3%满量程；进样流量变化±10%，分析仪器读数的变化不超过±2%满量程；NO_x 分析仪器或 NO_2 转换器中 NO_2 转换为 NO 的效率≥95%；三台（套）分析仪器测量同一标准样品读数的相对标准偏差≤5%。

• 颗粒物监测单元：分析仪器重复性（相对标准偏差）≤2%；24h 零点漂移和量程漂移不超过±2%满量程；一周零点漂移和量程漂移不超过±3%满量程；分析仪器满量程值≤50mg/m^3 时，检出限≤1.0mg/m^3（满量程值>50mg/m^3 时，不作要求）。

2. 污染物排放现场检测

• 气态污染物，当系统检测 SO_2 满量程值≥100μmol/mol、NO_x 满量程值≥200μmol/mol 时，示值误差不超过±5%标准气体标称值；当系统检测 SO_2 满量程值<100μmol/mol、NO_x 满量程值<200μmol/mol 时，示值误差不超过±2.5%满量程；系统响应时间≤200s；24h 零点漂移和量程漂移不超过±2.5%满量程。用参比方法测量烟气中二氧化硫、氮氧化物排放浓度的平均值 x：当 x≥250μmol/mol 时，CEMS 与参比方法测量结果相对准确度≤15%；当 50μmol/mol<x<250μmol/mol 时，CEMS 与参比方法测量结果平均值绝对误差的绝对值≤20μmol/mol；当 20μmol/mol<x<50μmol/mol 时，CEMS 与参比方法测量结果平均值相对误差的绝对值≤30%；当 x<20μmol/mol 时，CEMS 与参比方法测量结果平均值绝对误差的绝对值≤6μmol/mol。

• 颗粒物，24h 零点漂移和量程漂移不超过±2%满量程。颗粒物 CEMS 线性相关标准曲线应符合下列条件：相关系数≥0.85（当测量范围上限≤50mg/m^3 时，相关系数≥0.75）。用参比方法测量烟气中颗粒物排放浓度的平均值 y：当 y>200mg/m^3 时，CEMS 与参比方法测试结果平均值的相对误差不超过±15%；当 100mg/m^3<y≤200mg/m^3 时，CEMS 与参比方法测量结果平均值的相对误差不超过±20%；当 50mg/m^3<y≤100mg/m^3时，CEMS 与参比方法测量结果平均值的相对误差不超过±25%；当20mg/m^3<y≤50mg/m^3 时，CEMS 与参比方法测量结果平均值的相对误差不超过±30%；当 10mg/m^3<y≤20mg/m^3 时，CEMS 与参比方法测量结果平均值的绝对误差不超过±6mg/m^3；当 y≤10mg/m^3 时，CEMS 与参比方法测量结果平均值的绝对误差不超过±5mg/m^3。

3. 烟气流速连续测量系统

测量范围上限≥30m/s；速度场系数的相对标准偏差≤5%。用参比方法测量烟气流速的平均值 x：当 x>10m/s 时，CEMS 与参比方法测量结果平均值的相对误差不超过±10%；当 x≤10m/s 时，CEMS 与参比方法测量结果平均值的相对误差不超过±12%。

4. 烟气温度连续测量系统

CEMS 与参比方法测量结果平均值的绝对误差不超过±3℃。

5. 烟气湿度连续测量系统

用参比方法测量烟气绝对湿度的平均值 x：当 $x>5.0\%$时，CEMS 与参比方法测量结果平均值的相对误差不超过±25%；当 $x\leq5.0\%$时，CEMS 与参比方法测量结果平均值的绝对误差不超过±1.5%。

（五）数据采集记录存储要求

由 CEMS 的控制功能协调整个系统的时序，系统能够将采集和记录的实时数据自动处理为 1min 数据和小时数据。

- 至少每 5s 采集一组系统测量的实时数据，主要包括：颗粒物测量一次物理量、气态污染物体积/实测质量浓度、烟气含氧量、烟气流速、烟气温度、烟气静压、烟气湿度等。
- 至少每 1min 记录存储一组系统测量的分钟数据，数据为该时段的平均值，主要包括：颗粒物一次物理量和质量浓度、气态污染物体积/质量浓度、烟气含氧量、烟气流速和流量、烟气温度、烟气静压、烟气湿度及大气压值。若测量结果有湿/干基不同转换数值，则应同时显示记录该测量值湿基和干基的测量数据。
- 小时数据应包含本小时内至少 45min 的分钟有效数据，数据为该时段的平均值，主要包括：颗粒物质量浓度（折算浓度）、颗粒物排放量、气态污染物质量浓度（折算浓度）、气态污染物排放量、烟气含氧量、烟气流量、烟气温度、烟气静压、烟气湿度和生产负荷等。小时数据记录表为日报表。
- 日数据应包含本日至少 20h 的小时有效数据，数据为该时段的平均值，主要包括：颗粒物质量浓度和排放量、气态污染物质量浓度和排放量、烟气含氧量、烟气流量、烟气温度、烟气静压、烟气湿度和生产负荷等。日数据记录表为月报表。
- 月数据应包含本月至少 25 天（2 月至少 23 天）的日有效数据，数据均为该时段的平均值，主要包括：颗粒物排放量、气态污染物排放量、烟气含氧量、烟气流量、烟气温度、烟气静压、烟气湿度和生产负荷等。月数据记录表为年报表。
- 数据报表中应统计记录当日、当月、当年各指标数据的最大值、最小值和平均值。CEMS 日报表、月报表和年报表中的污染物浓度、烟气流量和烟气含氧量均为干基标准状态值。氮氧化物（NO_x）质量浓度均以 NO_2 计。当 1 小时污染物折算浓度均值超过排放标准限值时，CEMS 应能发出并记录超标报警信息。

二、在线监测仪器

（一）烟气参数测量仪器

烟气温度、压力、流速或流量、湿度、氧含量等是计算烟气排放总量和污染物浓度的参数。CEMS 系统需要集成相关在线监测设备，其烟气参数、测量原理及安装方式见表 3-4。

表 3-4 CEMS 系统烟气参数、测量原理及安装方式

烟气参数	测量原理	安装方式
氧含量	氧化锆法	烟道、抽取
	磁氧法	直接抽取采样
	原电池法	直接抽取采样
流速	皮托管差压法	插入式
	热线法	插入式
	超声波法	对穿式
湿度	电容法	插入式
	干湿氧法	烟道、抽取
温度	热电偶	插入式
	热电阻	插入式
压力	压力感应片	直接测量

一般情况下，温度常用热电偶温度仪或者热电阻温度仪测量。压力和流速用皮托管流速仪的压差传感器测量。流速或流量也可以用超声波测速仪、靶式流量计测量。湿度常用电容式传感器测量，也可以用干湿氧法计算得到。含氧量一般用氧化锆或磁氧分析仪、电化学氧量测定仪测定。上述设备均有技术成熟的在线监测仪器产品，校准后测量数据可直接显示，并可以远程传输。

1. 含氧量在线测量仪器

（1）氧化锆分析仪

测量 O_2 依据的原理：利用 ZrO_2 在高温（600℃）时的电解催化作用，在烟气一侧的电极会和与含有 O_2 的参考气体（通常为空气）接触的电极产生电位差，从而可测出烟气中氧气的浓度。探头使用寿命：1~2 年。氧化锆分析仪测量的是湿基氧的浓度，计算干基氧的浓度时，必须知道水蒸气的含量，进行转换。

（2）顺磁氧分析仪

可利用氧气的顺磁性测量 O_2 的浓度。氧气分子具有顺磁性，能够影响样品气体在分析仪中的流动方式，通常采用磁压法、热磁法、磁力矩法。顺磁氧分析仪作为抽取系统的一个部件被安装在气态污染物分析机柜内，共用系统的除尘、除湿系统。由于 O_2 是经过除湿后进行测量，因此测量的是干基气体的 O_2 浓度。

（3）原电池式氧传感器

原电池式氧传感器由两个金属电极、电解质、扩散透气膜和外壳组成。两个金属电极中银电极为工作电极，铅电极为对电极。当传感器工作时，O_2 通过扩散透气膜进入传感器，在工作电极上发生电化学反应，电池产生的电流正比于样品中的含氧量，依据该原理，可测量烟气中的含氧量。

传感器使用寿命：6~18 个月。它作为抽取系统的一个部件安装在气态污染物分析

机柜内，共用系统的除尘、除湿系统。由于 O_2 是在经过除湿后进行测量，因此测量的是干基气体的 O_2 浓度。

2. 流速测量仪

（1）皮托管法流速测量仪

皮托管由两根相同的金属管并联组成，测量端有方向相反的两个开口，一根管面正对气体流动方向测量全压，另一根管平行于气流或背向气流测量静压。皮托管两管连接微压传感器和放大器，压差由微压传感器测得，经放大调制，输出的电压与 S 型皮托管测得的压差成比例关系。保持皮托管正对气流测孔表面的清洁是保证准确测量烟气流速的重要条件，需要采用高压反吹技术定期反吹皮托管。在安装时，应避开有涡流的位置。测量低压差（ΔP）比较困难（实际测定的最小压差约为 5Pa，能够测量的最低流速约为 2～3m/s）。

（2）超声波法流速测量仪

在流体中设置两个超声波传感器，它们既可以发射超声波，又可以接收超声波，一个装在管道的上游，一个装在管道的下游，通过超声波在流体中顺流和逆流方向传播的时间差来计算烟气流速。在连续监测中，应在烟道或烟囱两侧各安装一个发射/接收器，组成超声波流速连续测量系统，典型的角度为 30～60 度。超声波技术能够测量低至 0. 03m/s 的气流流速，安装时应避开有涡流的位置。

（3）热平衡法流速测量仪

热平衡法流速测量仪是通过把加热体的热传输给流动的烟气进行工作的。气体借热空气对流从探头带走热，并导致探头冷却。气流流经探头的速度越快，探头冷却得越快。供给更多的电量能维持传感器最初的温度。对于加热丝类型的传感器，气体的质量流量正比于供电量。水滴将引起热传感系统的测量误差，应防止探头腐蚀和灰尘附着。

3. 湿度的测量

（1）电容法

采用电容式传感器，将探头直接插入烟道，探头周围采用特制的过滤器进行保护。采用薄膜电容和 PT100 电阻组合专门设计的湿度传感器，利用水分的变化和电容值变化之间的关系直接测量水气分压，利用 PT100 测量温度，可以准确测量高温烟气的水分含量，并专门根据 CEMS 烟气特点计算出体积百分比浓度 ppmv。电容法是直接插入式测量，探头需要特殊防护。

（2）干湿氧法

通常利用插入式氧化锆探头直接测量烟道中的湿态氧含量（C_1），利用完全抽取法将烟气抽取后降温除湿，测出干态氧含量（C_2），经计算后得出烟气湿度（$1-C_1/C_2$）。该方法使用的两台测氧仪器漂移不一致，容易导致误差叠加。

（二）气态污染物的测定

1. 基本要求

• 至少抽取3套同型号仪器，在指定的实验室场地同时进行检测。当系统具备双量程或多量程时（非硬件调整），只针对仪器的最小量程进行技术指标检测。气态污染物（SO_2、NO_x）监测单元检测量程最大值为250μmol/mol。颗粒物监测单元检测量程最大值为200mg/m^3。

• 检测期间，除进行系统零点和量程校准外，不允许对系统进行计划外的维护、检修和调节。如果因供电问题造成测试中断，在供电恢复正常后继续进行检测，已经完成的测试指标和数据有效。如果因CEMS故障造成测试中断，在CEMS恢复正常后重新进行检测，已经完成的测试指标和数据无效。检测期间，每台（套）CEMS故障次数≤2次。

• 可设定任一时间对CEMS进行零点和量程的自动校验和校准；检测期间，自动校验校准时间间隔应设置为≥24h。各技术指标检测数据均采用CEMS数据采集与处理单元存储记录的最终结果。

2. 标准物质

• 零气（零点气体）：二氧化硫、氮氧化物浓度≤0.1μmol/mol的标准气体（一般为高纯氮气，纯度≥99.999%）。测量烟气中二氧化碳的浓度时，零气中二氧化碳不超过400μmol/mol，其他气体的浓度不得干扰仪器的读数。

• 标准气体：由国家计量主管部门批准的国家一、二级标准气体，其不确定度不超过±2.0%。量程校准气体指浓度在80%~100%满量程范围内的标准气体。较低浓度的标准气体如不能满足不确定度要求，可以使用满足要求的高浓度标准气体采用等比例稀释的方式获得，等比例稀释装置的精密度应在1%以内。

3. 采样方法

在线监测烟气中的气态污染物的采样方法分为抽取法和直接测量法。抽取法分为完全抽取法和稀释抽取法；直接测量法分为内置式测量法和外置式测量法。

4. 二氧化硫在线监测设备

二氧化硫在线监测设备开发较早，市场上已有多种类型设备在售。根据测试原理，二氧化硫在线监测设备可以分为紫外荧光在线监测仪、电化学在线监测仪和比色式在线监测仪。其中，紫外荧光在线监测仪，尤其是脉冲式紫外荧光在线监测仪器种类最多，使用最广泛。

（1）紫外荧光在线监测仪器

该类仪器依据紫外荧光法原理监测二氧化硫。紫外光（190~230nm）照射在SO_2气体分子上，SO_2分子吸收光能被激发至激发态；激发态不稳定，因为系统将寻求能量稳定状态，分子瞬间回到基态，当激发态的分子返回到基态时，就会发射出另一个不同波长的荧光（330nm）。荧光强度与 SO_2 浓度有关，通过测量荧光光强，可得出 SO_2 的浓度。脉冲式紫外荧光在线监测仪器采用紫外脉冲光源，脉冲光源可提高光强，并且无衰减，较高的紫外光能量使仪器具有高灵敏度、高稳定性和高选择性等特点，从而可检测到极低浓度的 SO_2 含量。同时，使用脉冲光源可提高紫外灯的使用寿命。世界卫生组织推荐全球监测系统采用该类设备。但是，该方法量程偏小，最大可到 100ppm。

由于污染源气体组分复杂，废气中含有的水分和芳香烃化合物对紫外荧光方法有干扰。水分会产生负干扰，导致测试结果低于实际浓度。水分主要从两方面产生干扰：一是水分与 SO_2 接触发生溶解反应造成气体中 SO_2 损失；二是 SO_2 遇水发生荧光猝灭造成负误差。一般采用半透膜渗透法或反应室加热法从废气中去除水分，从而消除干扰。芳香族化合物在 190~230nm 紫外光激发下，也能发射荧光导致正误差，使测试结果高于实际浓度。

二氧化硫监测单元除了二氧化硫检测仪器外，还包括除尘器、除湿器、除烃器、气泵和流量计等。日常需要进行定期维护工作，以保持监测单元数据准确稳定。例如，定期进行零点和量程校准，定期更换紫外灯、除尘过滤器的滤膜、除湿器的渗透膜、除烃器的填料等。

（2）电化学法

定电位电解法是常用的二氧化硫电化学在线测量方法。该方法测量量程范围大，可到 100000ppm。烟气由采样泵直接从烟道抽入传感器气室，通过渗透膜进入电解槽，在电解槽内进行氧化反应，产生电解电流，在一定范围内，其大小与二氧化硫浓度成正比，通过对传感器的标定，检测电解电流，以测定烟气中的二氧化硫浓度。该方法的主要缺点是传感器使用寿命短，高浓度一氧化碳会对二氧化硫测定产生正干扰。

5. 氮氧化物在线监测单元

氮具有多种化合价态，其氧化物种类较多，在大气环境中相对稳定的状态主要有两种：NO 和 NO_2。因此，NO_x 监测实际上是对 NO 和 NO_2 进行监测。现有连续或间歇在线测定氮氧化物的仪器，根据测试方法及原理可分为两类：化学发光法在线监测设备和原电池库伦滴定法在线监测设备。其中，化学发光法在线监测设备研制型号最多，具有技术成熟、灵敏度高、选择性好、线性范围宽等特点，已经被广泛使用。

化学发光分析方法是基于某些化合物分子吸收化学能后，被激发至激发态，再由激发态返回基态时，发射出具有一定波长范围的光（此现象也称为化学发光反应），发光强度与化合物浓度有关。通过测量化学发光强度，可测定化合物的浓度。化学发光反应在气相、液相、固相中均可发生，一般伴随化学放热反应。

NO_x 在气相中可发生以下几种化学发光反应：

$NO+O_3 \rightarrow NO_2^*+O_2$，$NO_2^* \rightarrow NO_2+h\nu$（h 为普朗克常数，v 为发射光频率），该反应发射光谱为 600~3200nm，在 1200nm 处光强度最大。

$NO_2+O\cdot \rightarrow NO+O_2$，$O\cdot +NO+M\rightarrow NO_2^*+M$，$NO_2^* \rightarrow NO_2+hv$，该反应发射光谱为400~1400nm，在600nm处光强度最大。

$NO_2+hv\rightarrow NO+O\cdot$，$O\cdot +NO+M\rightarrow NO_2^*+M$，$NO_2^* \rightarrow NO_2+hv$，该反应发射光谱为400~1400nm。

在上述三种氮氧化物化学发光反应中，第一种以臭氧为反应剂，第二种以原子氧为反应剂，第三种需要特殊光源辐照。臭氧相对容易获得且使用方便，因此，利用第一种化学发光反应原理测定空气中氮氧化物的设备最多，发光强度（I）与氮氧化物浓度的关系可用公式 $I=K\times\frac{[NO]\times[O_3]}{[M]}$ 表示。式中，K 表示与化学发光反应温度有关的常数，[M] 为参与反应的第三种物质（此反应为空气）浓度。从公式可以看出，如果 $[O_3]$ 过量，[M] 恒定，发光强度与 NO 浓度成正比，依据该公式可以进行定量分析。但是，该反应体系测量的是 NO 的浓度，如果要测定 NO_x，需要将 NO_2 还原为 NO 再测定。该方法检出限低至 10^{-9} 数量级，线性范围可达 5~6 个数量级。通过对化学发光反应和发光波长的选择，可不经分离便消除共存组分干扰，简便快捷。

基于化学发光法的 NO_x 在线监测单元除了化学发光监测设备外，还包括臭氧发生器、颗粒物过滤器、NO_2-NO 转换器、零气处理装置、净化器、气泵等。该装置存在两条气路：第一条是臭氧发生气路，以净化的空气或者高纯氧气为气源，经过电磁阀、膜片阀、流量计进入臭氧发生器，在紫外光或者无声放电作用下产生臭氧，进入反应室。第二条是废气经过颗粒物过滤器进入转换反应器，在 350 度左右和石墨化玻璃碳的作用下，将二氧化氮还原为一氧化氮，然后经过电磁阀、流量计进入反应室。在反应室中，一氧化氮和臭氧发生光化学反应，产生的光量子经反应室端面上的滤光片获得特征波长光照射到光电倍增管上，将光信号转换成与气样中氮氧化物浓度成正比的电信号，经放大和信号处理后送入指示、记录仪表显示和记录测定结果。反应室内化学发光反应后的气体经净化器由泵抽排。一般仪器设备需要零气校正，零气通过三通电磁阀进入仪器，零气与废气共用气路。

6. 气体综合分析在线监测仪

前面介绍的在线监测仪器只能检测一种气体组分，气体综合分析在线监测仪基于差分吸收光谱原理（DOAS），可以同时测定多种污染物，具有监测范围宽、测量周期短、响应快、非接触式测定等优点，已被用于 SO_2、NO_2 和 O_3 等的测定。差分吸收光谱法基于被测物质对光谱的选择性吸收特性进行测定。SO_2、O_3 对 200~350nm 波长光有很强的吸收；NO_2 在 440nm 波长处有强烈吸收；CO 吸收主要集中在红外光区。此类仪器一般由光源、发射和接收系统、光导纤维、光谱仪、检测器、A/D 转换器和微型计算机等组成。光源以高压氙灯为主，发射出 200~500nm 波长的光，被凹面镜反射出一束平行光，通过被测气体到达接收器，再被凹面镜反射聚焦在光导纤维的一端，传输至光谱仪分析。光谱仪内的光栅具有分光作用，可将被测物质的特征吸收波长光分出来，被凹面镜反射聚焦于检测器，产生电信号并经 A/D 转换器转换成数字信号，经计算机处理后得到被测物质的浓度。

（三）颗粒物的测定

1. 基本要求

（1）重复性

待测分析仪器运行稳定后，进入校准状态；使用零点校准部件调零，然后切换至量程校准部件，待读数稳定后记录显示值，重复上述测试操作至少 6 次，重复性（相对标准偏差）≤2%。

（2）24h 零点漂移和量程漂移

待测分析仪器运行稳定后，使用零点校准部件调零，并记录仪器零点稳定读数；然后切换至量程校准部件，记录稳定读数。待测仪器连续运行 24h（期间不允许任何校准和维护）后，重复上述操作，计算分析仪器的 24h 零点漂移和量程漂移，不超过±2%满量程；待测仪器连续运行 168h（期间不允许任何手动校准和维护）后，重复上述操作，计算分析仪器一周零点漂移和量程漂移，不超过±3%满量程。

（3）检出限

将待测分析仪器放置在密闭洁净空间，预热运行稳定后开始正常测量。每间隔 2min，记录该时间段数据的平均值（记为 1 个数据），应获得至少 25 个数据（对于非连续测量的仪器，间隔时间应为其测量周期）；计算所取得数据的标准偏差；待测分析仪器的检出限为计算获得标准偏差的 3 倍，当分析仪器满量程值≤$50mg/m^3$ 时，检出限≤$1mg/m^3$（满量程值>$50mg/m^3$ 时不作要求）。

（4）环境温度、电压和振动的影响

环境温度在-20~50℃范围内变化，分析仪器读数的变化不超过±5%满量程；供电电压变化和振动的影响不超过±2%满量程。

2. 校准

- 待测 CEMS 运行稳定后，分别进行零点校准和满量程校准。
- 待测 CEMS 与参比采样测试方法同步对污染物排放颗粒物进行测量，应协调参比方法采样和颗粒物 CEMS 测量的开始和结束时间，由数据采集和处理单元至少每分钟记录 1 个 CEMS 累积测量值，连续记录至参比方法采样结束。取同一时间区间内（一般用参比方法一个样品的采集时间）参比方法与 CEMS 测量平均值组成一个数据对。整个相关校准必须获得至少 15 个有效的测试数据对。当相关校准测试的数据对超过 15 个时，可以舍弃部分测试数据对。舍弃 5 个以内数据对，不需要任何解释；当舍弃数据对超过 5 个时，必须解释舍弃的原因。必须记录所有数据对，包括舍弃的数据对。
- 测试期间，应注意排放源和（或）治理设施及颗粒物 CEMS 的运行状态，确保设施和颗粒物 CEMS 及其数据采集和处理单元运行正常。

• 颗粒物 CEMS 相关校准过程应确保完成相关校准的测试数据在测量范围内分布均匀合理。可通过改变过程操作条件、颗粒物治理设备的运行参数，或通过颗粒物加标等方式获得至少 3 种不同浓度范围的颗粒物样品；确保 3 种不同浓度水平的颗粒物分布在整个测量范围内；一般在 0~50%满量程值、25%~75%满量程值、50%~100%满量程值 3 个范围各分布全部测试数据的 20%以上。

• 颗粒物 CEMS 线性相关标准曲线应符合下列条件：①相关系数≥0. 85（当测量范围上限≤50mg/m^3 时，相关系数≥0. 75）；②95%的置信水平区间应落在由距标准曲线适合的颗粒物排放限值 10%的两条直线组成的区间内；③允许区间应具有 95%的置信水平，即 75%的测定值应落在由距标准曲线适合的颗粒物排放限值 25%的两条直线组成的区间内。

3. 颗粒物在线监测单元

颗粒物一般呈现为多孔的不规则形状，不同污染源排放的颗粒物粒径分布也不相同，范围在 0~20μm；同一个污染源颗粒物浓度动态变化范围广，一些大型排放源如燃煤热电厂，直接排放烟气中颗粒物质量浓度可以达到 20g/m^3，经过除尘，颗粒物排放浓度在 20mg/m^3 以下，颗粒物浓度动态变化范围达到三个数量级。颗粒物这些排放特点对在线监测设备提出了更高要求。根据监测方法及原理，现有颗粒物在线监测设备可以分为光学方法（浊度法、光散射法、动态光闪烁法）、静电感应法、β 射线法等监测设备。

（1）浊度法监测设备

当光照射颗粒物时，会发生吸收、散射等现象，使透过光的强度减弱，可通过监测光强度变化来指示颗粒物浓度。此类设备主要有两种：一种是单光程测尘仪，光源发射端与接收端在烟道或烟囱两侧；另一种是双光程测尘仪，光源发射端与接收端在烟道或烟囱同一侧，由发射/接收装置和反射装置两部分组成。早期设备主要是单光程结构，光源发出的光由一个分光镜分成两部分：一部分（参考光）进入参考传感器，用于检测入射光的强度；另一部分通过准直器件穿过测量区进入主传感器。主传感器及参考传感器各有独立预处理电路，经预处理的信号增强了抗干扰能力，送入光源侧或主传感器侧进行进一步处理。这种结构设备在实际使用中出现了一些问题，开发者对其进行了改进。例如，使用机械调制或电调制技术解决背景光的干扰问题；改良光源及准直器件，增加了测量的稳定性并使安装更简单；利用光缆将参考光或主光束引入安装点的同一端进行集中处理，减小了电路造成的漂移；通过参考光控制光源输出稳定，将电路功能分离成光源输出控制及信号处理独立的两部分等。但是，无论采用何种改进措施，这种结构都无法在现场进行校准，除非测量点不排放废烟气。此类设备的现场安装调试非常困难，在现场需要一个准确的准直对中，特别是采用一般的热致光光源，由于准直性能较差，传感器的安装角度非常重要，直接决定了入射光进入主传感器的多少，导致现场与实验室（或生产工厂）条件下仪器的标称参数有很大的不同，如分辨率、精度、测量范围等。例如，在现场条件下，因为准直或角度问题，只有 50%的入射光进入主传感器，则分辨率或精度至少降低一倍以上。此类仪器的使用在很大程度上不取决于仪器本身，而取决于精细的安装调试。因此，在现场使用单光程监测仪会受到很大限制，而且有些监测仪输出的信号没有经过线形化处理，只有透光度或吸光度的输出值，没有光密度或其他与颗粒物质量浓度呈线形的输出信号。这种监测仪可用于除尘器或其他过程的非质量浓度监测、控制或报警，如果用于烟尘排放监测，即使经过参比校准，也不能准确输出质量浓度信号，一般不容易满足环保监测的要求，在仪器选型时要注意。

为弥补单光程结构的不足，研究者又开发了双光程光路结构。光源发射的光通过准直器件后分为两部分：一部分直接进入传感器，检测光源输出强度；另一部分两次通过反光镜进入烟囱测量区，再经过角反射镜后经视场调整镜头组和接收透镜组进入传感器。该结构通过光源参比挡板交替测量信号及跟踪光源的输出变化。反光镜及滤光镜片实现零点及跨度点的校准。该光路结构要求，在现场安装调试时要注意烟囱的大小和仪器要求必须匹配，否则信号光无法准确汇聚于传感器。除此之外，调制、校准、光源的参比采用特种 LCD 材料实现（通过电压改变 LCD 材料的通光特性），整个系统无运动部件，系统采用单传感器单电路处理，性能指标从结构上得到可靠的保证，实现了定期进行自动或手动现场校准。

由于双光程对穿法烟尘监测仪采用双侧安装仪器，测量点对面需安装反射镜。反射镜一般采用角反射镜（不能采用镜面反射镜），只要入射光束对准了反射镜，光束就会原路返回发射端。如果不采用角反射镜，无法保证仪器长期正常可靠运行。由于仪器光源、结构、高浓度修正机制不同，必须严格按所选型号烟尘监测仪的测量范围准确使用，仪器测量范围与排放点的浓度及烟囱的直径对应。烟囱直径是指两端法兰端面之间的距离，包括烟道或烟囱的内径尺寸、两倍的烟道或烟囱壁厚及两倍的固定法兰探出长度。如果与烟囱直径不匹配，将导致安装后不能正确对焦。

（2）光散射法监测设备

随着环境保护工作的加强及排放标准的提级趋严，企业烟尘排放浓度越来越低，如热电厂烟尘排放一般在 $20mg/m^3$ 以下，导致浊度法在原理上的局限性越来越突出，分辨率不足限制了其在低浓度范围下的应用。散射法则无此限制，不仅分辨率高，采用后向散射法还可以单端安装，安装条件大大改善，安装调试劳动强度大大降低。

散射法是指将一激光束投射入烟道，激光束与烟尘颗粒相互作用产生散射，散射光的强弱与烟尘的散射截面成正比，当烟尘浓度升高时，烟尘的散射截面成比例增大，散射光增强，通过测量散射光的强弱，可以得到烟尘中颗粒物的浓度。

根据接收器与光源的角度不同，在线监测设备可分为前散射（±60°）、边散射（±60～120°）、后散射（±120～180°）三种结构监测仪。大多数散射仪器用 400～700nm 范围的可见光波长。在一定的颗粒物粒径范围内，前散射和后散射技术对颗粒物粒径和颗粒物折射系数变化不太敏感，而边散射对其较为敏感。根据光路布置上的差异，散射式烟尘监测仪有同轴和异轴两种形式，发射光束与接收系统在同一轴线上称为同轴系统，不在同一轴线上称为异轴系统。同轴仪器出厂时，应将测量区的位置、大小调整好，出厂后一般不允许调整。异轴布置测量区的位置更容易调整，只要改变光束的倾角，即可方便地改变测量取样区的位置，现场可以进行调整。

在安装散射法在线监测设备时，采样测量区一般位于烟尘仪探头前 0~5000mm 的范围内。测量区的位置设定尤其重要，一般要考虑两个因素：一是烟囱壁厚（应加上焊接法兰的探出烟囱外壁的长度）和烟囱壁效应的影响，测量区应距烟囱内壁 200mm 以上，测量区的大小可以设定为 200~1000mm。二是光束投射到对面烟囱壁上的反射信号应处于仪器有效接收孔径之外。烟囱壁反射干扰是散射法烟尘仪经常遇到的一个问题，如果调整不当，光源的光束与对面烟囱壁相交时的反射信号会进入探测器，从而严重影响仪器工作，这在小直径烟囱中尤其严重。因此，小直径烟囱上同轴布置的光路必须安装“光陷”装置，吸收不发生散射或反射的入射光；对于异轴布置的光路，很容易调整测量区的位置，一般不需要“光陷”装置。

（3）动态光闪烁法监测设备

动态光闪烁法与浊度法的原理一致，结构类似，它们的选型、安装、调试基本相同。当颗粒物穿过测量区时，由于颗粒的消光作用，在探测器上会产生相应的电信号，测量区大量颗粒物的统计效应会使光电探测器输出一个与颗粒物浓度相关的电信号。但是，动态光闪烁法使用的光源为半导体光源，光的准直特性非常好，光束单位截面积强度大，光束截面积越做“越小”，使得探测器的灵敏度及分辨率越来越高，测量区可以设计得非常小，这样单个颗粒造成的探测器输出的瞬时变化可以清晰地分辨出来。有关理论及试验表明，在颗粒物粒径分布和折射率不变、光源光强不变的条件下，确定频段的探测器输出强度与颗粒物浓度成正比。可见，动态光闪烁法具有更高的分辨能力，同时仪器镜头抗污染能力更强，可用于测量更低排放浓度的颗粒物。

（4）静电感应法（压电晶体差频法）监测设备

由于烟尘颗粒表面容易吸附正或负电子，带电量多少除了与颗粒的物理化学成分及结构有关外，主要取决于温度、比表面积、含水量及摩擦碰撞频率等。静电感应法在线监测设备利用探杆上的荷电量监测颗粒物浓度，分为单探杆和双探杆两种结构。探杆上的电荷可以通过感应产生，也可以通过颗粒物的摩擦产生，因此静电感应法也称静电摩擦法。在颗粒物的介电特性、湿度、速度等不变的情况下，探杆上的荷电量与颗粒物的浓度具有相关性。双探杆结构可以测量两个探杆之间的动态电荷差异，类似于动态光闪烁法，建立了动态摩擦电荷法的烟尘监测仪，有更高的抗干扰能力、更小的漂移。目前，摩擦电荷法主要用于除尘设备的监控报警。

（5）β 射线法监测设备

β 射线法是指基于能量衰减原理，将具有电离室结构的 β 射线传感器放入烟道，进气口正对气流方向，保证气体等速通过电离室。电离室中的β射线通过时会与物质中的原子或原子核作用，引起能量衰减，能量衰减量与物质的质量成比例。因此，依据β射线能量衰减量可计算出物质质量，参考电离室的体积可计算出颗粒物浓度。该方法被广泛应用于环境空气中PM10、PM2.5的在线监测，且技术较为成熟，不受粉尘粒子大小、粉尘粒子密度的影响，具有监测快速、直接读数、操作简便、耗材少、维护量小等优点，可以有效降低人工误差。用于固定污染源颗粒物监测的国家标准还在研制中，河北省于2016年率先推出地方标准《固定污染源废气颗粒物的测定　β射线法》（DB13/T 2376—2016）。该方法适用于低浓度颗粒物的测定，检出限为 $0.4mg/Nm^3$。

β射线法颗粒物测定仪包括颗粒物浓度传感器、采样泵、S型标准皮托管、压力传感器、温度传感器、二次仪表等，能保证排气等速通过电离室的β射线传感器不连接采样泵。传感器必须附带温度补偿电路，消除温度使传感器内部体积变化的影响。在使用中，要注意两点：一是当烟道内湿度较大时，废气中的颗粒物和水汽容易在传感器内表面沉积，对测定方法的零点产生干扰，因而需对传感器进行定期清理及零点校准；二是湿法脱硫后烟气中颗粒物浓度的测定时间应控制在3分钟以内，并在测定完成后立即清除传感器内的凝结水。

（四）固定污染源烟气排放连续监测系统日常运行管理

1. 基本要求

CEMS运维单位应根据CEMS使用说明书和HJ 75—2017标准的要求编制仪器运行管理规程，确定系统运行操作人员和管理维护人员的工作职责。运维人员应熟练掌握烟气排放连续监测仪器设备的原理、使用和维护方法。

2. 巡检

CEMS运维单位应根据HJ 75—2017标准和仪器使用说明中的相关要求制定巡检规程，严格按照规程开展日常巡检工作并做好记录。日常巡检记录应包括检查项目、检查日期、被检项目的运行状态等内容。CEMS日常巡检时间间隔不超过7d。

3. 维护保养

应根据CEMS说明书的要求对CEMS系统保养内容、保养周期或耗材更换周期等作出明确规定，每次保养情况应记录并归档。每次进行备件或材料更换时，更换的备件或材料的品名、规格、数量等应记录并归档。如更换有证标准物质或标准样品，还需记录新标准物质或标准样品的来源、有效期和浓度等信息。对日常巡检或维护保养中发现的故障或问题，系统管理维护人员应及时处理并记录。

4. CEMS的校准和校验

CEMS的日常运行维护是保障CEMS正常稳定运行、持续提供有质量保证监测数据的必要手段。当CEMS因不能满足技术指标而失控时，应及时采取纠正措施，并缩短下一次校准、维护和校验的间隔时间。

（1）定期校准

CEMS 运行过程中的定期校准是质量保证中的一项重要工作。定期校准应做到以下六点：①有自动校准功能的颗粒物 CEMS 和气态污染物 CEMS 每 24h 至少自动校准一次仪器零点和量程，同时测试并记录零点漂移和量程漂移；②无自动校准功能的颗粒物 CEMS 每 15d 至少校准一次仪器的零点和量程，同时测试并记录零点漂移和量程漂移；③无自动校准功能的直接测量法气态污染物 CEMS 每 15d 至少校准一次仪器的零点和量程，同时测试并记录零点漂移和量程漂移；④无自动校准功能的抽取式气态污染物 CEMS 每 7d 至少校准一次仪器零点和量程，同时测试并记录零点漂移和量程漂移；⑤抽取式气态污染物 CEMS 每 3 个月至少进行一次全系统的校准，要求零气和标准气体从监测站房发出，经采样探头末端与样品气体通过的路径（包括采样管路、过滤器、洗涤器、调节器、分析仪表等）一致，进行零点和量程漂移、示值误差和系统响应时间的检测；⑥有自动校准功能的流速 CMS 每 24h 至少进行一次零点校准，无自动校准功能的流速 CMS 每 30d 至少进行一次零点校准。

（2）定期维护

CEMS 运行过程中的定期维护是日常巡检的一项重要工作。定期维护应做到以下四点：①从污染源停运到开始生产前，及时到现场清洁光学镜面。②定期清洗隔离烟气与光学探头的玻璃视窗，检查仪器光路的准直情况；定期对清吹空气保护装置进行维护，检查空气压缩机或鼓风机、软管、过滤器等部件。③定期检查气态污染物 CEMS 的过滤器、采样探头和管路的结灰和冷凝水情况，以及气体冷却部件、转换器、泵膜的老化状态。④定期检查流速探头的积灰和腐蚀情况、反吹泵和管路的工作状态。

（3）定期校验

CEMS 投入使用后，燃料及除尘效率的变化、水分的影响、安装点的振动等都会对测量结果的准确性产生影响。定期校验应做到以下两点：①有自动校准功能的测试单元每 6 个月至少做一次校验，没有自动校准功能的测试单元每 3 个月至少做一次校验；校验用参比方法和 CEMS 同时段数据进行比对。②校验结果应符合要求，不符合时，应扩展为对颗粒物 CEMS 相关系数、评估气态污染物 CEMS 的准确度和流速 CMS 的速度场系数（或相关性）的校正，直到 CEMS 达到要求。

5. 常见故障分析及排除

- 当 CEMS 发生故障时，系统管理维护人员应及时维修并记录。在维修过程中，要注意以下六点：①CEMS 需要停用、拆除或者更换的，应事先报经主管部门批准。②运行单位发现故障或接到故障通知，应在 4h 内赶到现场进行处理。③对于一些容易诊断的故障，如电磁阀控制失灵、膜裂损、气路堵塞、数据采集仪死机等，可携带工具或者备件到现场进行针对性维修，维修时间不应超过 8h。④仪器如需维修，在正常使用和运行之前，应确保维修内容全部完成，性能通过检测程序。应按标准要求对仪器进行校准检查。若监测仪器进行了更换，在正常使用和运行之前，应对系统进行重新调试和验收。⑤若数据存储/控制仪发生故障，应在 12h 内修复或更换，并保证已采集的数据不丢失。⑥监测设备因故障不能正常采集、传输数据时，应及时向主管部门报告，缺失数据按“CEMS 数据无效时间段数据修约”的方法进行处理。

- CEMS 定期校准、校验技术指标要求及数据失控时段的判别与修约。

CEMS 定期校准、校验技术指标要求及数据失控时段的判别标准见表 3-5。

表 3-5 CEMS 定期校准、校验技术指标要求及数据失控时段的判别标准

<table>
<tr><th>项目</th><th colspan="2">CEMS 类型</th><th>校准功能</th><th>校准周期</th><th>技术指标</th><th>技术指标要求</th><th>失控指标</th><th>最少样品数（对）</th></tr>
<tr><td rowspan="12">定期校准</td><td colspan="2" rowspan="4">颗粒物 CEMS</td><td rowspan="2">自动</td><td rowspan="2">24h</td><td>零点漂移</td><td>≤±2.0%</td><td>>±8%</td><td rowspan="12">—</td></tr>
<tr><td>量程漂移</td><td>≤±2.0%</td><td>>±8%</td></tr>
<tr><td rowspan="2">手动</td><td rowspan="2">15d</td><td>零点漂移</td><td>≤±2.0%</td><td>>±8%</td></tr>
<tr><td>量程漂移</td><td>≤±2.0%</td><td>>±8%</td></tr>
<tr><td rowspan="6">气态污染物 CEMS</td><td rowspan="2">抽取或直接测量</td><td rowspan="2">自动</td><td rowspan="2">24h</td><td>零点漂移</td><td>≤±2.5%</td><td>>±5%</td></tr>
<tr><td>量程漂移</td><td>≤±2.5%</td><td>>±10%</td></tr>
<tr><td rowspan="2">抽取测量</td><td rowspan="4">手动</td><td rowspan="2">7d</td><td>零点漂移</td><td>≤±2.5%</td><td>>±5%</td></tr>
<tr><td>量程漂移</td><td>≤±2.5%</td><td>>±10%</td></tr>
<tr><td rowspan="2">直接测量</td><td rowspan="2">15d</td><td>零点漂移</td><td>≤±2.5%</td><td>>±5%</td></tr>
<tr><td>量程漂移</td><td>≤±2.5%</td><td>>±10%</td></tr>
<tr><td colspan="2" rowspan="2">流速 CEMS</td><td>自动</td><td>24h</td><td>零点漂移或绝对误差</td><td>零点漂移≤±3%或绝对误差≤±0.9m/s</td><td>零点漂移>±8%或绝对误差>±1.8m/s</td></tr>
<tr><td>手动</td><td>30d</td><td>零点漂移或绝对误差</td><td>零点漂移≤±3%或绝对误差≤±0.9m/s</td><td>零点漂移>±8%或绝对误差>±1.8m/s</td></tr>
<tr><td rowspan="3">定期校验</td><td colspan="3">颗粒物 CEMS</td><td rowspan="3">3 或 6 个月</td><td rowspan="3">准确的</td><td rowspan="3">满足标准 HJ75—2017</td><td rowspan="3">超过标准 HJ75—2017 规定范围</td><td>5</td></tr>
<tr><td colspan="3">气态污染物 CEMS</td><td>9</td></tr>
<tr><td colspan="3">流速 CEMS</td><td>5</td></tr>
</table>

当发现任一参数不满足技术指标要求时，应及时按照《固定污染源烟气（SO_2、NO_x、颗粒物）排放连续监测技术规范》（HJ 75—2017）及仪器说明书等的相关要求，采取校准、调试乃至更换设备重新验收等纠正措施直到满足技术指标要求。当发现任一参数数据失控时，应记录失控时段（从发现失控数据起到满足技术指标要求止的时间段）及失控参数，并进行数据修约。

6. 固定污染源烟气排放连续监测系统数据审核和处理

（1）CEMS 数据审核

在固定污染源生产状况下，经验收合格的 CEMS 正常运行时段为 CEMS 数据有效时间段。CEMS 非正常运行时段［如 CEMS 故障期间、维修期间、HJ 75—2017 期限内未校准时段、失控时段以及有计划的维护保养、校准等时段］均为 CEMS 数据无效时间段。

污染源计划停运一个季度以内的，不得停运 CEMS，日常巡检和维护要求仍按要求执行；计划停运超过一个季度的，可停运 CEMS，但应报当地环保部门备案。污染源启运前，应提前启运 CEMS 系统，并进行校准，在污染源启运后的两周内进行校验，满足技术指标要求的，视为启运期间自动监测数据有效。

排污单位应在每个季度前五个工作日对上个季度的 CEMS 数据进行审核，确认上季度所有分钟、小时数据均按照要求正确标记，计算本季度的污染源 CEMS 有效数据捕集率。上传至监控平台的污染源 CEMS 季度有效数据捕集率应达到 75%。

注：季度有效数据捕集率（%）=（季度小时数-数据无效时段小时数-污染源停运时段小时数）/（季度小时数-污染源停运时段小时数）。

（2）CEMS 数据无效时间段数据修约

CEMS 发生故障停运维修及其他异常导致数据无效的时段、超期未校准等数据失控时段、维护保养和校准的时段产生的数据均为无效数据，按照下述方法进行修约。

- CEMS 故障维修期间，数据可采用两种方法代替：一是用参比方法监测的数据修约，频次不低于一天一次，直到 CEMS 技术指标调试到符合要求为止。参比方法监测过程要按照 GB/T 16157—1996 和 HJ/T 397—2007 的要求进行。此方法可以修约污染物浓度、烟气参数和污染物排放量 3 种数据。二是用有效小时排放量最大值法。此方法只能修约污染物排放量数据。当季度有效数据捕集率≥90%、连续无效时间不超过 24h（含）时，取失效前 180 个有效小时排放量的最大值修约，若无效时间超过 24h，取失效前 720 个有效小时排放量的最大值修约；当季度有效数据捕集率为 75%～90% 时，取失效前 2160 个有效小时排放量的最大值修约。
- 超期未校准等数据失控时段、维护保养和校准时段，以及其他异常导致的数据无效时段，污染物排放量可用上述有效小时排放量最大值法修约。污染物浓度和烟气参数不能修约。

习题

1. 《中华人民共和国环境保护税法》中规定的应税大气污染物、水污染物、固体废物的排放量和噪声的分贝数监测与计量方法主要有哪些？
2. 废气应税污染物监测方案的主要内容有哪些？简述其制订步骤。
3. 污染源工况满足什么条件时才能采集废气样品？
4. 设置废气采样位置依据哪些原则？
5. 不同形状烟道对采样孔设置有什么影响？
6. 颗粒物采样有哪些方法？
7. 颗粒物自动采样装置是如何进行采样的？
8. 气态污染物采样时间和采样频次如何确定？

9. 废气排放参数有哪些？排放量如何计算？

10. 简述硫酸雾样品的采集方法。

11. 采集一般性粉尘样品需要做哪些准备？

12. 炭黑样品测试过程中存在哪些干扰？如何消除？

13. 何为石棉尘？怎样对石棉尘进行测试？

14. 以重量法测定一般性粉尘为例，说明测定固体颗粒物浓度的几个主要步骤及其原理。

15. 采用原子吸收法测试铅及其化合物应注意些什么？

16. 固定污染源废气中镉及其化合物的测定方法有哪些？它们之间有什么区别？

17. 简述铍及其化合物的石墨炉原子吸收法测量原理。

18. 采用原子吸收法测试镍及其化合物时，样品需要进行怎样的预处理？

19. 用重量法测试沥青烟时，存在哪些干扰？如何消除？

20. 我国规定的固定污染源废气中二氧化硫的测定方法有哪些？它们各有何优缺点？

21. 二氧化氮有哪些测试方法？它们的适用范围有什么区别？

22. 采用非色散红外吸收法测量 CO 时，如何采集样品？

23. 采用碘量法测量氯气时要注意些什么？

24. 离子色谱法是如何测试废气中氯化氢含量的？

25. 气态氟和尘氟样品测试有什么区别？

26. 固体吸附/热脱附-气相色谱法和活性炭吸附/二硫化碳解吸-气相色谱法测定低浓度废气中苯系物有何异同点？

27. 简述氯苯类化合物气相色谱法的测试原理。

28. 气相色谱法测定硝基苯时存在哪些干扰？怎样消除？

29. 何为光气？有哪些测试方法？

30. 大气中氨的测定方法有哪些？它们的适用范围有什么不同？

31. 挥发性有机物如何监测？

32. 简述 SO_2、NO_x、颗粒物在线监测系统的组成和测定基本要求。

33. 季度有效数据捕集率的定义及其对 CEMS 审核的意义。

34. CEMS 发生故障停运维修及其他异常导致数据无效的时段，如何处理监测数据？

35. 某地区有一家热电联产企业。结合所学知识，为该企业制订一套固定污染源废气应税污染物监测方案。

第四章

见此图标微信扫码
扫码获取本书配套学习资料

固体废物的监测

第一节　固体废物概述

一、固体废物的概念

固体废物是指在生产、生活和其他活动中产生的丧失原有利用价值或者虽未丧失利用价值但被抛弃或者放弃的固态、半固态和置于容器中的气态的物品、物质以及法律、行政法规规定纳入固体废物管理的物品、物质。2020 年 4 月 29 日第十三届全国人民代表大会常务委员会第十七次会议第二次修订的《中华人民共和国固体废物污染环境防治法》中重新解释了固体废物，将经无害化加工处理、符合强制性国家产品质量标准、不会危害公众健康和生态安全，或者根据固体废物鉴别标准和鉴别程序认定为不属于固体废物的排除，不纳入固体废物管理。

二、固体废物的分类

固体废物种类繁多，性质各异。为便于处理、处置和管理，需要对固体废物加以分类。固体废物的分类方法有很多。按化学性质，可将其分为有机固体废物和无机固体废物；按照来源，可将其分为工矿业固体废物、生活垃圾、其他固体废物；按照污染特性，可将其分为一般固体废物、危险废物和放射性固体废物。

一般固体废物是指不具有危险特性的固体废物；危险废物是指列入国家危险废物名录或者国家规定的危险废物鉴别标准和鉴别方法认定的、具有危险特性的废物。危险废物的主要特征并不在于它们的相态，而在于它们的危险特性，即毒性（T）、腐蚀性（C）、易燃性（I）、反应性（R）和感染性（In）等独特性质，会给环境和人体带来危害，需进行特殊管理。我国于 2021 年 1 月 1 日实施的《国家危险废物名录》中规定了 50 类危险废物，既包括固态废物，也包括液态废物。

由于放射性废物在管理方法和处置技术等方面与其他废物有着明显的差异，许多国家不将其包含在危险废物范围内，《中华人民共和国固体废物污染环境防治法》中也没有涉及放射性废物的污染控制问题。关于放射性固体废物的管理，我国《辐射防护规定》（GB 8703—88）中规定，凡放射性核素含量超过国家规定限值的固体、液体和气体废物，统称为放射性废物。放射性固体废物包括核燃料生产、加工，同位素应用，核电站、核研究机构、医疗单位、放射性废物处理设施产生的废物，如尾矿，污染的废旧设备、仪器、防护用品，废树脂，水处理污泥以及蒸发残渣等。

第二节 固体废物的处理与处置

一、固体废物的预处理技术

预处理是指以机械处理为主、涉及废物中某些组分的简易分离与浓集的废物处理方法。预处理的目的是方便废物后续的资源化、减量化和无害化处理。预处理技术主要有压实、破碎、分选和脱水等。

（一）压实

压实又称压缩，指用机械方法增加固体废物聚集程度、增大容重和减少固体废物表观体积、提高运输与管理效率的一种操作技术。固体废物经压实处理，一方面可增大容重、减少固体废物体积，便于装卸和运输，确保运输安全与卫生，降低运输成本；另一方面可制取高密度惰性块料，便于贮存、填埋或作为建筑材料使用。

（二）破碎

利用外力克服固体废物质点间的内聚力而使大块固体废物分裂成小块的过程称为破碎；使小块固体废物颗粒分裂成细粉的过程称为磨碎。破碎是所有固体废物处理方法中必不可少的预处理工艺，是后续处理必须经过的过程。

影响破碎过程的因素是物料的机械强度及破碎力。物料的机械强度是物料一系列力学性质所决定的综合指标，力学性质主要有硬度、解理、韧性及物料的结构缺陷等。

破碎方法可分为干式破碎、湿式破碎、半湿式破碎三类。其中，湿式破碎与半湿式破碎在破碎的同时兼具分级分选的功能。

（三）分选

固体废物的分选就是将固体废物中各种可回收利用的废物或不利于后续处理工艺要求的废物组分采用适当技术分离出来的过程。固体废物的分选技术可分为人工分选和机械分选。其中，机械分选主要有筛分、重力分选、磁力分选、电力分选等。这里主要介绍人工分选、重力分选、磁力分选和电力分选（电选）。

1. 人工分选

人工分选是最早采用的分选方法，适用于废物产源地、收集站、处理中心、转运站或处置场。

2. 重力分选

重力分选是根据固体废物中不同物质颗粒间的密度差异，在运动介质中通过重力、介质动力和机械力的作用，使颗粒群产生松散分层和迁移分离，从而得到不同密度产品的分选过程。重力分选是在活动的或流动的介质中按颗粒的相对密度或粒度进行颗粒混合物分选的过程。重力分选的介质有空气、水、重液（密度比水大的液体）、重悬浮液等。影响重力分选的因素主要是物料颗粒的尺寸、颗粒与介质的密度差以及介质的黏度。不同密度矿物分选的难易度可大致地按其等降比判断。

3. 磁力分选

磁力分选有两种类型：一类是传统的磁选，主要应用于供料中磁性杂质的提纯、净化及磁性物料的精选；另一类是磁流体分选法，可应用于城市垃圾焚烧厂焚烧灰及堆肥厂产品中铝、铁、铜、锌等金属的提取与回收。

磁选原理：利用固体废物中各种物质的磁性差异，在不均匀的磁场中进行分选。所有经过分选装置的颗粒，都会受到磁场力、重力、流动阻力、摩擦力、静电力等机械力的作用。当磁性颗粒受到的吸引力大于其他方向的机械力的合力时，该颗粒会沿磁场强度增加的方向移动，直至被吸附在滚筒或带式收集器上，随着传输带运动而被排出。

4. 电力分选（电选）

电力分选是利用固体废物中各种组分在高压电场中电性的差异而实现分选的一种方法。根据导电性，物质分为导体、半导体和非导体三种。电选实际上是分离半导体和非导体固体废物的过程。

（四）脱水

含水率超过90%的固体废物，必须脱水减容，以便于包装、运输与资源化利用。固体废物脱水的方法有浓缩脱水和机械脱水两种。

1. 浓缩脱水

浓缩脱水的目的是除去固体废物中的间隙水，缩小体积，为输送、消化、脱水利用与处置创造条件。浓缩脱水的方法主要有重力浓缩法、气浮浓缩法和离心浓缩法。

2. 机械脱水

机械脱水是以有许多毛细孔的物质作为过滤介质，以某种设备在过滤介质两侧产生压差为过滤动力，固体废物中的溶液穿过介质成为滤液，固体颗粒被截留成为滤饼的固液分离操作过程。机械脱水是使用最广泛的固液分离过程。

二、固体废物的处理技术

（一）焚烧

1. 简介

生活垃圾和危险废物的焚烧处理，属于强迫点燃燃烧。当焚烧炉启动点火时，可用电火花、火焰、炽热物体或热气流等引燃炉内的可燃物质。在正常焚烧过程中，高温炉料和火焰自行传播可正常点燃可燃物质，维持正常燃烧过程。固体废物焚烧处理是一个包括一系列物理变化和化学反应的过程，是一个复杂的系统工程。固体废物的焚烧效果受许多因素的影响，如焚烧炉类型、固体废物性质、物料停留时间、焚烧温度、供氧量、物料的混合程度等。

经过焚烧处理，生活垃圾、危险废物和辅助燃料中的碳、氢、氧、氮、硫、氯等元素分别转化为由碳氧化物、氮氧化物、硫氧化物、氯化物及水等物质组成的烟，不可燃物质、灰分等转化为炉渣。焚烧炉烟气和残渣是固体废物焚烧处理最主要的污染物。焚烧炉烟气由颗粒污染物和气态污染物组成。颗粒污染物主要是由燃烧气体带出的颗粒物和不完全燃烧形成的灰分颗粒，包括粉尘和烟雾。粉尘是悬浮于气体介质中的微小固体颗粒、黑烟颗粒等，粒径多为 1～200mm；烟雾是指粒径为 0.01～1μm 的气溶胶。吸入的细小粉尘会深入人体肺部，引起各种肺部疾病。具有很大表面积和吸附活性的黑烟颗粒、微细颗粒等，其上吸附苯并（a）芘等高毒性、强致癌物质，对人体健康有很大危害。焚烧炉烟气的气态污染物种类很多，如 SO_2、CO、NO、HCl、HF、二噁英（PCDDs）类物质等。其中，SO_2 主要来源于废纸和厨余垃圾，HCl 主要来源于废塑料。烟气中一部分 NO（热力型 NO）主要来源于空气中的氮，另一部分 NO（燃料型 NO_2）主要来源于厨余垃圾。二噁英类物质可能来源于固体废物中的废塑料、废药品等，或由其前驱体物质在焚烧炉内焚烧生成，也可能在特定条件下于炉外生成。

固体废物焚烧处理的产渣量及残渣性质，与固体废物种类、焚烧技术、管理水平等有关。通常固体废物焚烧处理的产渣量较小，如生活垃圾焚烧处理产渣率一般为 7%～15%。固体废物焚烧残渣的化学组成主要是钙、硅、铁、铝、镁的氧化物及重金属氧化物，其物理性质和化学性质较为稳定。

2. 焚烧技术

焚烧技术包括层状燃烧技术、流化燃烧技术和旋转燃烧技术。

（1）层状燃烧技术

层状燃烧是一种最基本的焚烧技术。层状燃烧过程稳定，技术较为成熟，应用非常广泛。许多焚烧系统采用层状燃烧技术。应用层状燃烧技术的系统包括固定炉排焚烧炉、水平机械焚烧炉、倾斜机械焚烧炉等。垃圾在炉排上着火燃烧，热量来自上方的辐射、烟气的对流及垃圾层内部。在炉排上已着火的垃圾在炉排和气流的翻动或搅动下，使垃圾层松动，不断地推动下落，引起垃圾底部着火。连续翻转和搅动会明显改善物料的透气性，促进垃圾的着火和燃烧。合理的炉型设计和配风设计能有效利用火焰下空气、火焰上空气的机械作用和高温烟气的热辐射，确保炉排上垃圾的预热、干燥、燃烧和燃烬的有效进行。

（2）流化燃烧技术

流化燃烧技术是一种较为成熟的固体废物焚烧技术，利用空气流和烟气流的快速运动，使媒介料和固体废物在焚烧过程中处于流态化状态，并进行固体废物的干燥、燃烧和燃烬。采用流化燃烧技术的设备为流化床焚烧炉。为了使物料实现流态化，该技术对入炉固体废物的尺寸有较为严格的要求，需要对固体废物进行一系列筛分及粉碎等处理，使固体废物均匀化、细小化。流化燃烧技术具有热强度高的特点，较适宜焚烧处理低热值、高水分固体废物。

（3）旋转燃烧技术

旋转燃烧技术的主要设备是回转窑焚烧炉。回转窑焚烧炉是一个可旋转的倾斜钢制圆筒，筒内加装耐火衬里或由冷却水管和有孔钢板焊接成的内筒。在进行固体废物焚烧时，固体废物从加料端送入，随着炉体滚筒缓慢转动，内壁耐高温抄板将固体废物由筒体下部带到筒体上部，然后靠固体废物自重落下，使固体废物由加料端向出料口翻滚、向下移动，同时进行固体废物热烟干燥、燃烧和燃烬过程。

（二）热解

所谓热解，是将有机物在无氧或缺氧状态下加热，使之成为气态、液态或固态可燃物质的化学分解过程。

热解与焚烧的区别：①焚烧是需氧氧化反应过程，热解是无氧或缺氧反应过程；焚烧会放热，热解是吸热的。②焚烧的主要产物是二氧化碳和水，热解的产物主要是可燃的低分子化合物。③焚烧产生的热能一般就近直接利用，而热解生成的产物如可燃气、油及炭黑等，可以储存及远距离输送。

固体废物的热解是一个非常复杂的化学反应过程，包含大分子键的断裂，异构化和小分子的聚合等反应，最后会生成较小的分子。由于热解残留物中含有氢、氧和其他元素，同时热解过程还会生成一氧化碳、二氧化碳等生成反应，所以碳的含量要视不同的热解过程而定，不能简单地以 H/C 值来评价城市垃圾的热解效果。如果热解的残留物中含有卤素、硫、氮等，随着温度升高，这些成分更趋于表现为挥发分，使固体废物热解产生更多的挥发性物质；反之，降低温度，则会增加碳的比例。

（三）好氧堆肥

堆肥化（composting）就是在人工控制的条件下，依靠自然界中广泛分布的细菌、放线菌、真菌等微生物，人为地促进可生物降解的有机物向稳定的腐殖质转化的微生物学过程。堆肥化的产物称为堆肥（compost），也可以说堆肥即人工腐殖质。

堆肥化实际上是利用微生物在一定条件下对有机物进行氧化分解的过程。根据微生物生长的环境，可以将堆肥化分为好氧堆肥和厌氧堆肥两种。我们通常所说的堆肥化一般是指好氧堆肥，这是因为厌氧微生物对有机物分解速率缓慢，处理效率低，容易产生恶臭，其工艺条件也较难控制。

（四）厌氧消化

厌氧消化或称厌氧发酵，是一种普遍存在于自然界的微生物过程。凡是存在有机物和一定水分的地方，只要供氧条件差、有机物含量多，都会出现厌氧消化现象，有机物经厌氧分解会产生 CH_4、CO_2 和 H_2S 等气体。因此，厌氧消化处理是指在厌氧状态下利用厌氧微生物使固体废物中的有机物转化为 CH_4 和 CO_2 的过程。由于厌氧消化可以产生以 CH_4 为主要成分的沼气，故又称为甲烷发酵。厌氧消化可以去除废物中30%~50%的有机物并使之稳定化。20 世纪 70 年代初，由于能源危机和石油价格的上涨，许多国家开始寻找替代能源，使得厌氧消化技术显示出其优势。

厌氧消化技术过程可控、降解快、生产过程全封闭。具体来说，它具有以下六个特点：①资源化效果好，可将废弃有机物中的低品位生物能转化为可以直接利用的高品位沼气；②易操作，与好氧处理相比，厌氧消化处理不需要通风动力，设施简单，运行成本低；③产物可再利用，经厌氧消化处理的废物基本稳定，可作农肥、饲料或堆肥化原料；④可杀死传染性病原菌，有利于防疫；⑤厌氧过程中会产生 H_2S 等恶臭气体；⑥厌氧微生物的生长速率低，常规方法的处理效率低，设备体积大。

（五）稳定化/固化处理

危险废物稳定化/固化处理的目的是使危险废物中的所有污染组分呈现化学惰性或被包容起来，减少其在贮存或填埋处置过程中污染环境的潜在危险，便于运输、利用和处置。通常危险废物稳定化/固化处理的途径包括将污染物通过化学转变引入某种稳定固体物质的晶格中，以及通过物理过程把污染物直接掺入惰性基材中。

1. 稳定化

稳定化是指将有毒有害污染物转变为低溶解性、低迁移性及低毒性的物质的过程。稳定化一般可分为化学稳定化和物理稳定化。化学稳定化是指通过化学反应使有毒物质变成不溶性化合物，使之在稳定的晶格内固定不动；物理稳定化是指将污泥或半固体物质与一种疏松物料（如粉煤灰）混合生成一种粗颗粒、有土壤坚实度的固体，这种固体可以用运输机送至处置场。在实际操作中，这两种过程是同时发生的。

2. 固化处理

固化是指在危险废物中添加固化剂，使其转变为不可流动固体或形成紧密固体的过程。从原理上讲，固化是一种利用添加剂改变废物的工程特性（如渗透性、可压缩性和强度等）的过程，也可以看作一种特定的稳定化过程。固化的产物是结构完整的整块密实固体，这种固体可以方便地按尺寸大小进行运输，而无须任何辅助容器。

危险废物稳定化/固化处理产物要达到无害化，必须具备一定的性能：①抗浸出性；②抗干湿性、抗冻融性；③耐腐蚀性、不燃性；④抗渗透性（固化产物）；⑤足够的机械强度（固化产物）。对于危险废物稳定化/固化处理产物，需要对其进行物理、化学和工程方面的有效测试，以检验经过稳定化的废物是否会再次污染环境，或者固化以后的材料能否用作建筑材料等。衡量稳定化/固化处理效果主要采用的是固化体的浸出速率、增容比和抗压强度等物理及化学指标。

三、固体废物的最终处置技术

无论对固体废物进行何种减量化和资源化处理，如焚烧、热解、堆肥等，都需要对剩余的无再利用价值的残渣进行处置。固体废物处置的基本方法是通过多重屏障（如天然屏障或人工屏障）实现有害物质同生物圈的隔离。

固体废物的最终处置可分为海洋处置和陆地处置两大类。

（一）海洋处置

海洋是一个庞大的水体，有巨大的稀释与自净能力，同时也是一个庞大的废物接受体。因为海洋的稀释和扩散作用，被倾倒在海洋中的用容器盛装的有害废物，即使容器破损，污染物溢出与浸出的含量也能保持在所容许的范围内。

海洋处置是指利用海洋的巨大稀释能力，在海洋上选择适宜的洋面作为固体废物处置场所的处理方法，主要包括传统的海洋倾倒和近年发展起来的远洋焚烧。海洋处置不需要填埋覆盖，操作方便，处置成本较低。

1. 海洋倾倒

海洋倾倒是指将固体废物经预处理，特别是经化学稳定固化处理后，用船舶、航天器、平台等运载工具运至合适距离和深度的海区，直接倒入海洋。按照国际惯例，海洋倾倒的废物容器必须标明投弃国家、投弃单位、废物种类及数量等。为了防止海洋污染，需对海洋倾倒废物进行科学管理，严格限定海洋倾倒的处置对象。

应按照所设计的倾倒方案进行投弃，对于放射性废物和重金属废物，需在倾倒前进行固化处理。

2. 远洋焚烧

远洋焚烧是指利用装有焚烧设施的远洋船只将废物运至远洋海域，进行焚烧处理后，将其残渣投入海洋。

远洋焚烧处置适用于处置各种含卤素的有机废物，焚烧时会产生有毒气体。远洋焚烧过程中所产生的 HCI 气体经冷凝后会直接排入海洋，焚烧残渣无须后续处理就可直接排入海洋。海水中的碳酸盐具有缓冲作用，使 pH 值不会因吸收 HCl 而发生变化。

远洋焚烧操作的管理程序和海洋倾倒管理程序一样。要进行远洋焚烧处置的单位，首先要向主管部门提出申请，在焚烧设施通过检查获得焚烧许可证之后，方能在指定海区进行焚烧操作。

近年来，随着人们对保护环境重要性认识的加深和总体环境意识的提高，海洋处置受到越来越多的限制。

（二）陆地处置

陆地处置根据废物的种类及其处置底层位置（地上、地表、地下和深底层），可分为土地耕作、工程库或贮留池贮存、土地填埋（卫生土地填埋和安全土地填埋）、浅地层埋藏深井灌注处置等。这里仅介绍土地耕作处置和土地填埋处置。

1. 土地耕作处置

土地耕作处置是指借助土壤循环的机理对固体废物进行降解，即通过微生物分解、浸出、沥滤、挥发、生物吸收这些复杂的生化过程，最终完成对有机物消化、无机物贮存的综合效果，把废物当作肥料或土壤改良剂直接施到土地上或混入土壤表层，通过土壤中微生物种群的作用，使废物中的有机物和部分无机物分解为便于植物吸收的较简单的形式。

该处置具有工艺简单、费用适宜、设备易于维护、对环境影响很小、能够改善土壤结构、提高肥效等优点。把人畜粪便作为肥料使用就是最早使用土地耕作处置废物的例子。生产实践和科学研究充分表明，施污泥、粉煤灰、秸秆可以肥田，起到改良土壤和增产的作用。

2. 土地填埋处置

土地填埋处置具有工艺简单、成本较低、适于处理多种类型固体废物的优点。目前，土地填埋处置已经成为固体废物最终处置的主要方法之一。

四、固体废物的管理及其政策

1996 年 4 月 1 日实施的《中华人民共和国固体废物污染环境防治法》确立了废物污染防治的“三化”原则和全过程管理原则。

（一）“三化”原则

我国固体废物污染控制工作起步较晚，技术力量及经济力量有限。20 世纪 80 年代中期，我国提出以资源化、无害化和减量化（“三化”）作为控制固体废物污染的技术政策，并确定今后较长一段时间内以无害化为主。由于技术经济原因，我国固体废物处理利用的发展趋势必然是从无害化走向资源化，资源化以无害化为前提，无害化和减量化以资源化为条件。

固体废物减量化是指通过采用适当的技术或采取一定的措施（例如在废物产生之前，采取改革生产工艺、产品设计和改变物资能源消费结构等措施），一方面减少固体废物的排出量，另一方面减少固体废物容量（例如在废物排出之后，对废物进行固体分选、压缩、焚烧等加工工艺），通过适当的手段减少固体废物的数量，减小其体积。

固体废物无害化是指通过采用适当的工程技术（如热解废物处理技术、分离技术、焚烧技术、生化好氧或厌氧分解技术等）对废物进行处理，使其对环境不产生污染，不危害人体健康。

固体废物资源化是指从固体废物中回收有用的物质和能源，加快物质循环，创造经济价值的技术和方法。它包括物质回收、物质转换和能量转化、转换。目前，工业发达国家出于资源危机和环境治理的考虑，已把固体废物资源化纳入资源和能源开发利用之中，逐步形成了一个新兴的工业体系——资源再生工程。欧洲各国把固体废物资源化作为解决固体废物污染和能源紧张问题的方式之一，并将其作为国民经济政策的一部分，投入巨资进行开发。日本由于资源缺乏，将固体废物“资源化”作为国家的重要政策，并将其作为紧迫课题进行研究。美国把固体废物列入资源范畴，将固体废物资源化当作固体废物处理的替代方案。我国固体废物“资源化”起步较晚，在20世纪90年代把八大固体废物资源化列为国家的重大技术经济政策。目前，日本及欧洲各国的固体废物资源化率已达到60%左右，我国的固体废物资源化率则较低。

固体废物的资源化具有环境效益高、生产成本低、生产效率高、能耗低等特点。例如，用废铁炼钢代替铁矿石炼钢可节约能耗74%，减少空气污染85%，减少矿山垃圾97%。用铁矿石炼1吨钢需8个工时，而用废铁炼1吨钢仅需2~3个工时。因此，固体废物资源化不仅可获得良好的经济效益，还可节约资源、能源，在资源化的同时除去某些潜在的毒性物质，减少废物堆置场地和废物贮放量。

（二）全过程管理原则

近年来，人们越来越意识到对固体废物实行“源头”控制的重要性。由于固体废物本身往往是污染的源头，故需对其产生、收集、运输、综合利用、处理、贮存、处置实行全过程管理，在每一环节都将其作为污染源进行严格的控制。解决固体废物污染控制问题的基本对策是避免产生（clean）、综合利用（cycle）、妥善处置（control）的所谓“3C原则”。此外，随着循环经济、生态工业园及清洁生产理论和实践的发展，有人提出“3R”原则，即通过对固体废物实施减少产生（reduce）、再利用（reuse）、再循环（recycle）策略，达到节约资源、降低环境污染及资源永续利用的目标。

依据上述原则，可以将固体废物从产生到处置的全过程分为五个连续或不连续的环节进行控制。其中，各种产业活动中的清洁生产是第一阶段，在这一阶段，企业通过改变原材料、改进生产工艺和更换产品等减少或避免固体废物的产生。在此基础上，对生产过程中产生的固体废物，应尽量进行系统内的回收利用，这是管理体系的第二阶段。对于已产生的固体废物，进入第三阶段——系统外的回收利用。第四阶段为无害化、稳定化处理。第五阶段为固体废物的最终处置。

（三）管理制度

1. 分类管理

固体废物具有量多面广、成分复杂的特点，需对城市生活垃圾、工业固体废物和危险废物分别进行管理。《中华人民共和国固体废物污染环境防治法》第五十八条规定：禁止混合收集、贮存、运输、处置性质不相容而未经安全性处置的危险废物，禁止将危险废物混入非危险废物中贮存。

2. 工业固体废物申报登记制度

为了使环境保护部门掌握工业固体废物和危险废物的种类、产生量、流向以及对环境的影响等情况，进而进行有效的固体废物全过程管理，《中华人民共和国固体废物污染环境防治法》要求实施工业固体废物申报登记制度。

3. 固体废物污染环境影响评价制度及其防治设施的“三同时”制度

《中华人民共和国环境保护法》中规定的“建设项目中防治污染的设施，应当与主体工程同时设计、同时施工、同时投产使用”制度被称为“三同时”制度，是我国独创并出台最早的一项环境管理制度。

环境影响评价制度和“三同时”制度是我国环境保护的基本制度，《中华人民共和国固体废物污染环境防治法》重申了这一制度。

4. 限期治理制度

为了解决重点污染源污染环境的问题，对没有建设工业固体废物贮存或处理处置设施、场所或已建设施、场所不符合环境保护规定的企业和责任者，实施限期治理、限期建成或改造。限期内不达标的，可采取经济手段甚至停产的手段进行制裁。

5. 进口废物审批制度

《中华人民共和国固体废物污染环境防治法》明确规定，禁止中华人民共和国境外的固体废物进境倾倒、堆放、处置，禁止经中华人民共和国过境转移危险废物，禁止进口不能用作原料或者不能以无害化方式利用的固体废物；对可以用作原料的固体废物实行限制进口和自动许可进口分类管理。为了贯彻这些规定，国家环境保护局、对外贸易经济合作部、国家工商行政管理局、海关总署和国家进出口商品检验局 1996 年联合颁布《废物进口环境保护管理暂行规定》及《国家限制进口的可用作原料的废物名录》，规定了废物进口的三级审批制度、风险评价制度和加工利用单位定点制度等。在这些规定的补充规定中，又规定了废物进口的装运前检验制度。

6. 危险废物行政代执行制度

危险废物的有害性决定了必须对其进行妥善处置。《中华人民共和国固体废物污染环境防治法》规定：产生危险废物的单位，必须按照国家有关规定处置危险废物，不得擅自倾倒、堆放；不处置的，由所在地县级以上地方人民政府环境保护行政主管部门责令限期改正；逾期不处置或者处置不符合国家有关规定的，由所在地县级以上地方人民政府环境保护行政主管部门指定单位按照国家有关规定代为处置，处置费用由产生危险废物的单位承担。

7. 危险废物经营许可证制度

危险废物的危险特性决定了并非任何单位和个人都可以经营危险废物，必须由有一定设施、设备、人才和专业技术基础并通过资质审查获得经营许可证的单位进行危险废物的收集、贮存、处理、处置等经营活动。

8. 危险废物转移报告单制度

危险废物转移报告单制度也称危险废物转移联单制度，目的是保证运输安全，防止非法转移和处置，保证废物的安全监控，防止污染事故的发生。

第三节　应税固体废物及其监测

一、固体废物税

按照《中华人民共和国固体废物污染环境防治法》等环境保护法律法规的规定，固体废物产生后主要有三个去向：一是进行综合利用，属于暂免征收环境保护税的范围；二是按照环境保护要求进行贮存，达到环境保护标准贮存的，不属于环境保护税的征收范围；三是按照环境保护要求进行处置，达到环境保护标准的，不属于环境保护税的征收范围。按照税收征免方式，对固体废物的税收处理有免征、暂予免征、税收优惠及政策缴税四种情形。

（一）免征

企业事业单位和其他生产经营者在符合国家和地方环境保护标准的设施、场所贮存或者处置固体废物的，不属于直接向环境排放污染物，不缴纳污染物的环境保护税。

（二）暂予免征

纳税人综合利用固体废物，符合国家和地方环境保护标准的，暂予免征环境保护税。

固体废物的综合利用是指对已产生的固体废物进行回收加工、循环利用或者其他再利用，使废物变为产品或者转化为可供再利用的二次原料，既减少了固体废物的危害，又可以实现经济效益。固体废物的综合利用应符合国务院发展改革、工业和信息化主管部门关于资源综合利用的要求，体现《中华人民共和国固体废物污染环境防治法》所要求的减量化、资源化、无害化原则。

（三）税收优惠

根据《中华人民共和国企业所得税法》（中华人民共和国主席令第 63 号）、《中华人民共和国企业所得税法实施条例》（中华人民共和国国务院令第 512 号），以及财政部、国家税务总局、国家发展改革委发布的《环境保护、节能节水项目企业所得税优惠目录（试行）》，符合以下条件的工业固体废物处理项目和危险废物处理项目的所得，自项目取得第一笔生产经营收入所属纳税年度起，第一年至第三年免征企业所得税，第四年至第六年减半征收企业所得税：

根据全国危险废物处置设施建设规划等全国性规划设立，但按照国家规定作为企业必备配套设施的自用的废物处理项目除外。

专门从事工业固体废物或危险废物的收集、贮存、运输、处置。

采用符合国家规定标准的卫生填埋、焚烧、热解、堆肥、水泥窑协同处置等工艺，其中：水泥窑协同处置要符合国家产业政策和准入条件。

工业固体废物处理项目符合环境保护行政主管部门规定的工业固体废物类污染治理设施运营资质条件，危险废物处理项目取得县级以上人民政府环境保护行政主管部门颁发的危险废物经营许可证。

项目设计、施工和运行管理人员具备国家相应职业资格。

按照国家法律法规要求，通过相关验收。

项目经设区的市或者市级以上环境保护行政主管部门总量核查。

国务院财政、税务主管部门规定的其他条件。

（四）政策缴税

贮存或处置固体废物不符合国家和地方环境标准的，应当缴纳环境保护税。《环境保护税法》第四条和第十二条规定，应在符合国家和地方环境保护标准的设施、场所贮存或者处置固体废物。这里的贮存、处置方式，应符合《一般工业固体废物贮存和填埋污染控制标准》（GB 18599—2020）、《危险废物贮存污染控制标准》（GB 18597—2001）、《危险废物填埋污染控制标准》（GB 18598—2001）的规定。

二、应税固体废物

根据《中华人民共和国环境保护税法实施条例》，应税固体废物的计税依据，按照固体废物的排放量确定。固体废物的排放量为当期应税固体废物的产生量减去当期应税固体废物的贮存量、处置量、综合利用量的余额。应税固体废物的应纳税额为固体废物排放量乘以具体适用税额。固体废物税目税额表见表 4-1。其他固体废物的具体范围依照《环境保护税法》第六条第二款规定的程序确定，即由省、自治区人民政府提出，报同级人大常委会决定，并报全国人大常委会和国务院备案。

表 4-1　固体废物税目税额表

税目	计税单位	税额
煤矸石	每吨	5 元
尾矿	每吨	15 元
危险废物	每吨	1000 元
冶炼渣、粉煤灰、炉渣、其他固体废物（含半固体、液态废物）	每吨	25 元

（一）应税固体废物

1. 煤矸石

煤矸石是指煤矿在开拓掘进、采煤和煤炭洗选等生产过程中排出的固体废物。

2. 尾矿

尾矿是指矿石磨细、选取有价组分后排出的固体废物。

3. 危险废物

应税危险废物主要来源于工业危险废物、医疗废物、其他的危险废物。具体包括：我国 2021 年 1 月 1 日起实施的《国家危险废物名录》中规定了 50 类危险废物，既包括固态废物，也包括液态废物。《固体废物鉴别标准通则》（GB 34330—2017）中规定，对不明确是否具有危险特性的固体废物，应当按照国家规定的危险废物鉴别标准和鉴别方法予以认定，可以参考《危险废物鉴别标准 浸出毒性鉴别》（GB 5085. 3—2007）、《危险废物鉴别技术规范》（HJ 298—2019）、《危险废物鉴别标准通则》（GB 5085. 7—2019）、《危险废物鉴别标准 毒性物质含量鉴别》（GB 5085. 6—2007）、《危险废物鉴别标准 腐蚀性鉴别》（GB 5085. 1—2007）、《危险废物鉴别标准 急性毒性初筛》（GB 5085. 2—2007）、《危险废物鉴别标准 反应性鉴别》（GB 5085. 5—2007）、《危险废物鉴别标准 易燃性鉴别》（GB 5085. 4—2007）等。

针对危险废物，厂区内临时贮存场所应当按照《危险废物贮存污染控制标准》（GB 18597—2001，2013 年修订）进行设计，并按实际储量缴纳环保税。

4. 冶炼渣、粉煤灰、炉渣、其他固体废物（含半固体、液态废物）

冶炼渣是指在金属冶炼过程中产生的固体废物，主要包括高炉渣、转炉渣、电炉渣、铁合金炉渣、有色金属及其他金属冶炼过程中产生的固体废物。粉煤灰是指在燃煤锅炉和窑炉的烟道中对烟气进行收尘处理所收捕的细粒状固体废物。炉渣是指从燃煤锅炉和窑炉炉底排出的固体废物。对于其他固体废物，由排污企业自行决定。

重庆明确规定，环保税中“其他固体废物”的征收范围为：脱硫石膏、磷石膏、赤泥、工业污泥。

（二）应税固体废物的资源化途径

根据《中华人民共和国环境保护税法》第十二条，纳税人综合利用固体废物，符合国家和地方环境保护标准的，暂予免征环境保护税。纳税人对产生的固体废物进行综合利用，应当符合国务院发展改革、工业和信息化主管部门关于资源综合利用的要求，以及国家和地方环境保护标准。资源综合利用所得税减按 90% 计入企业当年收入总额。

为贯彻落实《中华人民共和国固体废物污染环境防治法》《中华人民共和国循环经济促进法》《中华人民共和国清洁生产促进法》《中华人民共和国环境保护税法》《中华人民共和国环境保护税法实施条例》等法律法规，建立科学规范的工业固体废物资源综合利用评价制度，推动工业固体废物资源综合利用，促进工业绿色发展，2018 年 5 月 25 日，工业和信息化部印发了《工业固体废物资源综合利用评价管理暂行办法》（以下简称《办法》）和《国家工业固体废物资源综合利用产品目录》（以下简称《目录》）。《办法》所指工业固体废物资源综合利用评价是指对开展工业固体废物资源综合利用的企业所利用的工业固体废物种类、数量进行核定，对综合利用的技术条件和要求进行符合性判定的活动。《目录》包括工业固体废物种类、综合利用产品、综合利用技术条件和要求等内容。工业和信息化部根据工业固体废物资源综合利用技术发展水平、综合利用产品市场应用情况、产品目录的实施情况等适时调整《目录》。工业固体废物资源综合利用评价机构依据《目录》开展工业固体废物资源综合利用评价。

习题

1. 什么是危险废物？其主要判别依据有哪些？

2. 如何理解固体废物的二重性？

3. 固体废物的预处理技术有哪些？各有何优缺点？

4. 什么是固体废物的稳定化和固化？二者的区别在哪里？

5. 固体废物焚烧处理产生的主要污染物有哪些？

6. 固体废物焚烧技术有哪些？各有何特点？

7. 固体废物的最终处置方式有哪两大类？各有何特点？

8. 免征收环境保护税的固体废物有哪些？在什么情况下可对它们暂予免征环境保护税？

9. 应税固体废物的计税依据是什么？如何计算？

10. 简述废物污染防治的管理原则。

11. 简述我国固体废物管理的目标及污染控制对策。在整治固体废物方面，我们还应该做出哪些努力？

第五章 噪声污染及其监测

第一节 噪声污染与防治措施

一、基本概念

声音的本质是波动。当物体在空气中振动，使周围空气发生疏、密交替变化并向外传递，且这种振动频率为20~20000Hz时，人耳可以感觉，称为可听声，简称声音。频率低于20Hz的叫次声，高于20000Hz的叫超声，它们作用到人的听觉器官时不会引起声音的感觉，所以不能被听到。声源可以是固体，也可以是流体（液体和气体）。声音的传媒介质有空气、水和固体，在这些介质中传播的声音分别称为空气声、水声和固体声。噪声监测主要讨论空气声。

环境噪声是指在工业生产、建筑施工、交通运输和社会生活中所产生的干扰周围生活环境的声音。环境噪声污染是指所产生的环境噪声超过国家规定的环境噪声排放标准，并干扰他人正常生活、工作和学习的现象。噪声污染有局限性且没有后效。

二、噪声的物理特性

（一）频率

声源在一秒钟内振动的次数叫频率，记作f，单位为Hz。振动一次所经历的时间叫周期，记作T，单位为s。显然，频率和周期互为倒数，即$T=1/f$。

（二）波长

沿声波传播方向，振动一个周期所传播的距离，或在波形上相位相同的相邻两点间的距离，记为λ，单位为m。

（三）声速

一秒时间内声波传播的距离叫声波速度，简称声速，记作c，单位为m/s。频率、波长和声速三者的关系为 $c=f\times\lambda$。声速与传播声音的媒质和温度有关。在空气中，声速（c）和温度（t）的关系可简写为 $c=331.4+0.607t$。常温下（20℃），声速约为 345m/s。

（四）声功率（W）

声功率是指单位时间内，声波通过垂直于传播方向某指定面积的声能量。在噪声监测中，声功率是指声源总声功率，单位为 W。

（五）声强（I）

声强是指单位时间内，声波通过垂直于声波传播方向单位面积的声能量，单位为 W/s^2。

（六）声压（P）

声压是指由于声波的存在而引起的压力增值，单位为 Pa。声波是空气分子有指向、有节律的运动。声波在空气中传播时会形成压缩和稀疏交替变化，所以压力增值是正负交替的。通常讲的声压是取均方根值，叫有效声压，故实际上总是正值。对于球面波和平面波，声压与声强的关系为 $I=P^2/(\rho\times c)$。式中，ρ 是空气密度，如将标准大气压与 20℃时的空气密度和声速代入，可得到 $\rho\times c=408$ 国际单位值，也叫瑞利，称为空气对声波的特性阻抗。

（七）分贝

人们日常生活中遇到的声音，若以声压值表示，由于变化范围非常大，可达六个数量级以上，同时由于人体听觉对声信号强弱刺激反应不是线性的，而是呈对数比例关系，所以采用分贝来表达声学量值。

所谓分贝，是指两个相同的物理量（如 A_1 和 A_0）的比值取对数（以 10 为底），乘以 10（或 20）所得的值，即 $N=10\lg(A_1/A_0)$，是个无量纲的参数，也是很重要的参量。式中，A 是基准量（或称参考量），且是被量度量。对被量度量和基准量之比取对数，该对数值称为被量度量的“级”，即用对数标度时，所得到的是比值，代表被量度量比基准量高出多少“级”。

声功率级：$L_w=10\lg(W/W_0)$。W_0 表示基准声功率，为 10^{-12}W。

声强级：$L_I=10\lg(I/I_0)$。I_0 表示基准声强，为 $10^{-12}W/m^2$。

声压级：$L_p=10\lg(P^2/P_0{}^2)=20\lg(P/P_0)$。$P_0$ 表示基准声压，为 2×10^{-5}Pa，该值是对 1000Hz 声音人耳刚能听到的最低声压。

三、噪声污染防治措施

噪声会干扰人们的睡眠和工作，强噪声会使人听力损失。过强的噪声还能杀伤人体。噪声的控制一般涉及噪声源、传播途径、受声者三方面。

（一）消除噪声发生的根源

1. 通过改革工艺和操作方法来降低噪声

• 用低噪声工艺代替高噪声工艺。例如：采用噪声小的工艺流程、设备和材料；用低噪声的焊接替代高噪声的铆接；用无声的液压替代高噪声的锤打。上述方法可收到20~40dB（A）的降噪效果。

• 操作方法的革新。工厂中的高压蒸汽排气放空噪声很大。可以将蒸汽收回，送入降温减压容器，再流入蒸汽管网，这样不仅能消除噪声，还能节省能耗。

2. 降低噪声源的激振力

该方法包括提高设备精度、缓冲振动表面以及降低流体流速。

3. 降低噪声辐射部件对激振力的响应

当发声系统的固有频率与激振力频率相同或接近时，系统将最有效地传递振动和辐射噪声。

在实际中，应使系统的固有频率远离激振力频率，使辐射部件对激振力的响应减弱。

（二）从噪声传播途径上控制

1. 在总图设计时，应按照“闹静分开”的原则合理布置强噪声源

• 将高噪声车间与办公室、宿舍分开。

• 在车间内部，将高噪声的机器与其他机器设备隔离开来，尽可能集中布置，便于采取局部隔离措施。

• 利用噪声在传播中的自然衰减作用，减少噪声的污染面。

2. 改变噪声传播的方向或途径

• 对于辐射中高频噪声的大口径管道，将它的出口朝向上空或朝向野外，以降低噪声对生活区的污染。

• 对车间内产生强烈噪声的小口径高速排气管道，将其出口引至室外，使高速空气向上排放，这样不仅可以改善室内声环境，也不致严重影响室外声环境。

• 其他沿管道传播的噪声，可以通过烟囱排入高空或排入地沟，以减轻地面上的噪声污染。

3. 阻断传播途径

声屏障是一种有效降低交通噪声的方式，但其降噪能力往往被夸大。声屏障实际的有效插入损失为5~10dB（A），对于临街或是道路沿线的住宅建筑来说，应用声屏障无疑是噪声传播途径中最佳的降噪措施，但对高层建筑基本没有作用，甚至会导致声场上扬和加强。

绿化降噪主要是利用植物对声波的吸收和反射达到一定的降噪效果。应选用矮的常绿灌木和常绿乔本植物，实现立体式绿化。绿化降噪的效果并不明显，要通过绿化降噪，在用地紧张的我国是难以实现的。绿化及绿化隔离带的主要作用在于使人在心

理上降噪、美化环境、增加视觉和美学效果。

4. 直接采用声学措施

直接采用声学措施是指采用吸声、消声、隔声等措施。

常见的吸声材料及结构包括：纤维材料、颗粒材料、泡沫材料及穿孔板。影响材料吸声的因素包括：材料的空气流阻、材料的密度或孔隙率、材料厚度的影响、材料后空气层的影响、材料装饰面的影响及温度、湿度的影响。

消声器是一种既能允许气流通过，又能有效阻止声能向外传播的装置，降噪效果为20~40dB（A）。

凡是能用来阻断噪声的材料，统称为隔声材料。对于隔声材料，要减弱透射声能，阻挡声音的传播，就不能如吸声材料那样多孔、疏松、透气。隔声材料的材质要求是密实无孔隙或缝隙、有较大的重量，如钢板、铅板、砖墙等。由于隔声材料密实，难以吸收和透过声能且反射声能强，所以它的吸声性能差。隔音材料五花八门，比较常见的有实心砖块、钢筋混凝土墙、木板、石膏板、铁板、隔声毡、纤维板等。

不同声学措施的减噪效果见表5-1。

表5-1 不同声学措施的减噪效果

控制措施类别	降噪原理	适用场合	减噪效果
吸声	利用吸声材料或结构，降低厂房内反射噪声，如吊挂空间吸声体	车间设备噪声大	4~10dB
隔声	利用隔声结构，将噪声源和接受点隔开，如隔声罩、隔声间和隔声屏	车间工人多，噪声设备少，用隔声罩；反之，用隔声间；二者均不允许时，用隔声屏	10~40dB
消声器	利用阻性、抗性和小孔喷注、多孔扩散等原理，减弱气流噪声	气动设备的空气动力性噪声	15~40dB
隔振	将振动设备与地面的刚性连接改为弹性接触，隔绝固体声传播	振动严重	5~25dB
减振	将内摩擦损耗大的材料涂贴在振动表面上，减少金属薄板的弯曲振动	设备外壳、管道等振动噪声严重	5~15dB

（三）对接受者的防护

在声源和传播途径上采取的噪声控制措施不能有效实现，或只有少数人在吵闹的环境中工作时，个人防护是一种经济有效的方法。对接受者进行防护，除了减少人员在噪声环境中的暴露时间外，还可采取各种个人防护手段，如佩戴耳塞、耳罩或头盔等。耳塞要与外耳道相匹配，长期佩戴会有耳道中出水（汗）或其他生理反应；耳罩不宜和头部紧贴，会影响其隔声效果，且会受到佩戴者的头发及眼睛的影响；头盔比较笨重，所以只在特殊情况下使用，以减少在噪声中的暴露时间。

第二节　噪声监测

一、噪声标准及税额

根据《中华人民共和国环境保护税法实施条例》，工业噪声按照超过国家规定标准的分贝数确定每月税额。国家规定标准的分贝数是指实际产生的工业噪声与国家规定的工业噪声排放标准限值之间的差值。工业噪声税额见表 5-2。

表 5-2　工业噪声税额

计税单位	税额	备注
超标 1~3 分贝	每月 350 元	1. 一个单位边界上有多处噪声超标，根据最高一处超标声级计算应纳税额；当沿边界长度超过 100 米有两处超标时，按照两个分贝单位计算应纳税额 2. 一个单位有不同地点作业场所的，应当分别计算应纳税额，合并计征 3. 昼、夜均超标的环境噪声，昼、夜分别计算应纳税额，累计计征 4. 声源一个月内超标不足 15 天的，减半计算应纳税额 5. 频繁突发和夜间偶然突发厂界超标噪声，按等效声级和峰值噪声两种指标中超标分贝值高的一项计算应纳税额
超标 4~6 分贝	每月 700 元	
超标 7~9 分贝	每月 1400 元	
超标 10~12 分贝	每月 2800 元	
超标 13~15 分贝	每月 5600 元	
超标 16 分贝以上	每月 11200 元	

《工业企业厂界环境噪声排放标准》（GB 12348—2008）规定了工业企业和固定设备厂界环境噪声排放限值及其测量方法。该标准适用于工业企业噪声排放的管理、评价及控制。机关、事业单位、团体等对外环境排放噪声的单位也按该标准执行。工业企业厂界环境噪声排放限值见表 5-3。

表 5-3　工业企业厂界环境噪声排放限值　　单位：dB（A）

厂界外声环境功能区划类别	昼间	夜间
0	50	40
1	55	45
2	60	50
3	65	55
4	70	60

二、噪声监测

噪声污染不仅是噪声物理特性的体现，而且与人的主观感觉有较大关联，因此噪声监测不仅要测量声音的物理特性，还要体现人类的主观感觉。那么，如何将人的主观感觉与声音的物理特性关联起来？最直接的方法就是从人对声音的主观认识来衡量声音大小。

（一）噪声主观量度及声级计

1. 响度（N）

人的听觉与声音的频率有非常密切的关系。一般来说，两个声压相等而频率不同的纯音听起来是不一样响的。

响度是人耳判别声音由轻到响的强度等级概念，它不仅取决于声音的强（如声压级），还与其频率及波形有关。响度的单位叫“宋”，1 宋的定义为声压级为 40dB，频率为 1000Hz，且来自听者正前方的平面波形的强度。如果另一个声音听起来比这个大 n 倍，即声音的响度为宋。

2. 响度级（LN）

响度级的概念也是建立在两个声音的主观比较上的。1000Hz 纯音声压级的分贝值即为响度级的数值，任何其他频率的声音，当调节 1000Hz 纯音的强度使之与这声音一样响时，这 1000Hz 纯音的声压级分贝值就是这一声音的响度级值。响度级的单位为“方”。

3. 等响曲线

采用与基准声音比较的方法，可以得到人耳听觉频率范围内一系列响度相等的声压级与频率的关系曲线，即等响曲线，该曲线为国际标准化组织所采用，所以又称 ISO 等响曲线。等响曲线中同一曲线上不同频率的声音，听起来感觉一样响，声压级却是不同的。由曲线形状可知，人耳对 1000～4000Hz 的声音最敏感。对低于或高于这一频率范围的声音，灵敏度随频率的降低或升高而下降。

4. 计权声级

前面所讨论的是纯音（或狭频带信号）的声压级和主观听觉之间的关系，实际上声源所发射的声音绝大部分波及的频率范围很广。为了能用仪器直接反映人的主观响度感觉的评价量，有关人员在噪声测量仪器——声级计中设计了一种特殊的滤波器，即计权网络。通过计权网络测得的声压级，已不是客观物理量的声压级，而叫计权声压级或计权声级，简称声级。通用的有 A、B、C 和 D 计权声级。A 计权声级是模拟人耳对 55dB 以下低强度噪声的频率特性；B 计权声级是模拟 55dB～85dB 的中等强度噪声的频率特性；C 计权声级是模拟高强度噪声的频率特性；D 计权声级是对噪声参量的模拟，专门用于飞机噪声的测量。

计权网络是一种特殊滤波器，当含有各种频率的声波通过时，它对不同频率成分的衰减作用是不一样的。

5. 声级计

声级计也称噪声计，是用来测量噪声的声压计和计权声级最基本的测量仪器，适用于环境噪声和各种机器（如风机、空压机、内燃机、电动机）噪声的测量，也可用于建筑声学、电声学的测量。声级计主要由传声器、放大器、衰减器、计权网络、电表电路及电源等组成。其工作原理是：声压经传声器转换成电压信号，此信号经前置放大器放大后，从显示仪上指示出声压级的分贝数值。普通声级计的测量误差约为±3dB；精密声级计的误差约为±1dB。

声级计整机灵敏度是指在标准条件下测量 1000Hz 纯音所表现出的精度。

按其精度，声级计可分为四种类型：0 型声级计，是实验用的标准声级计；1 型声级计，相当于精密声级计；2 型声级计和 3 型声级计为一般用途的普通声级计。

按其体积，声级计可分为便携式声级计和袖珍式声级计。

按其用途，声级计可分为一般声级计、车辆声级计、脉冲声级计、积分声级计和噪声剂量计等。

（二）噪声计量方法

1. 等效连续声级

A 计权声级能够较好地反映人耳对噪声的强度与频率的主观感觉。对一个连续的稳态噪声，它是一种较好的评价方法，但对一个起伏的或不连续的噪声，A 计权声级就显得不合适了。

例如，一台机器工作时，其声级是稳定的，但由于它是间歇地工作，与另一台声级相同但连续工作的机器对人的影响就不一样。因此，有人提出一个用噪声能量按时间平均方法来评价噪声对人影响的问题，即等效连续声级，符号为“L_{eq}”或“$L_{Aeq\cdot T}$”。等效连续声级用一个相同时间内声能与之相等的连续稳定的 A 声级来表示该段时间内噪声的大小。

又如，有两台声级为 85dB 的机器，第一台连续工作 8 小时，第二台间歇地工作，两台机器的有效工作时间之和为 4 小时。显然，前者作用于操作工人的平均能量比后者大一倍，即大 3dB。因此，等效连续声级反映在声级不稳定的情况下人实际所接受的噪声能量的大小，它是一个用来表达随时间推移的噪声的等效量。

$$L_{Aeq.T} = 10\lg\left[1/T\int_0^T 10^{0.1L_{PA}}dt\right] \tag{5-1}$$

式中：L_{PA}——某时刻 t 的瞬时 A 声级（dB）；

T——规定的测量时间（s）。

如果数据符合正态分布，其累积分布在正态概率纸上为一直线，则可用式（5-2）计算：

$$L_{Aeq.T} \approx L_{50}+d^2/60 \tag{5-2}$$

$$d=L_{10}-L_{90}$$

其中，L_{10}、L_{50}、L_{90}为累积百分声级，其定义如下：

L_{10}——在测定时间内，10%的时间超过的噪声级，相当于噪声的平均峰值。

L_{50}——在测量时间内，50%的时间超过的噪声级，相当于噪声的平均值。

L_{90}——在测量时间内，90%的时间超过的噪声级，相当于噪声的背景值。

累积百分声级 L_{10}、L_{50}、L_{90}的计算方法有两种：①在正态概率纸上画出累积分布曲线，然后从图中求得；②简便方法，将测定的一组数据（如 100 个）从大到小排列，第 10 个数据为 L_{10}，第 50 个数据为 L_{50}，第 90 个数据即为 L_{90}。

2. 昼夜等效声级

考虑到夜间噪声具有更大的烦扰程度，提出一个新的评价指标——昼夜等效声级（也称日夜平均声级），符号为“L_{dn}”，用于表达社会噪声昼夜间的变化情况。

昼夜等效声级可用式（5-3）计算：

$$L_{dn} = 10\lg\left[\left(16\times10^{0.1L_d}+8\times10^{0.1(L_n+10)}\right)/24\right] \tag{5-3}$$

式中：L_d——白天的等效声级，时间为 6：00 至 22：00，共 16 个小时；

L_n——夜间的等效声级，时间为 22：00 至第二天的 6：00，共 8 个小时。

昼间和夜间的时间，可依地区和季节不同而稍有变更。为了表明夜间噪声对人的烦扰更大，计算夜间等效声级时应加上 10dB 的计权；为了表征噪声的物理量和主观听觉的关系，除了上述评价指标外，还有语言干扰级（SIL）、感觉噪声级（PNL）、交通噪声指数（TN1）和噪声次数指数（NN1）等评价指标。

（三）噪声测量

1. 声级计选型及校准

测量仪器为积分平均声级计或环境噪声自动监测仪，其性能应不低于 GB/T 3785—2010 和 GB/T 17181—1997 对 2 型仪器的要求。测量 35dB 以下的噪声应使用 1 型声级计，且测量范围应满足所测量噪声的需要。校准所用仪器应符合 GB/T 15173—2010 对 1 级或 2 级声校准器的要求。当需要进行噪声的频谱分析时，仪器性能应符合 GB/T 3241—2010 中对滤波器的要求。测量仪器和校准仪器应定期检定合格，并在有效使用期限内使用；每次测量前、后，必须在测量现场进行声学校准，其前、后校准示值偏差不得大于 0.5dB，否则测量结果无效。测量时，传声器应加防风罩。测量仪器时间计权特性设为“F”挡，采样时间间隔不大于 1s。

2. 测量条件

- 气象条件：测量应在无雨雪、无雷电天气，风速为 5m/s 以下时进行。不得不在特殊气象条件（降雨、降雪、沙尘暴等）下测量时，应采取必要措施保证测量结果的准确性，同时注明当时所采取的措施及气象情况。
- 测量工况：测量应在被测声源正常工作时间进行，同时注明当时的工况。

3. 测点位置设定

（1）测点布设

根据工业企业声源、周围噪声敏感建筑物的布局及毗邻的区域类别，在工业企业厂界布设多个测点，包括距噪声敏感建筑物较近及受被测声源影响较大的位置。

（2）测点位置

一般情况下，测点选在工业企业厂界外 1m、高度 1.2m 以上、距任一反射面距离不小于 1m 的位置。当厂界有围墙且周围有受影响的噪声敏感建筑物时，测点应选在厂界外 1m、高于围墙 0.5m 以上的位置。当厂界无法测量到声源的实际排放状况（如声源位于高空、厂界设有声屏障等）时，除了正常设置测点，应在受影响的噪声敏感建筑物户外 1m 处另设测点。测量室内噪声时，室内测量点位应设在距任一反射面至少 0.5m 以上、距地面 1.2m 高度处，在受噪声影响方向的窗户开启状态下测量。固定设备结构传声至噪声敏感建筑物室内，在噪声敏感建筑物室内测量时，测点应距任一反射面至少 0.5m 以上、距地面 1.2m、距外窗 1m 以上，应在窗户关闭状态下测量。被测房间内其他可能干扰测量的声源（如电视机、空调、排气扇及镇流器较响的日光灯、运转时出声的时钟等）应关闭。

4. 测量时段

应分别在昼间、夜间两个时段测量。当夜间有频发、偶发噪声影响时，应同时测量最大声级。当被测声源是稳态噪声时，采用 1min 的等效声级。当被测声源是非稳态噪声时，测量被测声源有代表性时段的等效声级。必要时，测量被测声源整个正常工作时段的等效声级。

5. 测量记录

测量噪声时，需做记录。记录内容主要包括：被测量单位的名称和地址、厂界所处声环境功能区类别、气象条件、测量仪器、校准仪器、测点位置、测量时间、测量时段、仪器校准值（测前、测后）、主要声源、测量工况、示意图（厂界、声源、噪声敏感建筑物、测点等位置）、噪声测量值、背景值、测量人员、校对人、审核人等相关信息。

6. 背景噪声测量

• 背景噪声的测量仪器、气象条件、测量环境与测量时段应遵循 GB 12348—2008、GB 12523—2011、GB 12525—1990、GB 22337—2008 等相应噪声源排放标准的规定和要求。测量背景噪声与测量噪声源时的声环境应尽量保持一致。

• 若被测噪声源能够停止排放，则应在测量噪声源之前或之后，尽快停止噪声源并测量背景噪声；背景噪声测点与噪声源测点位置相同；若被测噪声源有多个监测点位，应测量各个测点处的背景噪声。

• 若被测噪声源短时间内不能停止排放，且噪声源停止前后时间段内周围声环境已发生变化，则应另行选择与测量噪声源时声环境一致的时间测量背景噪声。

• 若被测噪声源不能停止排放，且存在背景噪声对照点，背景噪声可选择在背景噪声对照点测量。应详细记录背景噪声对照点的周边声源情况、测点布设及其他影响因素（如绿化带、地形、声屏障等），并与被测噪声源处相应信息进行比较。此方法仅用在背景噪声与噪声测量值相差 4.0dB 以上时，相差 4.0dB 以内时不得采用。

7. 测量结果统计

• 噪声测量值与背景噪声值应修约到个位数，作为最终测量结果。修约原则：小数点后第一位数字小于5不进1；大于5则进1；等于5且其后有非零数字则进1，其后皆为零或无数字看奇偶，个位数为奇数进1、为偶数则舍去。

例5-1 请对下面测量值进行修约：67.26dB，66.75dB，66.51dB，66.50dB，65.50dB。

解 67.26dB修约为67dB，66.75dB修约为67dB，66.51dB修约为67dB，66.50dB修约为66dB，65.50dB修约为65dB。

• 当测量结果仅用于判断噪声源排放是否达标时，若测量值低于相应噪声源排放标准的限值，不需要测量背景噪声及修正，注明后直接评价为达标。

• 当噪声测量值与背景噪声值之差大于10dB（A）时，噪声测量值不作修正。当噪声测量值与背景噪声值之差为3~10dB（A）时，对噪声测量值与背景噪声值的差值取整后，按表5-4进行修正。

表5-4 测量结果修正 单位：dB（A）

差值	3	4~5	6~10
修正值	-3	-2	-1

• 当噪声测量值与背景噪声值相差小于3dB时，应采取措施降低背景噪声，然后重新测量，使噪声测量值与背景噪声值相差3dB以上，再按表5-4进行修正。对于仍无法满足噪声测量值与背景噪声值的差值大于3dB要求的，比较噪声测量值与标准规定排放限值的差值大小，进行定性评价，当差值小于等于4dB时，测量值修正后低于排放限值的，直接评价为达标；当差值大于等于5dB时，无法评价，应创造条件重新测量。

• 结果评价。各个测点的测量结果应单独评价。同一测点每天的测量结果按昼间、夜间进行评价。最大声级 L_{max} 直接评价。

例5-2 某企业的工厂处于1类声功能区。该企业委托某检测公司进行厂界噪声测量，昼间测量时段各个测点现场测量得到的连续等效声级（L_A）见表5-5。

表5-5 测量时段各测点连续等效声级

	1	2	3	4	5
厂界噪声测量值（dB）	54.76	55.24	55.50	66.32	59.08
背景噪声测量值（dB）	49.52	48.50	47.26	54.50	51.23

请对该企业工厂厂界噪声进行评价。

解 首先修约各个测点的测量值，然后进行背景修正，可得到各个测点的测量结果，见表5-6。

表 5-6　各测点测量结果

	1	2	3	4	5
厂界噪声测量值（dB）	55	55	55	66	59
背景噪声测量值（dB）	50	48	47	54	51
$\triangle L_1$	5	7	8	12	8
修正后的测量结果（dB）	53	54	54	66	58

将测量值与标准排放限值进行比较。1 类声功能区昼间排放限值为 55dB。测点 1、2、3 的测量值小于排放限值，评价为合格；测点 4、5 的测量值大于排放限值，评价为不合格。

习题

1. 什么是噪声？

2. “分贝是计算噪声的一种物理量”，这种说法正确吗？

3. 噪声污染的防治措施有哪些？简述不同噪声污染防治措施的效果。

4. 《中华人民共和国环境保护税法实施条例》规定对工业噪声如何征税？

5. 应如何选择噪声监测位置？噪声监测时应注意什么气象条件？

6. 简述声级计的工作原理、结构和使用方法。为什么在噪声测量中普遍采用电容传声器？

7. 在铁路旁某处测得：货车通过时，在 2.5min 内的平均声压级为 72dB；客车通过时，在 1.5min 内的平均声压级为 68dB；无车辆通过时的环境噪声约为 60dB；该处白天 12h 内共有 65 列火车通过，其中货车 45 列、客车 20 列。计算该地点白天的等效声级。

8. 如何测量车间噪声？

9. 对工业园区内某企业开展厂界噪声监测，其中一个测点昼间噪声测量值为 65.7dB（A）、背景噪声值为 55.2dB（A），夜间噪声测量值为 59.5dB（A）、背景噪声值为 57.0dB（A），昼夜间背景噪声无法测得最低值。试根据所给信息，对该测点噪声达标情况进行评价。